去珠峰

一个金融浪子的运动轨迹

王 巍 著

中国出版集团

中译出版社

图书在版编目（CIP）数据

去珠峰 / 王巍著 . -- 北京：中译出版社，2023.11
ISBN 978-7-5001-7577-3

Ⅰ．①去… Ⅱ．①王… Ⅲ．①成功心理—通俗读物
Ⅳ．① B848.4-49

中国国家版本馆 CIP 数据核字（2023）第 191941 号

去珠峰
QU ZHUFENG

著　　者：王　巍
策划编辑：龙彬彬
责任编辑：龙彬彬
营销编辑：马　萱　钟筏童
出版发行：中译出版社
地　　址：北京市西城区新街口外大街 28 号 102 号楼 4 层
电　　话：（010）68002494（编辑部）
邮　　编：100088
电子邮箱：book@ctph.com.cn
网　　址：http://www.ctph.com.cn

印　　刷：北京盛通印刷股份有限公司
经　　销：新华书店
规　　格：710 mm×1000 mm　1/16
印　　张：20
字　　数：270 千字
版　　次：2023 年 11 月第 1 版
印　　次：2023 年 11 月第 1 次印刷

ISBN 978-7-5001-7577-3　　　　　定价：88.00 元

前言

做我所爱，尽我所能！

2013 年出版的《去珠峰》一书居然连续印刷多次，实在出乎意料。登山时没有写书的雄心，只是在帐篷里将每天的行程和内容事无巨细原汁原味地用平板电脑写出来，如果有信号就发回去，避免家人牵挂。登顶后，兴奋地将最后一天登顶过程发在新浪微博上，当天就有了几百万的阅读量。下山第三天就参加了金融博物馆读书会，被主持人激将了一下，说了一些不很高大上的实话，引发现场和网络上的热烈反响。结果，在出版社的推动下，很快就出版了这本日记体的小册子。书中的照片和文字都由编辑选编，效果反而比想象的更好。

随着去珠峰的山友越来越多，这本书也传播得很广，曾在各个机场热卖一时。有一年，一个山友发来短信告知，当年在北坡大本营里，30 个队员中有 7 人带了这本书，有点儿受宠若惊了。同样，许多朋友由于这本书而参加各种登山活动，甚至也登顶了珠峰。中国银监会首任主席刘明康先生在飞机上读了这本书后，即兴创作了两幅国画送我，表达勉励之意。能让这么多朋友了解珠峰和登山，我也深感荣幸。

登山就是一项好玩的活动，不必过于神秘化甚至神圣化。如同麻将打多了，总会有几次和牌，登顶珠峰也是水到渠成。其实，只要有点时间，有点闲钱，有点体能，有坚定的信心，大家都可以登顶。80 岁的日本老人三浦雄一郎可以登顶，70 岁的中国无腿英雄夏伯渝可以登顶，你当然也可以。

2014 年，刘明康主席赠画

　　当然，登顶珠峰的人还是小众。有些人以此自雄，甚至刻意升华自己的境界，记得在一次金融博物馆读书会上，一位曾登顶珠峰的嘉宾自我陶醉地深情回忆他在顶峰上的哲学思考，而另一位著名企业家则机智地揶揄道："我偶尔在马桶上也会有同样的感悟。"登珠峰早已不是了不起的公共事件了，而是山友群的一段回忆，见仁见智，不必过于认真的。

　　出版社为纪念登顶珠峰十周年而再次出版此书，我利用"十一"国庆的长假再增补几篇珠峰之后的登山故事，也加入我参与的马拉松、越野、滑雪和攀岩等内容。对新读者是玩物不丧志的一个鲜活样本，对老读者则是"宁移白首之心"的声气相求。

　　这次再版，选一个不登大雅的副题——一个金融浪子的运动轨迹，需要做点说明才好。大约 20 年前，我接受一家财经媒体采访时提到，不必期待所有创新者都是循规蹈矩遵守规则的"好人"，应该容忍经常不合常规不断捣乱的"坏人"存在，这才是形成监管与创新的合理博弈过程，社会才能进步。我承认，自己不是一个"好人"，是善于折腾的"坏人"，做过信用社、证券公司、信托公司和基金等各种业态，现在主要从事并购交易，不断破坏大家习以为常的公司结构，也不断创造新的公司。也许算是"浪子"吧，但"浪子回头金不换"，我很喜欢这种江湖立场。结果，文章发表后，标题就是《一个"金融浪子"的思考》。以后，许多媒体也不断引用这个称谓，朋友也不时调侃，我也欣然受之。

2023 年，我已经六十有六，耳顺后且可随心所欲。一生有许多机遇，

2022 年夏，88 岁书法家启骧老戏书

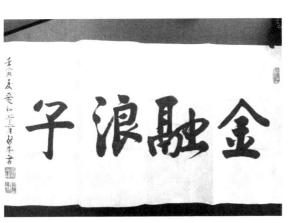

金融浪子

我始终调整自己的定位和方向，努力让生活更为丰富，多姿多彩。可惜的是，许多政治、商业、学术和社会的机遇我都没有抓住，辜负了朋友们的期待。不过，登珠峰和玩这件事没有错过，也是唯一可以称道的个人成就。2020 年以来，新冠病毒感染疫情改变了社会和人的心态，几十年的紧张忙碌终于调整到一个新的生活节奏上了。再版这本书，也是提供给各位读者一种新的生活态度，当然，这也是众多前贤的指引。

唐代杜甫有名句："细推物理须行乐，何用浮名绊此身。"

晚明傅山有名联："性定会心自远，身闲乐事偏多。"

晚清项莲生有名言："不为无益之事，何以遣有涯之生！"

我也斗胆添一上句：做我所爱，尽我所能。特别说明一下，这是源于我国台湾著名才子沈君山先生的一句名言：做我所能，爱我所做。我曾在他主持的美国浩然营里学习过一段时间，受益良多。他是名门之后，美国的物理学博士，台湾清华大学校长，担任过中国台湾"行政院政务委员"，为两岸关系正常化做出重大贡献。他出版过许多精美的散文集，曾是篮球队长、足球主力、围棋和桥牌的顶级高手、探戈舞专家，为人风趣优雅，知识渊博。只是，他当时英年盛名，众望所归，只好收敛天性，爱他所做。我等不才，自然可以有所选择。

再次感谢所有的山友、雪友、岩友、跑友和牌友，当然还有更多的书友和读者们，你们的激励、信任和容忍给我带来如此美妙的感觉，注入了持久的激情，还有人生不可或缺的虚荣，我们还要继续一起愉快地玩下去。

王巍

2023 年 3 月 14 日

wangwei@mergers-china.com

初版序言

此刻，2013 年 4 月 24 日凌晨 4：40，我和多年的山友方泉正在海拔 5 900 米的 Lobuche 山顶帐篷里纠结着。他在做着各种可以缓解高山反应的白日梦：可口可乐、重庆火锅、股票涨停、美女粉丝等。我在用 iPad 继续整理每天的登山日记发给亲友。透过帐篷的帘子，我们可以看到似乎很近的整个珠穆朗玛峰和邻近的洛子峰还有其他许多不知名的超过 8 000 米的邻峰。8 000 米以上的可不止山友们耳熟能详的 14 座啊！

珠峰海拔 8 844 米，是地球的最高峰，也有人称她是第三极，与南北两极共同支撑了我们的生存空间。人类尝试登珠峰始于 1921 年，英国人马洛里和他的助理 1924 年遇难于峰顶附近成为历史之谜，新西兰人希拉里和夏尔巴人丹增成功登顶于 1953 年。目前，全球攀登珠峰的人已经成千上万了，登顶的也有三四千人了吧。（据清华大学五道口金融学院校友汤世生援引 Richard Salisbury 和 Elizabeth Hawley 发布的数字，从 1953 年 5 月 29 日人类第一次登顶到 2013 年 5 月 29 日，60 年共有 19 474 次攀登尝试，3 698 位攀登者完成了 6 206 人次登顶，记载共 240 人死亡。）

与当年原始条件下的探险和牺牲相比，今天如此便利和安全环境下登珠峰成为一种休闲方式的选择，不过，在此项活动刚刚热起来的中国，还弥漫着神秘、励志、灵修和抒情氛围。于是，我和方泉等也很矫情地选择人类登顶 60 年纪念日去珠峰了！

真正让中国人打开珠峰的神秘，发现珠峰的平凡的，无疑是中国的著名企业家王石。2003 年，王石通过商业登山的方式在电视直播中坚定地登上地球之巅，强烈地震撼了当时笼罩在"非典"阴云下的中国社会，他带给人们自信和探险的力量。无论是否理解或欣赏王石，他带给登山界和企业界的积极影响都是历史性的。我也非常幸运地成为受到他直接启蒙和推动的山友之一。

自 2003 年以来，我登了海拔 5 000 米以上的 13 座雪山，爬了 1 000 米以上的城郊小山数不胜数，也算是资深山友了。在相继登顶了欧洲最高峰厄尔布鲁士山（2004 年）、非洲最高峰乞力马扎罗山（2005 年）和南美最高峰阿空加瓜山（2009 年）后，终于有机会来珠峰了。

两个月的光景，除了适应训练和冲顶外，如果没有一件值得专注的事情，会非常难熬的。聊天、打牌、联成语、看书和冥想，我在过去 10 年登山经历中都体验了许多回。这次我将一路所见、所闻、所思、所为都尽可能记下拍下，发给亲友并留作自己以后的回忆，不过，刚才夜半醒来，忽然想起，也许可以出版，为越来越多去珠峰的山友提供参考。无论是否能登顶，成败的经验都是有意义的。我与方泉讨论，他非常熟悉我的风格，他坚定地说：在这么多励志的登山书中，你干脆就写一本《登珠峰，不装》吧。

嗯，如果我写登山，主要是分享体验，并非励志和布道人生价值。重要的是真实记录，无意升华和树立勇者形象。登山是选择生活，登山是检验体能，登山是亲近自然，登山是修炼人性。

登山就是登山，如同许多人喜欢钓鱼、打篮球和打太极拳一样，是一种生活状态。登顶珠穆朗玛峰与钓鱼冠军、联赛冠军和太极拳王一样值得骄傲和庆祝。

登山曾是探险。英国登山家马洛里和新西兰登山家希拉里都是人们耳熟能详的楷模。登山曾是荣誉。中国登山队登顶珠峰以及各国首登珠峰人士都曾为国家和自己带来巨大名声和历史地位。

在登山的神秘感下，人们的追随和钦慕的目光会诱发讲述者的英雄情结，渲染和提升故事的惊险，渐次自我强化文学记忆，登山便被少数成功人士掌握了话语权。在登山的荣誉下，传媒和商业的选择和强化会淘汰大部分平庸却真实的登山过程，蒙太奇般的组合各种环境和动作，挖掘出当事人潜意识中期待的经历而文字化。

登山成为时尚后，越来越多的登山族即便无力投入真正的登雪山、闯极限的壮举中，也自然会在城市周边结伴爬山的活动中努力捕捉并想象、道听途说的逸事，脑中浮现着《垂直极限》《进入空气稀薄地带》等美剧大片的情节。全套名牌登山行头和大汗淋漓的状态更使自己成为瞬间勇士。

也有许多尚无力无暇参与远征的人，对于登山本来就不理解，更是对登珠峰的人怀有阴暗的想象力。以为只要有了钱，一切都可以摆平，甚至被人抬上顶峰。的确，你必须用大笔费用支付两个月的食物、住宿、路绳、氧气和各种服务，但是 8 844 米的海拔高度你必须一步步自己爬上去。没有人能拉你上来，或拖你下去。登山队在登顶之日安排的夏尔巴向导协助也是同样艰难地与你一起登顶。我的夏尔巴向导那旺只有 19 岁，瘦小干练。他只做三件事：引领夜路，不时地帮你锁路绳，等你倒下了就标记好以后安排人拖尸。

不过，对于登山的过度渲染和凭空想象，也许更是伤害了自然精神。我这次在珠峰大本营见到了太多完成七大峰和多次南北坡珠峰的男男女女，他们都非常平淡地对待自己的成就，没有因此著书立说，也没有感觉有什么了不起的成就。他们有教授、学生、医生、企业家、护士、摄影师和家庭妇女。因此，我在写这本日记时不免心中产生愧疚。

其实，以我 10 年的登山体验而言，极限登山只需要四个要素：金钱、时间、意志和体力。登珠峰的开支大体在 25 万—40 万元人民币（2013 年价格），海拔 7 000 米以上的山都在 5 万元人民币以上。登珠峰需要两个月时间来适应，海拔 7 000 米以上都需要两周时间。耐力远比体能重要。您想，2013 年，年满 80 岁的日本老人三浦雄一郎登珠峰，以前也有无腿的或双目失明的人成功登顶珠峰，您还有什么问题呢？

普通爬山则更简单，喜欢就可以了。

山在那里，想爬就去，缘分所在，不必过于自雄、自壮和自恋。

是为序。

王巍

写于 2013 年 4 月 23 日拂晓

2013 年 6 月 28 日定稿

wangwei@mergers-china.com

目录

生命在于折腾

第三篇

第一篇

从哈巴雪山起步

我的登山情结与经历

我出生在沈阳，这个城市里没有像样的山。最早对于山的感觉是看了无数遍的老电影《南征北战》，两军对垒，快速夺取山头便决定了战斗的胜利。能把红旗亲自插到顶峰，便成了少年时代的白日梦。

插队下乡时曾放羊半年，穿山越野的寒风中，幻想着革命领袖一把油纸伞走遍崇山峻岭的画面。既有改造乡村的兴奋，也有生不逢时的惆怅。

上大学时看到外国电影《茜茜公主》，体会着老贵族们在美丽的欧罗巴山林中陶冶气质和追求高雅宁静生活的一面，也充分利用各种机会爬了辽宁千山、山东泰山、安徽黄山、河南嵩山等名山。

从战争、革命到休闲，这样一些复杂的情感始终使我把握机会去攀爬各种名山野山，无论在国内还是海外。不过，真正把自己看作山友，将爬山作为日常生活的一部分，还是 2000 年之后的事。

2003 年 10 月，北京万通集团冯仑约我参加红塔集团的一个登山活动。云南海拔 5 396 米的哈巴雪山，名为"山高人为峰"。这是深圳万科集团王石牵头的企业家活动，我必须加入。当年得知王石登山的消息，不以为然，认为是商业炒作。在亚布力企业家论坛上，我很不敬地嘲讽他装神弄鬼。结果，他在 2003 年居然登上了珠峰。我祝贺他时内心很有歉意，他大度地笑着邀请我与他爬一次雪山。

几十个企业界朋友浩浩荡荡地冲到云南，全套行头，颇为新鲜。首次经受了高原反应的折磨，但也第一次自己踏上了人迹罕至的高山雪线，可惜因为不懂冰爪与鞋的搭配，带错了，结果爬到了 5 000 米便被向导强制拦下。尽管没有登顶，但这次冒险行动还是让我受益良多。

2004 年 5 月，我再次加入王石带队的四姑娘二峰队，一鼓作气登顶。在海拔 5 454 米的雪顶，与王石一起为当地报纸的记者刘健与女友证婚。回来后我写了一篇博客《四姑娘山的远足》，被广泛转发，还被两三本杂志刊登，让我欣然自得。

2004 年夏天，我参加国家登山队，远赴俄罗斯攀登欧洲最高峰海拔 5 642 米的厄尔布鲁士山（Mount Elbrus），进行为期两周的训练时向俄罗斯职业登山教练夫妇学习技巧，受益匪浅。我与王石、汪建等被选为强队的第一组出发。凌晨 2：00 启程，直到 10：00 才喝上水和吃上路餐，一路风雪交加，非常辛苦。在几个国家队相继放弃后，我们终于在 13：00 登顶。能在异国他乡亮了一次国旗，还是挺自豪的。

2004 年 10 月，我与几位同伴去青海玉珠峰，海拔 6 178 米。我们连续登上两座高山，内心颇为自满意得，结果没有适应过程，从西宁直接到了 4 800 米的大本营，高原反应严重。再加上遇到大风雪，在海拔 5 600 米的高山营地过了一夜后，不得不下撤。

2005 年 1 月，我牵头组织了去海拔 5 985 米的非洲最高峰乞力马扎罗山（M. Kilimanjaro）的一次自助游，全队 12 人，9 人登顶。同期，国家队教练们组织的同一个山峰的商业登山，收费是我们的三倍，登顶的却寥寥无几，这更是让我们颇为自信，从此脱离"组织"了。

2005 年 5 月，我们去西藏启孜峰，海拔 6 206 米。尽管我作为第一组队员成功登顶，但第二组队员老庄却意外去世。山友们在拉萨、北京和上海连续组织和参加了三次悼念和追思会后，心境大变，一时对高海拔的登山意兴阑珊。这可以在后文《2005 年西藏启孜：老庄之道，源远流长》中体会。

2007 年 12 月，我与其他四位山友去阿根廷登南美最高峰阿空加瓜山（Cerro Aconcagua）。天不作美，我们在大本营等了许多天一直下大雪，勉强冲到了 2 号营地，被向导劝下。我和山友老孙再作努力尝试冲顶。但营地医生认为老孙脸色有变，次日清晨老孙被强行押进直升机飞下山去，我只好放弃。

2008 年 8 月，北京奥运会开幕，为避开热闹，我 8 月 9 日启程独自去新疆的慕士塔格登山。可惜季节偏晚，我成了当年最后一位进山的队员。勉强到了 2 号营地，大雪不停。两个柯尔克孜族向导居然也称病溜掉一个，只好铩羽而归，落寞回京。

2009 年年底，我与两位山友再返阿根廷，终于成功登顶阿空加瓜山，海拔 6 959 米。

2010 年 7 月，再接再厉，我重返新疆，最终登顶慕士塔格峰，海拔 7 546 米，成为当年第一个登顶的队员。在队中，我年龄最大，而且在大本营犯了痔疮，实在不易。

2012 年 5 月，去云南哈巴再次冲顶，到了 5 000 米处，阴差阳错地在几位队员的劝退下放弃了，哈巴真是克星啊！

原本计划在 2010 年登珠峰的，因为筹备天津金融博物馆 6 月的开业工作而放弃了，之后同样原因又推迟了两年。2013 年是人类登顶珠穆朗玛峰 60 周年，这是一个好机会，我和长期登山的伙伴方泉决定尝试一次。

方泉原来曾与我在 20 世纪 90 年代初共事过一段时间。他是个诗人兼记者，送我两本诗集，半路出家做股票投资，很有成就。"非典"之后，他在北京组织了一支山友队伍，每月两次固定在北京附近的大小海坨、黄草梁、五座楼、阳台山、玉皇顶和小五台山等地爬山，一年四季不停，偶尔还去外地爬 5 000 米以上的雪山。

女登山家王静多次向我们推荐新西兰著名登山领队罗塞尔，他带队 20 多年，从来没有出过事故，是珠峰南坡两个最好的领队之一。看了关于他的许多实拍电视，也熟悉了他的风格。他来北京与探路者公司讨论合作时，我们一起聚餐并讨论。针对我们的情况，他提出了许多建议，让我们非常受用。我们立即决定报名，放弃北坡，改从南坡上。

于是，2013 年 4 月 1 日，我们出发了。

2004 年四川: 四姑娘山的远足

每年的长假, 居然成了心里的重负。名胜古迹在人海的包围中早已不堪回首, 居家守地又在平庸无奇中顿感失落, 在日新月异的本土经济崛起的氛围中出国度假或曰考察仍是索然无味, 看上去, 营造七天之久的乐趣简直成了中年人的生活挑战。

继续 2003 年"十一"的云南哈巴雪山之旅, 十几人的企业家团队迅速集结在中国登山协会的旗帜下, 向四川的四姑娘山二峰奔去。在从小金县的日隆镇负重攀登了约 6 个小时后, 大家在海拔 4 500 米的大本营进了帐篷。在各自体验着头疼、反胃、失眠、哮喘、疲惫等不同的高原反应的同时, 山友们仍在彼此交流登山体验和专业信息。也许在四周崇山峻岭环绕的气势下, 人们早已放下了矜持与自傲, 更多地体现柔弱和敏感的性情, 更有彼此的亲和力和体贴感。

申银万国研究所董事长庄东辰博士、中体产业董事肇广才和一位地产界的老板小心翼翼地交换几天前银保监会关于调控政策的内容与自己的判断; 万科董事长王石不时地修正与他同时登上珠穆朗玛峰的记者刘建渲染其关于登山的最新版本, 以免弄真成假; 一位湖南籍的山友将冲锋裤下摆的特殊设计解释为"排卵 (暖) 方便"而令大家捧腹不止, 但当教练分发登山安全绳索, 他情急地要求发给他"安全套"时, 人们就转而"肃然起敬"了; 老孙则被众人调侃着不得不将要登珠峰的酒后戏言转为军中誓言, 而且日期随着酒精浓度而不断提前; 王石的秘书周惠小姐则不断声称自己是大家的底线标杆, 或许许多男子汉都未能料到这个娇小的美女两天后将在顶峰显露峥嵘。

我有幸被选为登顶的第一批队员, 早早躺在睡袋里饥寒交迫地熬过一夜。左边深圳的实业家老杨在连续拉肚子的折磨中长吁短叹, 右边的品牌设计师张东胜兄则养精蓄锐在梦中浅吟低唱, 苦得我连一分钟也未曾合眼。凌晨 4:00 起来, 匆匆吃了口饭, 在教练帮助下再次检查了全部装备, 睡眼蒙眬跌跌撞撞地在 5：30 分随队出发。在黑暗的山谷里，十几盏头灯踉跄前行，逶迤数里，应当是非常远古的景象了，我想。

三小时后，到了海拔 5 000 米的突击营地，寥寥几个色彩斑斓的帐篷风情万种地"勾引"着我们小驻一番，或者是干脆长驻一夜。犹豫之间，抬头看看一帮二三十岁的年轻人在遥遥前方示威似的长啸乱叫着，实在是愤愤然，不免激发了"老夫聊发少年狂"之心态。回首看看另一批不紧不慢执着前行的四五十岁的群体，正在按所谓"王石速度"徐徐而来，不免当下心安。就势放下身段，回归本位，在王石后面亦步亦趋，不做非分之想。再过两个小时后，距顶峰只有百米之遥，坡度急剧提高，只能结绳而上，且雾大脚滑，两面弧旋而下，岂敢多想，手忙脚乱地上爬而已。眼睛此时恰好进了汗水，酸涩难忍，只好蒙眬前探，抓住了前头的援手，耳闻一句，"祝贺登顶成功，5 454 米！"国家队登山教练次洛早在此迎候了。霎时间，似乎雪住天晴，始终"犹抱琵琶半遮面"的幺妹儿（四姑娘的最高峰，也是第四峰）也颔首一现。

相对登山的过程，登顶实在是有些乏味，仅能容下 4—5 个人的地方，必须为证明自己而胡乱地拍上几张照片，事后可能还要花几倍的工夫说明这并非在东北某个公园的雪中作秀。中化国际的董秘王克明居然将公司的大旗带到了顶峰，猎猎作响中，大家显然都有一点遗憾。下来时是最有成就感的时刻，我们在不断地鼓励后来人继续前行，甚至有意缩短估计里程，帮助别人显然是此时此刻最大的幸福。特别是在教练看不到的地方，在积雪几尺厚的陡坡上顺势飞身滑雪，一降几十米，痛快淋漓，实在成全了老顽童的天性。这是上海庄博士的发明，大家纷纷效法，连王石也加盟求乐。不过，乐极生悲，庄博士突然一个踉跄，一条腿扎进了深雪层，自己无法拔出来，顿失勇士风采。我花了九牛二虎之力，糟蹋了一副高级登山手套，才将他这条肇事的腿拉出来。可惜当时未能讨他一顿大餐。智力水平下降，是典型的高原反应。

大概自王石等人登上了珠峰，各界人士终于将登山视为正事了。我等参与者，仍是不免俗地扪心自问，何以如此苦中寻乐？俯仰天地，显然答案众多，且与时俱进，或可模仿西方先贤而故作姿态，称"因为山在那儿"。以我浅见，仍是中国文人胸怀，君子自期而已。除健身强体、体验视野、心旷神怡、战胜自我等托词外，也有相当贵族的品位在其中。古人云，"君子之所以爱夫山水者，其旨安在？丘园养素，所常处也；泉石啸傲，所常乐也；渔樵隐逸，所常适也；猿鹤飞鸣，所常观也。尘嚣缰锁，此人情所常厌也，烟霞仙圣，此人情所常愿而不得见也"（北宋，郭熙《早春图》）。

或中下怀？也未可知。只是下山伊始，又在考虑下一次上山了，悲夫。

与王石、刘健和刘的女友登顶四姑娘二峰（5 454 米）

2004年欧洲厄尔布鲁士山：登山的技术

2010年登慕士塔格峰，之所以老当益壮率先登顶，还是有一定的技术支持的。这要感谢当年在俄罗斯登山得到的一些基础训练。

2004年夏天，我加入中国登山队去俄罗斯登厄尔布鲁士山（5 642米），有十几个队员。接待我们的是一对夫妇，分别是学数学和经济学的博士，因为经济转型，工作都不如意，结果就双双转入登山圈，以协助登峰为主要职业。丈夫叫弗拉基米尔，太太似乎叫卡琳娜。两人皆是登山世家出身，从小就出入俄罗斯的许多大山。弗拉基米尔的父亲当年是苏联的国家登山教练，曾在20世纪50年代后期辅导并带领中国登山队首登新疆的慕士塔格峰，荣获"功勋登山家"之类的称号。我们是他们第一次接待来自中国的登山队，他们非常激动，多次给我们讲从父辈那儿听来的关于慕士塔格的故事，这也是让我对慕峰刮目相看的原因。

记得进山的头一两天，他们夫妇不断地给我们的队员纠正登山的姿态、步法和手杖、背包的使用方式。他们在安排适应路线时，也不像国内的同行那样，上升一段下来就休息了，而是不断地横切和上上下下地折腾，不断地告诉大家踩石头和越横沟的方式，关注鞋带和挂钩水壶等零碎物件的处理等。一开始，大家都客气，两天后，他们的絮絮叨叨就令人厌烦了。

队长王勇峰颇为不屑地问他们是否登过珠峰，这对夫妇当时就很尴尬，也从此知趣地不再指点他、次落和刘健等几个珠峰勇士了。王石和曹俊当时热衷于搞飞伞，也不太有兴趣学习登山技巧。国内大凡有点登山经历的，都颇有自己的心得，也不愿意被指导。我和中化国际的董秘王克明是初学晚辈，看到这对夫妇如此热情，大家又如此冷淡，不免心中有恻隐之意，便假模假式地认真学习起来。

整个预热的过程大约一周，我们边学习边英语讨论，渐渐地有了感情和心得，体会到登山还是需要许多技巧的。比如，无论上下，只要有坡度，脚尖与膝盖就要有倾斜度，最好15度以上。保证大腿和臀部肌肉都能用

2004 年 7 月 4 日在俄罗斯的厄尔布鲁士山训练中

力，减少半月板的压力，保护膝盖。再如，不同的坡度，要变换不同的步法，缓坡碎步，陡坡斜步，松胯上升，外八步下降等。另外，呼吸的方式也不一样，不必刻意保持均匀呼吸，大口吐气和吸气也是正常的调整等。

此外，如何涂抹防晒霜，如何喝水，如何吃路餐，如何调整手杖的高度和结点，冰镐的制动，横切的步态等。这些细节，平时都似乎无所谓，但走长了，就会成为有节奏的步法。当年在登哈巴雪山时，不会涂抹防晒霜就吃了大亏。防晒霜应当在额头和眼部附近横着涂，不能顺着抹，因为一旦出汗了，汗水会带着防晒霜流进眼角，一擦汗就刺激眼睛。我和王克明曾经都被害苦了，不断用眼药水冲洗。

这么多年来，这些技巧从不适应到很习惯，的确帮助了我的登山过程。让我一看到山的坡度就自动调整步法和呼吸，从关注上升的高度和难度调整到关注每一步踩下的韵律和节奏。特别在 5 000 米雪线以上，我只是享受不同方式踏雪的美感，曲折上升的快活，总是期盼不同的坡度和横切的乐趣。下山也是跳跃着和嬉戏的感觉。

2010 年去慕峰，看到许多年轻有为的队员，气壮如牛，很可惜却没有任何基本训练，连手杖都不会用，全靠蛮力冲顶。我后来居上，轻松超过所有人，其实就是靠的多年养成的习惯，并没有刻意赶超。

登山是有技术的，尽管看上去有点夸张。其实，只要细心，生活中许多事都是需要一点点调整的，短时间可以无所谓，但到了关键时刻，技术就会有优势。

冲顶的前一周，我在适应训练下山时，藏队队长其美扎西注意到我与其他人不同，下山非常轻松快捷，毫无疲惫之态。大家都是交叉步下山，我是平行步，我告知他是学习俄罗斯人的步法，他也模仿了几步，还是不适应。但是，他马上就得出结论：你肯定能登顶。

登了慕峰后，不时想到弗拉基米尔教练，不知他是否如愿以偿地到中国来登慕士塔格了？

2005 年非洲：乞力马扎罗山的雪呢

刚刚走出坦桑尼亚的小机场，我便努力地搜寻远处的山峦。直面刺眼的赤道日光，疑惑地扫视着遥远但孤独的一切山峰。表面上与山友们一起兴奋着，内心却不免狐疑甚至不满，这就是乞力马扎罗吗？就是让海明威得以大名远扬的"乞力马扎罗的雪"吗？就是引来好莱坞明星们摄人魂魄的爱情背景吗？尽管，网上资料表明这座位于赤道附近的非洲第一高峰的积雪正在消融之中，但历史人文的幻想以及过去曾亲身体验的几座雪山攀登历程，还是让我一厢情愿地热血沸腾着，甚至自告奋勇地组织了一支 12个业余山友的远征队。眺望着雄俊山峰上那可怜的装饰性的白色一抹，陡生暗恨，何必读书太杂，少不更事的时候就让众多伟大作品和作者在宣泄情感之中轻易地透支了自己本可以亲身体验的乐趣。但也正是乞力马扎罗的雪和那只令人无限遐想的豹子，把我们带到了地球的另一端。

前三天的跋涉真是田园散步般轻松。热带雨林，通幽曲径，猴窜鸟鸣，溪戏残松。晨见喷薄之日出，午沐沁脾之清风，暮品山峦之律动，夜仰繁荣之星斗。信步之余，近观早期印象派般光怪陆离的花草起伏，远察安德鲁·韦思绘出的荒凉伤感的崎岖古道，浮想联翩，多少现实的情绪迎合，多少记忆的叠加复制，都在不同的场景中反复激荡、强化和升华。相看两不厌，何如去登山！就连在一系列错误信息诱导下"自投罗网"的东方基金的两位经理王国斌、陈光明也苦极而甘地率队在先，谈笑中将登山杖舞成了文明棍！东方证券的汪阳则上蹿下跳，不经意间连续赶超多国队伍，竟比我们全队提前了一个多小时赶到 3 700 米的大本营。更有甚者，在几个导游目瞪口呆之下，汪大人隔天后居然一路背手倒行走到海拔 4 700 米的突击营。这番壮举交织在几个欧洲山友高原反应太重不得不被人用担架下撤的过程中，简直是大长了国人和平崛起的气概。不过，这是痔疮发力的结果，真正的"屁股指挥脑袋"。

热带雨林在大本营附近悄然结束了，几个或隐或现的陨石坑和连绵不绝的断崖残壁传递着悠悠岁月的洗礼。号称"斑马石"的一块巨大风化岩壁以其五彩缤纷的面貌显示上帝的造化之功，也露骨地诱惑着游客、动物，当然也包括海明威刻意提及的那只喜好登山的豹子。雪线依然捉摸不定地上移着，这使充满乱石碎卵的山路变得漫长而单调。好在身边的无数云朵始终翻滚嬉戏着，簇拥我们上行，同时也将来路行踪一一抚平。如此般的腾云驾雾，欲神欲仙，不由得诧异起来，何以只有豹子会执着地踏上雪的旅途，直到死去。在缺氧的状态中，似乎每个全副武装起来的山友都突然拥有了超人般的勇气与信心。其中最专业的是国家发改委的陈昱杰，他曾在几年前就独自登顶了 8 200 米的西藏名山卓奥友峰。一路上，他不失时机地动员全体老弱病残回国后应当随便到珠穆朗玛峰（8 844 米）溜达一趟，果然，多有唯唯诺诺之音。后来得知，此君刚刚获假三个月参加国家测绘局 2005 年四、五月间重新丈量珠峰一事，趁大家意乱神迷，拉几个垫背以壮行色，令人气愤。

我们的首席导游尼古拉显然是业中的江湖人物，来来往往的向导和挑夫都在重荷下向他致意。他从业 18 年，登顶几百次，收入颇丰。除做向导可以每年收入 3 000 美元外，他另有几百亩地自营农作物，在当地属殷实大户，特别是自己养奶牛一头，每日自产 2 升奶，仅供家人享受，颇为得意。他经常发音准确地将毛泽东和周恩来挂在嘴上，不断地提示我继承前辈无私援助非洲兄弟的情谊，与时俱进地落实到当下的小费上。他曾参加"解放乌干达"的战斗，并在敌方的首都驻扎了两年。乌干达、坦桑尼亚和肯尼亚曾同为英国殖民地，而且曾为经济共同体，但 20 年前破裂。尽管统计上我们可以轻易地看到，肯尼亚更为富有，但尼古拉反复强调，坦桑尼亚最富有！这种自信和满足的神情经常流露在我们所接触的非洲人脸上，无论是经理、向导、挑夫还是司机，令人羡慕。

最后一天的冲顶自然是最艰苦的，午夜出发，8：00 抵达。男男女女一行 9 人，从 22 岁的妙龄少女到年近 50 岁的地产商人，几代混杂，性格各异。面对同样的高原反应，如头疼欲裂、肠胃沸腾、口干舌燥、筋疲力尽，各自动用了不同的抑制手段，也不得不亲自体验（无法外包）各种艰难困苦。全队始终保持整体队形，互相鼓励、互相搀扶着次第登顶。值得一提的是，王石的女儿王凌鹿在向导和本队长的威逼利诱下率先登顶，虎父无犬女。王石秘书周惠小姐也熬到了海拔5 895米的顶峰，在公司旗帜下勉为其难地摆出玉树临风的姿态，为美女护驾的各位好汉也在旁装模作样地助威，希冀日后一起分享万科集团的重赏。我作为领队，本来随时准备与中途放弃者一起下撤，居然能如愿登顶，自然兴奋。虽不敢挥舞国旗公然在各国山友中炫耀，但作为独立董事也与中化国际的董事李昕和董秘王

乞力马扎罗山登顶

克明在公司旗帜下小露了一脸儿。山高不敢忘卑职，何等敬业。

蓦地，我突然想到了雪，我是来看雪的，即便没有那只豹子。终于踏到了雪，薄薄的一层，全然没有远古的痕迹。坚硬、涩涩的，像冰。如果穿上冰爪更合适些，在平时无法忍耐的冰铁相击之噪声，在海拔5 000米以上产生了令人满足的独特乐感！不约而同地，我们将镜头对准了距我们千米之外的巨大冰瀑，也许有上百米那么高，至少几百米那么长，看上去严峻矜持，如此凛然铿锵。雪，早已融化了，但冰瀑则坚强矗立。没有人关心，雪如何变成了冰瀑。但是，这是千万年沉积的雪，是风卷不起、沙覆不住、雨融不了，甚至是豹子和人类难以接近的雪，乞力马扎罗的雪！它坚守着大自然的领地和本性，即便人类过去50年来力图使它"国家公园化"，多少登山者试图征服这个赤道之巅，多少海明威式的大师在想象和艺术中尽情点染调情，但乞力马扎罗的冰瀑始终镇守在那里。

2005 年西藏启孜：老庄之道，源远流长

2005 年 5 月 4 日下午，山友庄东辰博士身体不适而返回大本营，在途中海拔 4 900 米左右的地方，一头倒地而仙逝。前一日，我在向一位新的山友介绍庄博士时，还打趣地称，此兄只能称博士，不能称老庄，否则大家会误以为是大师转世了。庄博士立即故作深沉状，颔首一笑，自道正是山人也。此情此状历历在目，而庄山人却皈依道门了。从拉萨回京的途上，终于看到了各路传媒纷纷报道老庄登峰遇难的消息。尽管媒体都打着"经多方求证"的幌子，内容却显然出自一家。不外乎三点：其一，老庄是带病登山，力竭而亡；其二，此人为证券奇才，不免天妒；其三，登山风险极大，好自为之。于是乎，各家摆出一副慈悲姿态，规劝诸位山友谨言慎行，重新检验奋斗目标。我等十数山友，曾在庄博士遇难处泪别启孜峰，发愿"老庄与雪山同在，老庄与山友同在"（方泉拟词）。然回京三日，在众口一词的传媒渲染下，共同经历生离死别的山友们也不免狐疑起老庄登山的人生价值了。这就是某些现代商业传媒的力量，只有新闻的煽情，没有人努力发掘事实，更少有人关注老庄的内心体验。逝者如斯，生者如尔，宁不怆然乎？

我与老庄相识多年，特别是有过多次一起登山的体验。就在这次登山前，他约我一同到可可西里盘桓两周，但我有商务在身而却步。旋即他又与新疆的一个登山俱乐部联系，准备在 7 月约集 6 个队员一起去慕士塔格峰看看，甚至他还不时地憧憬着珠穆朗玛的山顶。这样年轻的心灵，这样饱满的激情，何以简单地以长期抱病就轻轻带过？他曾攀登过多座雪山，也经历过多次疾病的威胁，何尝不是高度关心自己的身心状态，同时也常常叮咛山友自我约束。远比老庄身体状态差的人都可以登上珠峰，何以经验丰富的老庄竟然倒在如此初级的训练活动中？难道不应反思我们长期忽略的登山救援系统的缺失与落后吗？当然，这是制度因素，也是经济发展过程中的问题。但老庄的去世应当成为检点缺失的起点，而不是老生常谈地归咎于街谈巷议般的描述。

　　商业登山不同于业余登山，服务条件与安全保障是必要的前提。我们习惯于陶醉在为国争光的奋斗精神和革命加拼命的登顶目标中，领导关怀和社会救援成为温暖但空洞的保障。老庄与我等山友之所以加入国家级商业登山团队，正是寄托于可能更好的生命保障体系和更为科学的市场运作机制，这当然不是个人逞能式的英雄主义情结。问题是，我们所依赖的科学登山体系是否值得信任。近年来一系列的山难事件都在顽强地子规啼血般拷问这个掌握在权威手中的答案，而广大的山友始终没有话语权。在传统的体制下，成者归功于英雄，败者归咎于弱势，已经成为规则。对于普通山友而言，"明知不怨东风，奈不怨东风却怨谁？"

　　在市场机制中，权利与责任是同样重要的契约要素。双方都清楚地理解，要获得登顶的喜悦和利益，就要承担不凡的风险和代价。我相信，老庄有灵在上，他不会因此而否定即将形成的中国登山运动的大潮（如同日本和韩国经济高速发展时期一样），不会同意传媒关于他带病登山的偏见，而是高度关注正在形成的商业登山体制与传统的业余登山运动的更替，以自己的牺牲来启发一个新的时代。正如山友王克明所说，老庄应当是中国的马洛里（英国登山家马洛里是第一个登上世界最高峰的人，当有人问他为什么登山时，他说："因为山在那里。"）。另一个山友王育琨则更景仰地称老庄有更高的境界，因为老庄曾在遇难前讨论中国登山救援体制落后的话题时，认真地将其比作中国初级的资本市场，指出："只有一批人牺牲掉了，人们才可能认识到差距，才可能产生新的体制。"现在，老庄意外地完成了他的预期，我们的责任呢？

　　老庄是一个低调行事的学者，不是什么证券奇才。兢兢业业地研究，尽心尽力地工作，成为老庄十几年来伴随中国资本市场发展而不变的生活方式。他从来不是什么大款，也没有成为被传媒追捧的明星企业家。登山是个人爱好，是天地宽广的人生选择，也是精神自由的象征。他从恬静的学院到喧嚣的市场，从安逸的国有证券公司到艰难起步的民间投资银行，从颇负盛名的业界权威到初出茅庐的登山驴友，从充满爱怜的慈父到特立

与老庄最后合影

独行的游子，每一种身份，每一种环境，老庄都是认真却随缘，激情复镇静，永远有朋友相随，永远有魅力挥洒。虽则文声静气，才华内敛，却见古道热肠，豪情横溢。

世人痛惜老庄去得早矣，万事蹉跎，尚待来日。然老庄却是求仁得仁，未必自憾。人生使命多出，自由为先。脱去证券奇才的外衣，斩去劳动模范的尘缘，老庄实在是普通人一个。他做得了大学问，引领了咨询业界马首，白发创业，驼身登顶，实伟业哉！老庄热爱西藏文化，他长眠于斯；老庄热爱登山，他长眠于斯；老庄热爱朋友，有各方朋友云集在他身边，怀念他祝福他西行平安，夫复何求？夫复何求！

信笔至此，刚传来山友牟正蓬小姐的一首词《一丛花令·送老庄》。甚好，笔录在此：

启孜春尽日犹寒，飞雪舞经幡。螺声骤起色拉寺，送老庄，兔守鹰盘。山友戚戚，阿尼啜啜，法号撼阴山。

半生风雨不等闲，来去亦悠然。佛光藏于魂飞处，问生死，何处阳关？圣地路远，欲罢却难，回眸已晴天。

噫吁唏，老庄之道，风骨依然，源远流长，令人心驰神往。

附悼词

东辰兄，山友们看你来了！

你是一个充满激情身心健康的人，你是一个体贴家人承担责任的男人，你还是一个关心朋友的业界先驱。我们曾无数次共勉：登山，不是别出心裁的游戏，也不是品牌炫耀，更不是商业摇篮。登山，是亲近自然尊重信仰，是净化灵魂的仪式，更是健康人生的自信与表达。

东辰兄，你负重前行的身影，融入高原，融入雪山，融入圣地，与天地同在。

东辰兄，你豁达强毅的灵魂，活在高原，活在雪山，活在圣地，与我们同生！

曾与老庄同行的全体山友

2007 年西藏墨脱：与门巴导游的争执

去墨脱，除了蚂蟥和疲惫外，对门巴人的恐惧总是积在心头，古老传说中，门巴人认为毒杀一个美貌和聪明的人，这些品质就会转移到自己身上。可以想象，这种诱惑的结果。我们在拉萨和林芝时，许多藏族人都警告我们不要与门巴人接触。但是，只有门巴人才能为我们担任导游和挑夫呀。

在派乡，队长方泉负责安排住宿，我和退伍大校老张被安排去找挑夫和导游。看到两三个英俊高大的藏族青年，汉语很好。谈好价格后，却来了七八个相貌猥琐汉语生硬的门巴汉子，令我们感到不安。考虑到安全，我和老张商量了一下，决定只雇两个导游兼挑夫，其他都用骡子，大约四匹。这与当地行规有所不同，他们一再希望我们增加雇人，我们六男两女，在山里一旦有问题，还是危险的。结果，谈判下来，我们雇两个导游，但付四个人的钱加四个骡子的费用，大概是 4 000 多元。皆大欢喜，一路彼此谈笑风生，互相照顾。

到达墨脱后，大家都去火锅城享受美食去了。我和老张负责结账，导游告知我们需要付 8 000 多，翻了一倍。没有原因，只是我们注意到导游的汉语突然退化了，善良的表情也全部消失了。争执之间，周边陆续来了八九个人，不时把玩着藏刀之类的东西，似乎还可以随时呼唤更多的人。我们眼看着一对年轻情侣被他们围攻，心中暗自叫苦。

我与老张和后来上来的吴志彼此交换了眼神，看出他们希望我来定，而且也可以加钱，不想惹麻烦。楼上的队长方泉和其他队友起初并不知道下边的情况，后来也不打算下来参与。我根据经验判断，一是让步太快，他们可能会加码；二是不讨价还价，将来被队长羞辱；三是人多无益，即便让步也得保存本人脸面。于是，坚决果断地让老张和吴志上楼去喝酒，我一个人对付。

围聚我身边的七八个门巴汉子看我如此英勇，一时不知我为何方神圣。

结果有人送烟一支，从不抽烟的我，大大咧咧地拿过来，而且在他们领头导游的身上乱摸一通找打火机。我告诉他们，我是真正的队长，是应林芝公安局的一个朋友邀请来的，正在等墨脱的县长吃饭。他们要加钱没有问题，我们要等这些朋友来才有钱。突然间，他们都听懂了我的汉语，不以为然地将手机递来要我拨号给领导，看来这套他们看多了。我告诉他们，吃饭后再与他们讨论。他们答应了。

席间，大家争执。两位女山友态度很明确，不能这么被欺负，但是一切都由我负责。男山友们谈起来也很坚决，但没有具体对策。方泉队长慷慨地给我智勇双全之类的一堆高帽，自称高原反应，全部授权给我一个人。各位尽兴喝酒，看到楼下七八个黑黢黢的门巴汉子，我颇有赴刑场的感觉。

门巴人跟我们一起到了旅馆。我立即集合大家开了小会，要求大家不要七嘴八舌乱发言，我们内部不一致，会让门巴导游利用。同时，大家在一个大屋里都不出来，保持神秘，让我可以在外面讲故事。我告诉大家，争取在6 000元内谈下来。

我在外面一个人与他们谈判，要求他们选两个代表，其他人在院子外等。我拿个计算器反复与导游认真计算，把他弄得跟我一样糊涂不堪，一会儿8 000，一会儿3 000。这种游戏让我很开心，也有耐心。半个小时过去了，突然间，我们的经济学家王某冲出来，没头没脑地给导游20元人民币，甩一句"这是我的份儿，多给你的！"，然后就回屋了，据说蒙头大睡，似乎事不关己了，众人愕然。我则顺坡下驴，称这位是山东大汉，动辄动刀砍人，认识了十几年从没有看过他掏钱，真是急了。不过，我们还是得继续计算下去。大约一个小时过去了，大家彼此兴味索然，院外的门巴汉子也不见了。估计他们都是临时凑来壮声色的，一时没有结果，他们都到别处了。只有这两个与我们一路走来的门巴导游了。这时，基于爱慕我们的经济学家王某，房东大嫂也出来与我助威，谴责导游不义。就势，我便轻声慢语地告诉他们，本来我约公安局的人要抓他们的，但是屋里的两个北京大姐都急了，不让。因为她们喜欢你们两个门巴人。导游们知道方泉队长和我们大家一路是如何对待神灵般地呵护两个电视台女士的，顿时感动了，提出给4 000就可以了（原来的价格）。为巩固胜利成果，或者炫耀成就，我更上一层楼，你们应该给大姐们道歉才是。于是，我约大家出来，看着两个门巴导游向两位女士接连说了几声对不起。

大家纷纷把自己的旅行头灯、鞋、不用的衣服等用品拿出来给导游，他们都很高兴。不过，这不是特殊待遇，下山后把东西送导游是山友一贯的规则。我本以为大家会表扬我几句。结果，我听到的却是，太不像话了，这么对待门巴人！直到第二天的路上，居然有位女山友找碴儿对我大喊大叫，热泪夺眶而出，称西藏的山水对我们这么好，我们来了一趟不思报答，反而如此盘剥门巴人，与我等为伍，真是耻辱。看到方泉队长和山友们立即趋前安慰这位美女，我悻悻然不知所措。

此后，直到今日，山友一起时常谴责我心狠手黑，没有同情心。我无法申辩，只能以大家都是高原反应对付过去。终于，队长方泉在他博客里给我"平反"了（http://blog.sina.com.cn/s/blog_48d89a3e0100fewf.html）。

2007 年南美：尽兴而归的阿空加瓜故事

我们一行五人从 2007 年 12 月 17 日启程到位于阿根廷安第斯山脉的西半球最高峰阿空加瓜登山（6 962 米），21 日经八小时艰苦跋涉抵达 4 300 米大本营。此后 10 天内两度尝试登顶，但因暴雪封山，不得不从 5 300 米营地下撤。同期有百人以上的各国登山团，均无功而返。此后，我们在盛产葡萄酒和橄榄油的门多萨市盘整几天，次抵首都布宜诺斯艾利斯品牛排探戈，又到维持两百年前现状的潘帕斯高原上的圣安东尼市自助游两天。1 月 8 日全队安全返回。至此，20 日拉美登山游结束。其间，我曾写打油词一首，向国内的各位朋友遥拜新年，如下：

阿空加瓜	危乎高噫	淫雪噬冠	乱石夺基
侧身西球	雄睨天地	远来恭圣	安敢称意
壮士不武	美人亏气	但效前贤	退避为礼
吾兴已尽	后会有期	面壁观影	不胜唏嘘
志盛情漫	终有顾忌	桀骜谁赏	谦卑谁期
攀崖远眺	世事淡矣	唯有山缘	相别何依

回国后，我在天涯博客上陆续写了八个有趣的故事。

被淘汰的危险

➢ 12 月 20 日

我们经过 5 个小时的山路上行，到达第一个露营地 Confluencia，海拔 3 400 米左右。大家立即一起搭起了三个帐篷，喝水吃饭，休息了两个小时。导游要求我们带护照和进山证去体检。看到排队的人很多，我担心有问题，便跟着刚刚体检完成的三个美国人去他们的营地询问详情。

他们是三个来自美国田纳西首府的律师，曾一起去过非洲的乞力马扎罗山。此次结队并不顺利，上来就丢了一个人的行李，只好花了许多钱在门多萨市购置或租了一套。他们建议我们准备些小费，万一有体检方面的问题就可以敷衍一下。事后看来，这是多余的，不过是对发展中国家的传统印象导致的误解。

很快，我们的队友就通过了体检，我飞奔而去，匆匆测了血压、含氧量和心跳。除了心跳快外，并无大碍。医生们严肃地签字盖章，完成了第一次检查。不过，与我们同一天到此的另一个大团，有 12 个各国的队员，就没有如此幸运了。三个人被淘汰，一个新加坡人吸烟太多，含氧量严重不足。一个荷兰女人太胖，体力不支。一个印度人，本来十分高大强壮，但在过一个河沟时突然胆怯起来，居然自己放弃了。大家花了许多银子，大老远地跑来登山，第一天就被淘汰，真是可惜。

次日，我们经过八个小时的长途奔袭，一鼓作气上了大本营，海拔4 300 米。的确十分艰难。烈日下走起来没完没了，最后一段又是陡坡，盘旋直上一个小时。途中，导游丹尼尔碰到许多他的旧交，便不管不顾地与他们攀谈，不时放弃照看我们的责任。他的放任导致整体队伍的行进速度忽快忽慢，弄得大家很疲惫。我不得不与导游多次交涉，也发了火。丹尼尔终于意识到我们的不满，不断道歉。

休息了两个小时后，我们再次被叫到位于入山口的医务室进行第二次体检。每人大约五分钟，但这次却是非常仔细。果然，老张和方泉被查出问题，肺音嘈杂，是长期吸烟的缘故，导致含氧量也低，要求第二天老张再复查。两人紧张了一晚，第二天早上不得不拖行几百米复查，幸好勉强得过，满脸堆笑地回来了。在大家的批评下，两人对天发誓，终生戒烟！

我在陪同老张复查时看到一对比利时的夫妇，被检查了大约半个小时。出来后告知，男的肺有积水，不能上山，女的可以继续前行。两人当下十分犹豫，不知如何是好。我们表示同情，也有些后怕。放弃还是坚持，对任何团队都是一个艰难的选择，特别是对于我这个队长来说。

很快，我们的考验就到了。

骑骡子下山的老张

➤ 12 月 22 日

我们在大本营休整一天，消除第一天上山的疲劳，同时也是适应高山环境。阳光明媚，我们坐在常设的帐篷内，透过窗子不时地远眺近在咫尺的阿空加瓜山。我们可以隐约地看到两个营地，"墨西哥营"和"加拿大营"，分别为 4 900 米和 5 100 米。姹紫嫣红的帐篷随风抖动，看上去像是在远处不停地招呼我们上去。我们按捺不住期盼的心情，不断地捕捉着上山和下山的人群。

12 月到 1 月中旬是阿空加瓜的登山旺季，平日都有两三百人在大本营和上面的六个营地驻扎，每天都有人上上下下。这一天，我们看到两拨儿人登顶下来，晚上就在大本营庆功唱歌，十分令人羡慕。

第二天，我们五人跟着两个向导开始适应性登山，经过五个小时到达"加拿大营"，忽然感到阵阵冷风。向导建议我们穿上羽绒服，在风中吃了午饭，然后便迅速下撤。我们只用了不到两个小时便回到帐篷。下边天气仍然很好，事实上很热。小牟便张罗洗澡。考虑到生病的概率，大家不断劝阻，我不得不行使队长的权力。

老孙突然提议大家一起剃个光头纪念一下，也许是高原反应，几位男士根本没有考虑便成为老孙的试验品。阳光下，几个秃头成为一时间的风景，当地导游一脸疑惑地看着我们，这些中国人要干什么？

24 日是圣诞夜，晚上庆祝酒会。第二天开始正式登山。之前必须体检，大家都过了，但老张又因含氧量和高血压指标被要求复查。看到老张夜里喘气的样子，大家都感到他恐怕是凶多吉少，默默地为他打点行装准备下山。果然，第二天早上的指标并没有变化，于是，我们第一个队员被淘汰了。好在老张是首次突破 5 100 米的高度，心满意足地骑着骡子下山了。

一个守山的会计师

➢ 12 月 28 日

经反复讨论，我和老孙决定留下继续等待天气好转。牟与方和导游一起下撤。方泉将高山鞋给我，牟也将睡袋、手套等全部留给我用。大家依依惜别，互道珍重。大家共同生活在一个大帐篷里一周后，突然分道扬镳，都有惆怅之感。

全队一撤，我们立即没有栖身之地了。向导丹尼尔留的一个线索也没有任何着落。原来的营主因与丹尼尔关系不好，要求我们在两个小时内将所有东西撤出。在纷纷扬扬的雪花中，我们背负着小包，一个一个营地去找新的向导。累了，就在大本营一个空空荡荡的酒吧中焦急地等待回音。

天不负我，一个叫马克的人主动找过来，提出愿意帮我们安排。原来，几个中国人结队到此仍是新鲜的事儿。上周，老张打了电话，居然是那里的第一通给中国的电话。马克领我到了两个营地转了转，的确在大本营当天找不到有执照的导游。他建议我们专门从门多萨请一个来，尽管后天才能登山，毕竟我们也可以多等一天天气的好转。经过简单地讨价还价后，我们接受了这个方案，不超过 2 000 美元，比丹尼尔便宜了至少一半！令我们意外的是，他们居然可以安排我们住到床上。尽管是上下铺，在这么高的营地上已经是非常奢侈的生活了。

晚上，马克安排了一顿非常可口的意大利千层面，我和老孙与他愉快地聊了起来。马克是在门多萨市工作的会计师，负责企业报税和公司破产事宜。他今年 37 岁，但 21 岁时就在大本营实习服务，至今已经尝试登顶 30 多次，有 14 次登顶的经验。他非常喜欢登山，每年攒足两个月的假期来此，负责酒吧和登山的安排。挣点外快以外，与山在一起是令他最愉快的事情。马克处于职业生涯的转型期，正在申请去澳大利亚的技术移民，为此在考取各种证书和提高英文水平上花了不少钱。他的未婚妻是小学教师，已经交往九年了，尚未结婚。一个原因是没有房子，各自都住在父母家中。他本人读过老子的《道德经》，对中国的"文化大革命"也有一定了解，一本正经地告诉我，他认为中国经济的发展带动了近年来阿根廷经济的复苏。

谈到登山，他显然反感商业广告的推动，认为各国蜂拥而至的登山者并不是喜欢山，而是喜欢自我成就。特别对日本队员不满，认为他们身穿名牌，设备先进，但对山本身并不尊重。一来就直奔山顶，不管天气如何，也不与当地向导和居民沟通，甚至不需要高原适应，不顾死活地登顶。

尽管马克看上去颇为自负，但他事实上还是十分细心的。后面两天的相处表明，他在这个营地有很好的人缘。远比丹尼尔更为性情，负责任。两天后，当我单人下撤时，他自告奋勇地陪同。一路上安慰我，登顶不是人事，而是天意。关键是上帝是否发给你许可证。一般而言，阿空加瓜的登顶成功率在 30% 左右，主要是天气问题。我注意到，下山时，许多素不相识的山里人都对未能登顶而下来的人十分热情友善，显然，他们知道这批人还会来的。

乘飞机下来的老孙

➤ 12 月 29 日

天气晴朗，似乎在连续四天暴雪后，终于可以上山了。我和老孙躺在睡袋里不断兴奋地憧憬登顶的样子，不时击掌而狂笑。疯疯癫癫的样子，到现在仍历历在目。

下午，我们正在酒吧与雇来的背夫沟通革命感情，忽然，一个面貌英俊的中年人专门来访，告知我们他是阿空加瓜主管巡警，知道我们明天上山，提醒我们务必去体检一下。我告诉他，我们一直在体检，而且感觉很好，也许不必了。他认真端量了我们，一字一句地说，这是规定！

我们晚饭后就溜达到医务室了。我两分钟就体检完了。一个护士拿给我一张纸，问我是什么意思。看上去，好像是一个汉字"喜"。七扭八歪的。看我在迟疑，她掉头撅起屁股，居然就把裤子拉下来了。我清楚地看到她屁股上一个大的刺青，果然是喜字。我告诉她是"快乐"，她乐颠颠地走了，好像在扯着裤子到处展示。

过了好久，老孙都没有出来。我进去时看见有四个人都在围着他转圈。三个女医生和护士都轮流用听诊器不断敲打着，让老孙使劲咳嗽。可怜的老孙早已是有气无力了，被三个女人上下其手之后，只是木然地等待宣判了。医生严肃地告诉我，老孙不能上山了，高血压是小问题，两边都有肺积水，是严重的高山病。一小时前，老孙吃了中药，我不断解释也许是中药的副作用，希望再给个机会，明天复查一下。巡警队长也给面子，与医生商量明天再复查，告知我们 7：30 来。

可以想象这个晚上我们的心情了。老孙曾登山无数，上过慕士塔格，7 500 米，是热门的珠峰人选，岂能在这个坡上低头。只听他夜里咬牙切齿地骂天气骂医生骂中药。我则身为队长必须跟随老孙进退，没有选择，只能寄托他明天表现正常了。

第二天，刚刚 7：00，我们就被两个巡警堵在睡袋里了，也不知道他们是如何在几百个帐篷中找到我们的。只见他们气急败坏地要求我们立即去医务室。后来才知道，阿根廷当天调整夏时制，当时已经是 8：00 了！

老孙嘟嘟囔囔地进了医务室，还没等用听诊器，两个医生就断然称老孙必须立即下撤！我还要辩解，巡警已经命令了，"给你们一分钟收拾，乘直升机立即下山"。话音刚落，隆隆的飞机声已经传来了。

我们飞奔回帐篷，半分钟给老孙装了小背包，立即返回医务室。看到直升机已经落地。老孙英文不灵，紧张可怜地望着我，被人拉进了飞机，我大声喊，下去了不要动，我马上下山去接你！其时，我还没有意识到，此后的一天远远不是我们想象的那样有趣。

我用相机拍下老孙登机和飞机升空、盘旋而下的景象。全然不知，三个巡警已经将我围上了。

飞奔下来的老王

不过十分钟的光景，我和老孙便天各一方了。还没有回过味来，我就被三个巡警带到巡警站了，就在医疗室的对面。两个医生也在那里等候，大家一脸的严肃。从他们嘀嘀咕咕的西班牙语速中可以感到有所不寻常。

昨天认识的巡警长还是很友善，用英文解释道，按规定他们必须填一堆表格，需要我证实情况。大体是他们昨天发现老孙的几个问题：第一，血压高；第二，肺部有积水；第三，面部浮肿，颜色有异；第四，言语不多，反应呆滞。我对第四点表示不同意，老孙不懂英文，无法反应，如何是呆滞？而且，我半开玩笑地指出，昨天你们几个美女医生给他体检时，我隔着房间都听到他兴奋的笑声了。警长大笑，但医生严肃地打断我，是你昨天坚持不让他下山的，如果他出事了，你就是个 murder（谋杀者）！

谋杀者？这倒让我一惊，至于吗？警长也严肃起来，坚持在一页纸上要求我签字。他将西班牙语翻译过来，大意是：我坚持老孙留在山上复查，可能影响救治，如有问题，我将负责任。我不愿意签字，你们是医生，为什么拉我垫背。双方讨论之时，警长接了个电话，露出笑容，告诉我，你的朋友没有问题了，安全了。原来，老孙十分钟后就落地了，又观察了十来分钟，才通知我们。电话一来，大家立即如沐春风，解除了紧张。巡警们立即抓起打了一半的扑克牌，也同意让我拍了许多工作照。

大约老孙在下面表现得有点生龙活虎，另一个问题又出来了。他们要求我填表，证明老孙的确有高山病症状。他们说明是使用了免费直升机，必须证明有这个必要。我在为伟大的阿根廷福利制度感动之时，也必须为官僚主义的文件忙活。我大体上填表用了 40 分钟，签了十几个字，巡警和医生们也同样如此。

考虑到老孙在山下度日如年，我立即与向导、背夫等结清费用，用十分钟工夫将我和老孙的两个大背包和我的小包打好，这平时可是半小时的活儿。在下山口又上交垃圾袋等，浪费了 20 分钟。动身时已经 11：00 了。

我立即飞似的赶下山去。

我们上来时，一共花了两天，累计行程 13 个小时。一般下山应当有七到八个小时。骡子是六个小时。老孙乘飞机是十分钟。我头一个小时是跟着导游走，比较缓慢。后来休息时，我大步流星地走在前面，结果就一路领先地下来了。

刚刚 30 岁的导游 Kris 气喘吁吁地跟我到了山下，而 37 岁的马克则全无踪影了。我总共用了 5 小时 45 分钟。为什么这么快，一路上高山的幻觉让我从老孙转移到我的小女儿身上了：她在下面无助地眼巴巴等我下去，能不急吗？

下来后发现，两脚全是水泡，比两个月前在西藏墨脱还要厉害。此后在阿根廷的日子里总是一瘸一拐的样子，痛心疾脚。

勇猛的日本"浪人"

➤ 12 月 28 日

方泉和小牟下山时，不时回头嘱咐我，别像日本浪人一样冲顶啊。

我们一路上看到几拨儿日本人登山，多是两个一组，也有单兵突进的。没有向导，也没有背夫。扛着巨大的背包，熏黑着脸颊，沉闷不语地走着，似乎他们没有涂防晒霜的习惯，或许饱经风霜的老脸更有英雄相。

与我们在大帐篷吃饭的两个人，看上去沧桑感十足，全副武装到牙齿。刚上大本营就惦记着冲顶，不用休息和高山适应。手里拿着日文的攻略，不时与当地人指指点点的。我用多年前残留的日语与他们沟通，他们立即有了亲切的笑容，这才看出他们不过是二十几岁的大孩子。问到经历，也不过只是登了三两座高山而已。不过，他们的自助式登山显然给他们更多的底气和勇气。

暴雪封山了，所有人都下撤或者被封堵在不同高度的众多帐篷中等待。这两个日本人却坚持表示天亮就上去，即便我们的向导不断威胁。原来他们前一天练兵时，已经将自己的行囊和登山器械都留在 5 600 米的"法国营地"了，破釜沉舟，不得不上。

隔了一日，当我们在雪埋小腿的 5 300 米的"阿拉斯加营地"准备下撤时，看到这两人分头从"法国营地"和 5 900 米的"柏林营地"下撤，告知雪埋到腰部了，一片飞雪和疾风，完全看不到前程和退路。只好暂时放弃。不过，两天后，这两位又上去了。再没看到他们。

我下山的路上又与一位日本单身登山者较上劲儿了。他一开始疾步如飞将我们落下一大段。后来，我下山心切，终于在三个小时后追上他。一起休息时，他向我讨要巧克力吃，告知，他在"柏林营地"等了三天，没有食物了，只好下来。必须回国工作了，明年再回来登。我问道，为什么日本人来得多，而且不要导游？他瞪大眼睛，日本的登山杂志上讲，阿空加瓜是最好登的山，女人都能上来，怎么能用背夫和导游呢？

在下撤到两千多米时，看到一队女子整齐地喊着口号爬上来，衣服鲜艳，标志划一。我和向导闪到路边，果然是日本人，都在一米六的身高，都对我们露齿一笑。没有看到导游。

丹尼尔的狡猾与可爱

丹尼尔是被我们的登山代理里卡多推荐的高山导游，技术上大约是阿根廷最高水平了。一开始，我们以为是哄我们花钱而已，看到他略有拖沓的步伐，心中不以为然。他一见面就对我们国内带来的装备不断挑剔，判为不合格，要求我们或者购买，或者向他租借。我不免心中有些担忧。

看到我是队长，他便设计了一个队形，让我紧跟他后边行进。另一个助理导游沙巴则放在队尾。一路上努力与我交流，暗示我先预付部分小费。根据在非洲的经验，我坚决地告诉他，他的小费取决于全体队员的满意程度，只能最后支付。之后，他便察言观色，开始接近牟美女了，显然，在高山上，美女对于大家来说更是真正的队长。

在进山登记处，他指着墙上一幅壮观的攀冰照片，告诉大家这是他在20年前的英姿。许多登山者纷纷与他合影，我在负责办理大家的手续，没有时间追星，办证的几个人冷眼笑道，丹尼尔又风光了。

客观地看，丹尼尔还是非常职业的，也很会取悦我们。不时在各个景点给我们讲些故事，主要是强调他当年的伟大业绩，令我们一阵叹息。他告诉我们，20年前攀登阿空加瓜的最快纪录是他创造的，从大本营上下一个来回，只需要6个小时。我们扣除休息，也要连续上登19个小时，而且下来至少要5个小时。不过，2006年这个纪录被三个意大利人破了，他们结组上下只用了4个小时，一路跑上去的。"他们是野兽，不是人。"丹尼尔无奈地说。

看到一个海拔5 000多米的陡壁，他非常自豪地告诉我们，到目前为止，世界上只有两个人登上去过，他是第一个。我们立即与他合影，也分享了自豪。不过，当我下山时，向导Kris也指着同一个地方，轻描淡写地讲，他上上下下多次了，练习而已。当我与他核实丹尼尔的事迹时，他笑道，那个老家伙还在卖故事呢。

牟美女是学习西班牙语出身的，经常与他练习。他也会逢场作戏地做出许多令人愉快的动作，博得大家一笑。但是，他始终对我们登顶的想法不予呼应，总是强调天气有问题。正巧我们在休整了两天准备上行时，暴雪来临，一连几天，我们心急如焚，他倒是很快乐，不断动员我们见好就收，打道回府。而同时其他队的导游，则努力带队上行，至少满足大家的心情。

最后，离我们的行程还有几天，在他的压力下，我们终于决定下撤。但次日，我和老孙心有不甘又决定留两天。丹尼尔很不高兴，要求我们签下生死状，说明与他无关。同时，极力推荐我们一个天价的新导游，甚至将他的女友也推销给我们当向导。我去找她，结果是在另一家营地当厨师呢。丹尼尔下山后，我们在大本营见到的几个导游都对他嗤之以鼻，认为他见钱不见人，只想早点下山接新团。像我们这样被留在山上的事并不多见。

我们想提醒牟美女在下山后的小费上要控制一下，但是，没有联系上。果然，丹尼尔又得手了，毕竟，丹尼尔和沙巴都是英俊一路的拉丁男人嘛。

美好的错误

今天去爬玉皇顶，天气很好，山路上有些积雪，象征性地体验一下雪山的感觉。中午几位山友围炉聊天，从世事到逸闻，颇为温馨。提到两年前去登阿根廷的阿空加瓜山，忽然兴致起来了，就势把一段埋在心里的有趣的故事讲出来。

当年因降雪和队友的身体等原因，我们不得不放弃登顶下来，比预定的归期提前了三天，就在首都布宜诺斯艾利斯市游逛起来。从旅游手册上看，布宜诺斯艾利斯南部有个旅游点，不过一个多小时距离，似乎很有意思。我们商量了一下，不如去那住上一晚，体验一下农场的感觉。于是，我负责出面与酒店商量，约定了导游和目的地酒店。

次日中午，我们按图索骥到了长途汽车站，买票，等车。这个汽车站十分繁忙，如同我们的城郊车站一样，也很混乱。没有英文导引，没有讲英文的人，我作为队长，压力很大，跑来跑去找我们的车次。终于找到了站台，反复辨认后，招呼大家上车坐定。

车出发了，似乎提前了 10 分钟。我们还是兴致勃勃地在上层车（两层）评点风景和路边美女。不知不觉中，好像一个多小时过去了。我到下层与售票员勉强沟通，突然发现，居然还有一个小时才停。终于，我明白了，我们上错了车！同一站台的下趟车才是我们的。通过地图，我发现我们走了一个相反的方向，整个南辕北辙。下一站是一个小镇，叫圣安东尼奥，不是旅游城市。我当时有点晕了。我首先要承担全部责任，让那几位颐指气使、永远正确的山友同志们取笑。更重要的是，如果告知大家，他们不懂英文心里发慌一定要求立刻返回，一来一往，这一天全都报废了，心情全都不好。索性，我将错就错，全都埋在心里。

下车后，看到根本没有别的游客的荒凉车站，老孙社长、老张董事、方泉主编这几位在国内生猛人士顿时傻了眼，怯生生地看着我，狐疑为什么不如昨晚我描述的那般热闹。我假模假式地等了十分钟，大骂几声导游居然不来接我们，然后果断地带队进了镇子去找旅店。

半个小时，我们就到了镇中心，找到客栈，每人每晚15美元，远比我预定的要便宜。我看客栈的主人英文不错，就多给了5美元，她给我们地图并圈点了所有值得去的地方，这又让我省下了导游的费用。这是一个有两百年历史的小镇，是当年意大利传教士建立的殖民点，古香古色的欧洲建筑不少，还有历史博物馆。特别是走私酒的周转地，酒吧数量很多，非常高档。老孙买了很多高乔人（游牧民族）的东西，我们则在热心居民的护送下到博物馆转了一个小时。

当晚，我们在当地最有情调和高档的烤肉店吃意大利餐，居然有一个荷兰老头与我们用英文聊天，介绍当地历史。据他讲，他住本地20多年，头一次看到中国人来这里。饭后，他又自告奋勇带我们去酒吧品酒，不断给我们介绍当地人物。到九十点钟的时候，这个酒吧人越来越多，不断有人给我们送免费酒品尝。老孙高门大嗓地叫好，坚持要把店里最贵的酒拿出来尝尝，还要买下酒吧内陈列了几十年的装饰品。大家都以为来了全球买家，奔走相告。闹到半夜，结账一看，不过50美元。我们余兴未尽，夜半游镇，大唱中国歌曲，后面跟着十几个当地少年，也加入合唱。这是周六晚上，镇上灯火通明，山友们都作癫狂状，可惜，一大群当地美女都是好奇但羞涩地跟在我们后面十米开外，弄得老孙不断挤眉弄眼吟啸作态。方泉也武功自废，回国后开始发愤学英文。

次日，直睡到日上竿头，打道回府，一路欢快。按几位回国后评论，这是最美好的一天。美好的东西，常常是错误造成的。

2008 年新疆慕士塔格铩羽：登山可以不登顶吗

8 月 9 日，奥运会开幕式的第二天，我匆匆飞到喀什市，古称疏勒，海拔 1 450 米。11 日乘车抵达中坤集团的 204 基地调整一晚，海拔 3 600 米。12 日徒步两个小时上到慕士塔格大本营，海拔 4 300 米。13 日训练，三小时登上一号营地，海拔 5 300 米，一个半小时后返回基地。14 日，天气晴朗，再徒步三小时上一号营地入住帐篷。15 日风雪交加，顶风上行到二号营地，海拔 6 100 米。因始终在积雪中行进，共用了八个小时（平时五个小时）。

当天，一个柯尔克孜协作病倒下山。我和另一位协作挤到同一帐篷里，而且三号营地（突击营）设在 6 800 米，我们没有帐篷了，只能直接攻顶 7 546 米，而且必须是晴朗的夜空起行。我和协作整装待发，不时与山下联系，瞭望星空。直到 16 日上午，冰雹和风雪交加，并且预报连续四天都是风雪天。在得知我们之上的三号营地，积雪已经到了腰部，无法上行，与我们同一营地的英国、德国和波兰等团队 20 多人集体下撤，我和一个柯尔克孜协作也决定下撤。

因风雪能见度极低，30 米开外一片朦胧。出发三个小时后，协作迷路了，我们走错了一个山脊。好在山谷之间回荡的喊声，吸引了三位柯尔克孜人从另一个山头上下来接应我们。结果，从二号营地到大本营，本来需要三个小时，现在我们走了八个小时。大部分的路径都是新踏出来的，多是横切，我的体力消耗很大。

回到大本营，得知因今年天气恶劣，登山已经停止了。我之后，还有一个 12 人的德国滑雪登山团，此后均是徒步团，不登山了。我决定不再无望地等待天气，放弃登顶了。这使我在八个极高山（海拔 5 000 米以上）登山经历中，登顶和不登顶的比例平衡了，各为四个。

这次去慕士塔格主要是避开奥运，不给组织添麻烦。也是应友人黄怒波的盛情邀请，他的旅游集团负责慕士塔格山区的经营，我也非常想有机会尝试一个人登山的感觉。所以，匆匆收拾一下便上路了。

此次登山非常幸运，避开了奥运的炫耀，亲历了冰川之父的美丽，尝试了一个人的登山。慕士塔格最好的登山季节是在 7 月中旬，明岁早些来，冰花待剪裁。如果不是绵绵不绝的风雪，如果我的两个协作都身体很好，也许我会再上层楼，或者，上天保佑，登顶也是可以期望的。毕竟，我还是尽兴而归，欣欣然地回北京了。

不过，回到北京的两周里，我却不断地解释何以未能登顶，还要感谢各位理解并谅解的目光，按我的山友方泉的名言，这次算是未能鹤立鸡群了！

就我而言，当年的云南哈巴山未能登顶，我愤懑了许多月，直至四川四姑娘二峰登顶，方有些脸面。之后，登顶欧洲最高峰的得意，助长了去玉珠峰时的嚣张，居然三天内平地上了 5 600 米，一夜风雪掩埋了帐篷，加上头痛欲裂，只能跌跌撞撞地下山来，调整了大约一个月，按王石的话，这才知道山的厉害！后来去了非洲乞力马扎罗山和西藏的启孜峰，天气保佑，稳健登顶，有了平常心态。庄东辰博士的遇难让我刻骨铭心地了解，不能用信心和毅力去登山，也不能与天气谈判。年初在拉美的阿空加瓜和本次在新疆慕士塔格的经历都是我理性判断的结果，自己也很是庆幸和安逸。不过，这份安逸恐怕是不能传递给友人的。

所有人都有强烈的上进心，这是这些年国人奋斗的心理底线。我们有了太多的榜样和目标，也有了太多的压力。我们已经不能再做阿 Q 了，必须成功，而且是大众接受的成功。大众已经突然具体化了、人格化了，具有了不可一世的力量和标准，十分霸道，不容置疑。危险的是，这个大众的判断会进入我们自己的心里，给我们巨大的压力，让我们迁就它，服从它。

奥运成功了，中国人更牛气起来。做平庸的人更难了，在两个极端中，大多数人都不重要了。好在，我开始进入知天命的年月，放弃将成为生活的主旋律了。我会常常自问：

登山可以不登顶吗？

创业可以不成功吗?

做人可以不雷锋吗?

对我来说,登顶是上帝的眷顾,是福分。没有登顶可以有千千万万个理由,如同读书可以在任何地方放下一样。

2009 年南美：阿空加瓜登顶之旅

➤ 12 月 26 日

下午从北京飞巴黎。

三人在机场会合后，发现同伴大勃（陈昱杰）居然带了两个大包，明显超重。我们立刻检查，强制淘汰多余装备，减仓出发。登山不是出去过日子，干净利落才让人精神。每次出发登山都有这个做减法的程序。

巴黎转机到阿根廷首都布宜诺斯艾利斯，历时五个小时。半夜到巴黎机场，大家无精打采，勉强挨过。

2010 年 1 月 7 日在阿空加瓜的二号营地（5 500 米）

好在法国航空的电视节目选择很多，有上百部电影，我们看了七八部。

➤ 12 月 28 日

上午 9：00 到布宜诺斯艾利斯，从国际机场转到国内机场，机场大巴需要一个半小时。改签机票，提前至 16：00 到。因天气原因，我们在机场多耽误一个多小时。Bobi 女士是我们的登山向导，她很热情，已经在门多萨机场等候。但行李未到，只好填了一堆单子，先去旅店休息。记得前年，同样情况发生在三个美国登山者身上，结果其中一位直到出发进营，仍然没有接到行李，只好高价租借了全套设备。一直等到半夜，我们三个人的行李才到酒店，当下心安。因为调整时差，睡不着，干脆就用电脑看电视剧《蜗居》，直到天明。

门多萨是阿根廷的第三大城市，以旅游、酒庄和登山闻名，历史悠久，景观很好。几个中心广场很有特色。方泉和大勃起早逛城，心满意足。Bobi 33 岁，意大利后裔，双重国籍。登山季节当导游，之后去欧洲培训登山者。她的男友也在做导游，看来生活很自得。因为女性导游很少，Bobi 的性格很开朗，人也精神，所以整个阿空加瓜地区，她的人气都非常旺，处处有朋友。

➤ 12 月 29 日

我们组一共七人，其中一个人临时变卦了，结果，除了我们三个中国人外，还有一个美国牙医保罗，52 岁，幽默健谈；巴西管理学家艾伯特，40 岁，热情开朗。另有一名女性，丹麦对冲基金的丽娅女士，36 岁，身材姣好。大家彼此寒暄后，便一起去办理登山证，每人大约 550 美元，需要先换成阿根廷比索，时下是 1：3.8 左右，比前年要高些。

另一个向导是门多萨人费德里克，36 岁，没有结婚，目前还与妈妈住在一起，节省住房成本。他与 Bobi 一样，已经干了十多年的导游，这是第二次与 Bobi 组合。他本人正在学习厨艺，希望年龄大后开个餐馆。相比之

2010 年在阿空加瓜大本营过元旦

下，他话语不多，透着诚恳和随和。他逐一为我们检查了行头，除了方泉和艾伯特需要租借高山靴外，基本符合标准。记得，前年的导游丹尼尔过于挑剔我们的行头，结果，大家不得不在他的店里高价租借各种几乎用不上的器械，很不地道。

下午，开车三个小时去了一个山庄，途中吃了一顿阿根廷烤牛肉，味道很好。晚上在山庄喝啤酒，与艾伯特聊天。饭后有一个关于阿空加瓜的幻灯片，大家疲惫，都没有去看。

➤ 12 月 30 日

10：00 出发，开车 15 分钟到阿空加瓜山门，进行登记。缓步行军三个小时，到第一个营地 Confluencia，海拔 3 400 米。其间休息了三次，基本上是走马观花。自然景象优美，始终面对阿空加瓜的主峰，抬头白雪皑皑，身边绿草丛生。当年好莱坞拍的《西藏七年》（*Seven Years in Tibet*）一片就是在这里搭的景，一座铁索桥已经成为重要景点。

下午在营地时，加入了一对南非来的夫妇。男的叫路易斯，是专业冒险家和讲演者，据说是全球第一个在北极点上游泳的人，游了一英里（1 英里≈1.61 千米）。他的爱好是在所有高山湖里游泳，表达环保的概念。他的太太则为他摄像。大勃认为她很像名模克劳迪，我和方泉则认为大勃纯属高原反应。

入山后，第一次体检。检查血压和肺呼吸，大家正常。也许有些兴奋，加上时差，我们几个人早上 4：00 便在帐篷里海阔天空地聊起来了。结果，早饭时几乎营地上各个帐篷都对我们友善地抗议。水质不好，方泉和大勃都有些闹肚子。

➤ 12 月 31 日

上午 10：00 出发，进行适应训练，上行三个小时，到了 4 100 米处，见了阿空加瓜主峰的南面，拍照留念。下午回来，看到路易斯夫妇刚刚完成他们的行为艺术，因为附近没有湖，即在河流的上游，垒起了一堆石头，憋出一块水洼，路易斯裸体泡在里头，拍了一段录像。他们似乎很兴奋，大谈以往成就，好像过多提及名人，弄得保罗和丽娅不以为然，常常讥讽他们。

当天是除夕，晚饭加了红酒。半夜里烟花四起，鞭炮齐鸣。我们都没有出帐篷。

➤ 2010 年 1 月 1 日

八点多出发，开始了最为漫长的一天攀登。大约七个半小时，到达大本营，海拔 4 300 米。这一路前面平坦但漫长，两边雄伟的山体夹着砂石路，没完没了地走。

20 年前，在这片雪山上，曾经发现了一个儿童的木乃伊，只有八岁，增添了阿空加瓜的神秘色彩。

第二次体检完成，大家一起搭帐篷。导游称，以后几个高山营地都要自己搭帐篷，不过，可以每人支付 30 美元的小费，当地背夫将帮我们解决。尽管大家不甚愉快，最终还是同意支付这种垄断价格。

下午依稀下起了雪，不免担心起来。前年折戟的一个重要因素就是接连下雪，掩埋了上升的通道。毕竟到了 4 000 多米的高山，头开始紧了。大家都在拼命喝水，每天医生建议是四大壶。喝水如吃药，我们不断在壶里放茶叶和维生素泡腾片。我生性不喜喝水，登山喝水是最烦恼的事情。其实，喝水多尿多，半夜出帐篷解手的痛苦只有老山友才能理解。这次开始学会用尿壶了，不过技不如人，看到几位老外大清早提着特制的高级尿壶悠然自得地排队如厕的样子，还是很新奇。

> 1 月 2 日

按计划休整一天。上午用了一个小时，爬了一个冰雪坡，试试冰爪和冰镐的使用。我的冰爪带子太短，无法系上我的高山靴。结果，保罗给了一段鞋带，声称要 50 美元。费德里克帮我调整了一下，就算对付上了。这却给我登顶留下了一段隐患，其实，这段鞋带可不止值 50 美元。

血检的指标成为大家的关注点。有两个指标，血氧饱和度和血压。每天检验，前一个最紧要，我、保罗和丽娅基本都在 80 以上，比较好。方泉和艾伯特在 70 以上，一般。大勃多在 60 多，偏低，被迫不断喝水，但效果不明显。医生总是在威胁他。每天如此，他自己也很忐忑，希望不至于"出师未捷身先死"。

闲来无事，大勃兴致勃勃地拿出以前写的诗词，引发了一下午关于诗歌的讨论。方泉显然是行家里手，评点几十年诗歌流派，我则老老实实地复读唐诗三百首，打发时光。

> 1 月 3 日

首次冲击突击一号营地。海拔 5 000 米，负重未来几天的食物，送到营地准备。上去用了三个半小时，休息三次。不过，下撤到大本营的过程却十分惬意，Bobi 连蹦带跳下来，我也一时兴起，用当年下乡放羊的方式，一路飞奔下来，紧跟其后，居然 40 分钟下来，让导游和同组的队员大吃一惊。

　　夜里大风骤起，令人担忧。

➤ 1 月 4 日

　　休息一天。

　　Bobi 带我们去号称是世界最高画廊的一间大帐篷看画。这个画家在这个高度根据客人的需求作画，偶尔也到顶峰去画几张，但价格非常昂贵，动辄几千美元。画风有点模仿凡·高，过于嚣张和模糊。我们与画家攀谈，同时也选了几张。我和方泉各买了一张，一张是夜景，一张是登顶的情景。大勃选了四张，留在那里，等待登顶回来再定。画家在画廊中多种经营，

在阿空加瓜大本营的画廊

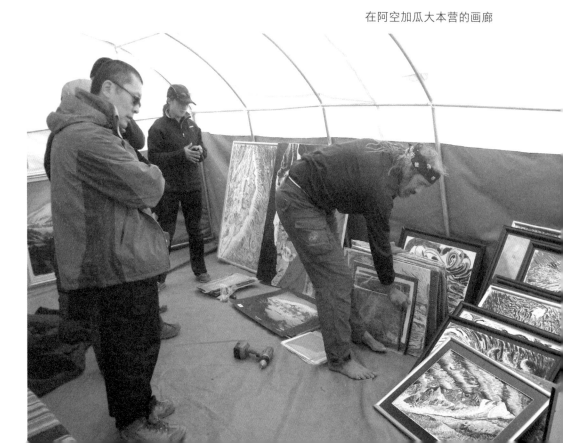

静谧的阿空加瓜太阳

也办理卫星电话、上网和图书购买等内容。看到历史画册，得知阿空加瓜的首登日子是在一百多年前，首个女子登顶是在 1952 年，是一个很漂亮的女子。方泉和大勃都在给国内的友人打电话，我迟疑了一下，还是等登顶吧。

尽管几位同胞百般劝阻，担心感冒，我还是坚持去洗了个澡。10 美元，可以洗十几分钟。刮了胡子，刷了牙，真是全身通泰。

正式攀登前，最后一次体检，有点担心两位同胞队友。方泉体检时我就乱打岔，与女医生开玩笑，好在顺利过关。大勃的血检就很麻烦，从手指、耳朵到脚趾头，医生检测了三处，终于勉强达标。阿空加瓜的医疗系统的确很严格，前年我们有三个队友都折在这里。这次全队达标，是个好兆头。

➢ 1 月 5 日

上午 10：30 出发，三个小时就达到一号营地。比前年的营地低了

200 米。

　　一天大风，基本在帐篷中看书，夜里则听音乐，醒多睡少，不碍大局。这次爬山，得到汤世生君特意准备的方正"文房"电子书，非常有用。前前后后大体上复读了 20 多本书，主要是文学名著和轻松作品。其中复读了 30 年前看过的书，如托尔斯泰的《复活》《战争与和平》《安娜·卡列尼娜》，陀思妥耶夫斯基的《被侮辱与被损害的》，雨果的《九三年》《笑面人》，契诃夫的文集，《儒林外史》《李清照文集》，也看了耳熟的《孽海花》《幼学琼林》等。心境和年龄不一样，读书的感受也大不一样。好在有方泉这样的文学老青年和大勃这样的抬杠专家，每天交流和争吵显得很有内容。下山以后，估计会十分怀念这段日子。

➢ 1 月 6 日

　　11：30 出发，三个半小时后到达第二突击营地，5 500 米海拔。

　　头痛开始，先吃阿司匹林泡腾片，后吃散利痛，立即见效。其他几位队友似乎都正常，能吃能睡。

　　两天来，丽娅步伐太慢，导致大家被拖得疲惫不堪，没有任何正常的登山节奏。而且，她本人大约从金融圈出来，一直表现出公主模样，言谈也颇高傲。在艾伯特和保罗两位百般呵护下，非常自得，不思进取。反而认定她的节奏就是全队的节奏。我第一天与她交谈时，很客气地问她是否来过中国，她居然断称"I have never been there"（我从未到过那里），令人气堵。尽管大勃不时夸耀她的魔鬼身材，但是，我们几个始终与她保持冷淡。我私下与保罗商量，向导游提出建议，分队进行上升。不久，费德里克来帐篷告知，可能丽娅要放弃了。

➢ 1 月 7 日

　　结果，要放弃的是巴西人艾伯特，让人意外。他头痛，而且始终感到寒冷，晚上无法入睡。尽管这是他第二次来阿空加瓜了，不过，他还是达到人生新高，很满足，并且表示，要回到大本营等候我们的好消息，每天给我们祈祷。看到他气壮如牛的身体和诚恳的表达，不免心中有些黯然神伤。

大风，天气预报不太好，导游要求大家在二号营地再留一天。

高山如厕，风景优美。

> 1 月 8 日

终于，11：00 决定去第三突击营地，海拔 6 000 米。时间大约是三个小时，这是最后一个营地，明显寒冷，风急，而且呼吸困难。方泉感觉不太好，不断暗示量力而行，自称已经达到新高。如此善待自己，估计此君随时想溜号。我和大勃一起商量，让这孙子轻装上阵，还是争取三人一起会师顶峰。

五个人冲顶的队伍，只有两位导游，而且丽娅始终拖后大家一个小时，占用一个导游。晚上，导游组织开会，说明一旦有一位放弃，就必须带下去一位导游。之后，任何人再放弃，只能全体放弃登顶。要求大家必须听指挥，不能在途中与导游讨论。

想到丽娅可能没有能力但却坚持冲顶，这样就给全体带来明显的威胁，我们几个人非常担心，可能两个星期的准备就赌在丽娅一个人的身上了。晚饭后，保罗主动来到我们的帐篷讨论，决定：第一，希望导游说服丽娅放弃；第二，我们愿意分担一部分费用补偿丽娅主动放弃；第三，我们一起说服丽娅放弃。保罗担心我出面会由于中国三人的集体形象而得罪导游，主动提出代表我们与导游讨论。不到十分钟，保罗就兴奋地转回来，告诉我们，导游完全站在职业立场上，已经决定强迫丽娅下山了，这大大提高了我们登顶的概率，皆大欢喜。我们三人在帐内将次日登顶的东西安排好，并提醒方泉如何应对困难局面，似乎万事俱备，但这也恰恰掩盖了其他的风险。

在阿空加瓜四号营地海拔 6 000 米处仰望

> 1 月 9 日

　　我一夜没有合眼，听两位同伴在梦中的浅吟低唱，这是历次登顶的体验。2004 年登顶欧洲厄尔布鲁士和 2005 年登顶非洲乞力马扎罗时，均是一夜无眠。

　　5：00 出发，披星戴月，眼见上方几十个头灯不断闪烁，很受激励。天亮时分，大约八点，我们开始快速通过大风口。风速很大，夹着飞雪，顶风前进，几乎喘不过气来。我低头紧紧跟在费德里克的身后，不错步地快行了 20 分钟，才到一块大岩石处喘息片刻。费德里克死盯我的鼻子，认为我可能已经被冻伤了，因为没有换面罩。

　　到第四个小时，全队开始换冰爪，我们都自己慌忙换，但方泉期望导游帮忙。等导游换好自己的要帮他时，发现方泉已经被冻得全身麻木了，两眼直愣愣地祈求着。费德里克立即用双手给方泉进行按摩，帮助他缓过一口气。同时要求他立即下山，我和大勃还要讲情，可方泉已经斗志全无，提出放弃，甚是可惜。Bobi 陪同方泉下去后，费德里克严厉地与我们剩下的三个队员说明，任何人下去就必须全队下去。

　　大约半小时后，费德里克突然告诉我和保罗，大勃的脸色不对，动作变形，我们可能必须整体下撤了。保罗绝望地看着我，我坚决地与费德里克讲，你看错了，大勃毫无问题，只是表达方式有问题。他一直在跟大家拍照，上上下下，而且背了很多东西，应该再给他半个小时看看。我回头向距离我们 30 米下方的大勃招手并喊话，希望他上来。他笑笑没有动地方，费德里克狐疑地讲，也许再看看吧，就过去招呼大勃。我和保罗彼此看了一眼，会心地也意志坚定地加速向上攀登。下山后，我们交流时都提到，无论如何我们都会根据自己的体力和意志向前的，不会顾及第三人。这也许就是大勃的精神状态与我们的差别。大勃后来讲，费德里克还是劝他下去，他考虑纪律约束，就没有坚持，随他下山了。只是下山的路上，

2010 年 1 月 10 日阿空加瓜登顶

不断地后悔和懊丧，本来可以与我们一起登顶的。

在其后四个小时里，我死死咬住保罗，非常艰难地上攀。因为，原本安排三人一起上来，我的午餐放在方泉的背包里了。只有一瓶水，兜里有两块软糖。冰爪又坏了一次，冒着被冻伤的危险，自己修理冰爪，没有人能帮助我。最后几段十分陡峭的冰雪路，手足并用，看到一拨拨人主动放弃，或者被导游劝下来，真是随时有放弃的念头，只是不甘心。我们几乎每隔十分钟就要休息片刻，大口喘气，有两次几乎被强风憋住呼吸，完全喘不过气来，眼泪都被憋出来了。终于在八个小时的连续攀登后，在13：00点到达阿空加瓜的主峰，海拔6 962米！

当天冲顶的有七八十人，顶峰上只有八九个人，还有一半是导游。我和保罗躺在顶峰15分钟，一动不动。顶峰有1/8足球场大，方方正正，有个风标，也有几个墓地，好像是登顶出事后，家属的祭奠品堆积起来的。因为风大，不敢到边沿上看风景，只是勉强照了几张相，保罗给我一块牛肉，便在13：30下山，因为体力消耗太大，步履蹒跚，经常踏空。不久，我的冰爪第三次掉了，我实在没有耐心去修理，将错就错卸下冰爪下山。结果，更是凄惨，不能和别人一样沿着雪线下山，只能走更为陡峭的碎石路，不仅缓慢，而且有危险。上面有人踩到了滚石，我们下面就要赶紧躲避。更有问题的是，我已经没有水了。身体脱水而虚弱。只能一步一步地蹭下山来，下山路好像没完没了。大约走了四个小时，才回到6 000米的营地。其间，至少摔了十几个跟头。

12个小时，几乎只靠一瓶水，我完成了冲顶和回营。回来时，方泉和大勃已经下山到大本营了。在6 000米待两个晚上毕竟不是好事。我和保罗回帐后，基本都没有吃晚饭，便蒙头大睡，直至天明。

➢ 1月10日

11：00，Bobi、保罗和我，收拾行李，拆掉帐篷，开始负重下山了。其间，看到另一个队，12个队员，有10个已经放弃了，不断在不同海拔休息，有疲惫和崩溃之感。其中有个以色列队员，一直咬住我们的队伍下撤，如果没有我们三个人的呵护，他几乎下不来了。

离营地不远，看到队友和营地工作人员都出来迎接，鼓掌和拥抱，非常欣慰。

听大勃述说详情，许多误会，许多遗憾。不过，这就是登山的乐趣。就连一向孤芳自赏的丽娅，也走出帐篷主动与保罗和我拥抱祝贺，顿时，我倒有些怜悯这个已经登过两大洲顶峰的女子了。她与我们男人组混在一起，还是有些吃亏的。

晚上，大家开了香槟庆祝。两位导游也诚恳表达歉意，希望未能尽兴的队员能理解和谅解，毕竟，在高山上，安全比登顶更为重要。尽管大勃仍然是怨气十足，不过，在方泉表达他对费德里克的感激和继续攀登永不

方泉与丹麦队友和阿根廷教练

放弃的信心后，全队惊讶他英文的迅速进步。大勃在用敬酒表达他对导游的谅解之后，似乎无心地告诉大家，昨天丹麦大姐丽娅曾主动到方泉的帐篷勾搭一番，相谈甚欢。得知方泉的博客有几百万的访问量后，丽娅和Bobi都依偎在方泉怀中留影，声明她们是与山友结缘，不屑与中国粉丝争宠。

隔壁大帐里，12位队员也同时对两位登顶且能直接返回大本营的英国队员表达祝贺。这两位均在20多岁，都是医生。大家都奇怪，为什么这么多医生，尤其是牙医来登山？

> 1月11日

十点多，整队下山。骡子将我们的行装带下来，我们归家心切，一路风沙大作，颇为辛苦。临时，我们又增加了一个队友，56岁的俄罗斯人。他到大本营后，身体不适，立即返回。尽管一句英文不通，但气质颇为高贵、坦然、友善。我和大勃用当年曾学过的几句俄文，不断与他调侃。

看着一队队人沿我们的小路盘桓而上，心中不免给他们祝福。一路上居然没有看到一个亚洲人和非洲人，有些奇怪。七个小时后，我们到了山门。再过了三个小时，我们到了门多萨的一家四星宾馆。

夜里23：00，我们六个山友喝酒庆祝，方泉因股票上涨，建议我们与他一起请客，称为中国之夜。大家去了一家十分地道的意大利餐馆，非常愉快。

> 1月12日

第二天，大家一起去还租借的登山鞋具，我在旅馆改机票，提前两天去布宜诺斯艾利斯。打了三次电话，前两次均要改票费，每张120美元。第三次，是个经理，同意免费改票。这样，我们省了几百美元，当晚就走。中午大家和导游一起为我们饯行，艾伯特、保罗和丽娅都专门到大堂相送，很是动感情。丽娅将成为大家的联络中介，大家相约有机会一起来中国玩。

晚上，我们飞到布宜诺斯艾利斯。半夜，找到一间家庭餐馆，味道尚可。

> 1 月 13 日

中午在阿根廷的一个并购顾问公司午餐，老板曾担任阿根廷能源部副部长，是老朋友。他为我们精心挑选了阿根廷牛肉和点心，犒劳我们。

之后，我们参观了河边的一家私人当代美术馆。这是阿根廷最大水泥商的遗孀建立的。她不懂经营，干脆就将企业卖掉，留下巨大的厂房，建立了一个美术馆，比前年我们看到的国家美术馆要好得多。整个建筑四层，画廊空间长达百米以上，画作的布置也很考究、简洁，主要是现代拉美作品，也有若干罗丹、安迪·沃霍、弗林特、达利、米罗等的作品。

下午去商业街购物。

阿空加瓜顶峰

为什么有能力的人常常不能登顶

➤ 2010 年 1 月 20 日

　　每次登山回来都会想到这个问题，通常是自责，这次却有不同的感受。

　　大勃这次无疑是锥心刺骨的遗憾，一路上反反复复地回味决定下撤的一瞬间。他是我们山友间最有登山资历和能力的人，十年前就无氧登顶世界第六高峰卓奥友，海拔 8 000 米以上。五年前曾登到珠穆朗玛峰的 8 200 多米处，作为后备组成员为保证珠峰测绘的任务完满无缺而被强制下撤。他被视为我们远征海外高山的标杆主力，多年前与我一起去非洲的乞力马扎罗，身背五个大大小小的相机镜头，居然悠闲地在接近 6 000 米的顶峰处偷闲小睡了一会儿。这次去阿空加瓜登山，如同旅游观光一般，光是各种小吃和休闲装备就带来额外一大旅行包，另有七八本颜体柳体的书法教材，令人刮目。

一路上，此君能吃能睡，全无高原反应的意思。只是血氧度始终偏低，每每让我们这些羡慕他体力和精力的山友刻意取笑。不过，一旦到5 000米营地以上，渐入佳境，恢复正常指标。大勃还不时晃动指头，示威般地要求导游和医生反复测试，很有顽童风范。

登顶前夜，大勃郑重其事地与我商量，为保证全体登顶，我们应当分担方泉的负重，或者干脆就他一人带两个人的重量。在6 000米以上的空气稀薄地带，冰爪、路餐、水壶、冰镐和羽绒服等的分量都是千钧之重，能有这个提议，真是山友的生死情谊。

登顶过程的前四个小时中，大勃兴致勃勃，头灯和手套都带了两份，随时搜寻需要者，乐于助人。数码相机外，又扛个个头很大的久违的传统120胶片相机，上蹿下跳，捕捉旭日初升的景象。方泉下撤时，他不断劝阻，连方泉留下的冰爪也带在自己身上。

一个小时后，按导游费德里克的说法，大勃脸色不对了，气喘吁吁，而且踏冰的角度也严重变形，担心他也许可以勉强登顶，但可能疲惫过度，身体虚脱，有下不来的危险。尽管我和大勃本人都坚决否认，但导游坚持实施权威，力劝大勃下撤。此时，我和美国牙医保罗已经执意前行，大勃到底如何放弃的便成了一个谜团。我和方泉在未来几天听到的多种版本都有合理的成分，也各有不合逻辑的因素。总之，一个最有能力登顶的人却莫名其妙地在完成90%的路程后放弃了。他的痕迹留在6 800米处，阿空加瓜是海拔6 962米。

以我的体验，登顶有三个重要因素。

第一，环境条件。天气是最重要的制约，2008年阿空加瓜风雪连绵四天，6 000米以上积雪过膝，无法前行，导致我们下撤。雪山上的风强度、雪强度和低温强度等都是决定成功与否的要素。阿空加瓜的登顶率是30%。

每年全世界山友 7 000 多人尝试，大约 2 000 人能够登顶。

第二，身体素质。每个花费不菲、千里迢迢来阿空加瓜登顶的人都自信身体很棒。但是人算不如天算，高原反应会拖垮大部分人的意志。头疼、感冒、咳嗽、跑肚、抽筋、受伤等在平原上的小病，在海拔 5 000 米上都会立刻导致下撤，更不消说脑水肿和肺水肿等可怕的高山病了。此外，队友的病患也会直接影响全队的登顶机会。我前次阿空加瓜之行，曾有第二次冲顶机会，但旋即由于队友的患病而主动放弃。

第三，态度。登顶意志过强，会忽略环境和身体的负面信号，导致巨大危险。反过来，一副无所谓的样子，也会敏感地捕捉各种下撤机会，迅速说服自己放弃努力。方泉这次在达到 6 000 米时就不断强调历史新高，已经在内心中登了自己的顶，其他就听天由命了，所以，即便在可以努力继续上攀时，便乖乖主动下撤，先拐走了一位当地的美女导游。这位女导游入道十几年，阅人无数，下来后对方泉盖棺论定："He is very capable, but has no mind to do so."（他很有能力，但不想去做。）大勃则是有抽象的登顶意志，无具体的登顶态度，根本没有想到任何可能导致自己下撤的信号与应对措施。一事当前，先替别人考虑，大公无私，最后被人突然点到死穴，稀里糊涂地下山去也。

我过去曾登过九座 5 000 米以上的雪山，有四次不登顶经验。云南哈巴（2003 年）是因为技术准备不足，冰爪配不上高山靴；青海玉珠（2004 年）则是态度不正，三天从平地直接冲上了 5 300 米突击营，高原反应强烈而下撤；首次阿空加瓜之旅（2008 年）缘于天气因素无功而返；新疆慕士塔格（2008 年）则为躲避北京奥运而错开了最佳登顶季节，加上导游病倒了，在第二突击营下撤。

登顶是一种缘分，也是一种态度和能力的检验。有能力的人常常过于表现能力，而忘记了登顶的路径和机会。登山如此，人生也大体如此吧。能力重要，态度更重要，缘分则在冥冥中审视我们。

2010 年新疆：慕士塔格登顶日记

天津金融博物馆顺利开业，卸任之后需要调节一下，给自己放个假。正巧方泉刚从四姑娘的三峰登顶下来，兴致盎然，动员我陪他去慕士塔格峰。两年前，为避奥运的热闹，我临时起意，独自一人在参加奥运开幕式后飞到新疆登山。时值冬季，在我之后还有一个德国滑雪团就封山了。雪大风烈，爬到第二营地后便放弃了。尽管不以登顶为目的，毕竟还是很遗憾。

我便将当年安排我登山的杨建军的电话给了方泉，他最终落实我们俩临时加入乔戈里登山队，补办了所有手续。本来说好悄悄动身，回来与山友们通报，但方泉把登山弄得地动山摇，居然大办酒席，邀请几位美女助兴。我临行前给长江商学院讲课，没有参加。

➤ 7 月 2 日

我们早上飞了四个小时到乌鲁木齐，转机到达喀什已经是下午四点多了。杨建军来接站，立即去办边防证。每人 10 元，态度凶悍。两年前来喀什时，正在喀什的"8·4 事件"不久，十几个战士被暴徒杀害。街上一片恐怖之意，连加油站的女工都手持狼牙棒，令我印象深刻。今次来访，街上一片歌舞升平，熙熙攘攘，显然一个新兴城市。据说房价一年上涨 30%。我们来时，正赶上喀什的国际交易会，上海市市长带队在喀什待了三天，还真是深入考察。晚上，我们就在街头吃小吃喝酒，十分惬意。回到酒店，我们一起看了荷兰大胜巴西的一场球，很是遗憾。

➤ 7 月 3 日

早 9：00 出发，驱车四个小时到达喀湖吃午饭。这是慕士塔格山下的一个大湖，非常漂亮，旅游的人很多。看到一个 82 岁的日本老人，身体非常好，已经在新疆转了两个月。午饭后，开车 20 分钟，到了所谓的 204 营地，距喀什 204 公里处，海拔 3 400 米。去年在此住了一夜调整，但今次为赶上 A 组的日程，我们直接步行了三个半小时到大本营，海拔 4 300 米。行李被骆驼带上，我们只是空手上行，不过这个速度也让大本营的人惊讶。

晚餐非常丰盛，每人一顶帐篷，这在登山圈还是十分舒适的。手机信号不好，索性就彻底关机了。晚上看世界杯，正是德国战阿根廷。但收不到中央电视台体育频道，只能通过央视一套的所谓激情世界杯节目来看。结果是一堆乱七八糟的演员自我推销，根本不能看到全貌。上半场德国胜了一球，实在受不了这种插播，去帐篷躺下。似乎一夜无眠，高原反应吧。

➤ 7 月 4 日

A 组的人有 15 个，已经来了五天了，刚从一号营地适应下来，休整两

我与方泉在慕士塔格

天。很多人下到县城洗澡休息。B 组的人刚刚上来，也有 20 多人，大本营里很是热闹。我和方泉介于两组之间，争取跟上 A 组的行程，按日程应当是 16 日攻顶，节省了六天。除了一位 60 岁的山友外，我是最高龄的了，多数人在 30 岁左右。深圳、上海、河南的居多。

我的电子书《辞海》出了问题，无法正常显示，也是高原反应。只能看带来的两本书：日本人写的哲学家《波普》和钱穆写的《宋明理学概述》，实在无趣。看了别的山友带的一本三岛由纪夫的小说，也没有意思。方泉倒是兴致很高，有个上海从事证券业的山友认出他来，是他博客的粉丝。顿时，方泉将集体大帐篷转成了他的访谈间。

> 7 月 5 日

上午 11：00，我和方泉两人在一个柯尔克孜向导带领下上高一（C1）营地（5 400 米）适应训练。巧的是，这个向导也是两年前带我的向导之一。一天垂直上升 1 100 米，用时四个半小时，之后返回大本营，一共用了七个小时。我的体力和速度大大出乎所有人的意料，被称为彪悍，也让我自己很吃惊。正常的往返时间是九个小时。雪线在 4 800 米左右，我们在 5 000 米处换上高山靴和雪板，行走起来十分费力。方泉早上吃得太多，一起步就不太适应。爬到 5 200 米处就放弃了，等我们下来接应。他一路下来感觉都很疲惫，晚上也不想吃饭，让人担心。他的高原反应始终是个问题。

> 7 月 6 日

在大本营休息一天。上午，我们约邯郸的李军和北京的老高一起去冰川转转，上攀了 200 多米，拍了一些照片。下午，学会了斗地主这个游戏，我、方泉和邯郸来的李军一起，都是刚刚学会，兴致很高，输了就喝水，也是为降低高原反应。不久换上了两次登珠峰的罗丽丽小姐，一会儿，方泉就输了 500 元，罗赢大头，我也赢了 150 元。方泉老毛病又犯了，见美女就心不在焉了。我当年也是在爬四姑娘山时，向华大基因登山队的陈芳学习打牌的，双扣（80分），她2010年登顶珠峰了。下午，又读了一本斯蒂芬·金的小说《死亡地带》。

➢ 7月7日

　　下午一点多，与A组的十几个人一起再上C1营地，整体到达用了六个多小时。我和方泉两人一个帐篷，比其他人要好些。我头疼得厉害，不太舒服。方泉倒是不错，他负责烧水冲方便面，对于这个动手能力差的人，这真是大工程了。我们还拉来北京的老高在帐篷里玩了一会儿斗地主，充分证明了智商在高原反应上的错位，方泉赢了。我服用了散利痛一片，便昏昏睡去。

➢ 7月8日

　　早上起来，我们再煮了两包方便面。11：00就继续上攀C2（二号）营地，目标6 200米，也是我当年曾到达的营地。一路天气晴朗，风景优美。中间一段有些陡峭，需要结绳保护。由于我们国内登山多是关注登顶，并不教授技术细节，大家都不了解步法和横切节奏，甚至根本不会使用手杖，结果，走起来战战兢兢，让人担心。我当年在登厄尔布鲁士（俄罗斯境内）时，被俄罗斯专业教练认真指导了一周，颇有心得，所以还是很享受这个过程。到营地后，我的感觉好些了，胃口虽然不佳，但从帐篷口俯瞰远处雪山起伏和落日的余晖，还是非常快活的。

➢ 7月9日

　　一夜几乎无眠，与方泉聊起博物馆和金融与传媒圈的逸事。早上起来，我们分食了一罐八宝粥，下山回到大本营。下山用了四个小时，轻轻松松。领队侍总准备了冰凉的西瓜迎接大家。考虑到有两三天的等待，我们可以到山下去洗澡和上网，便匆匆准备了一下搭乘吉普车下山。每人50元的费用，六个人挤在一辆破旧的吉普车里，跌跌撞撞地从山上冲下来，还是很危险的。到 204 营地后，又转乘一辆皮卡去塔县（塔什库尔干塔吉克自治县），每人再付 60 元。接近两个小时的车程，中间又在边检站检查身份证。塔县很小，我们不同路径下来的十几个山友不约而同地在一家陕西酒馆聚上了，吃了些炒青菜和大碗面。回来冲了热水澡，便睡去了。我努力上网两个小时，网速非常慢，收到 100 多封邮件，只能看标题，毕竟还是处理了几件事。

➤ 7 月 10 日

上午我们去石头城参观，这是有一千多年的古城遗址，清朝时叫蒲犁，很美的名字。逛了逛城中心和农贸市场，多是日用百货，看上去还不是旅游城市。塔吉克人很善良，女人的打扮都很时尚，尤其花色搭配得非常优雅。我们吃了一些小吃和水果，在唯一的新华书店里买了一些文史书，希望更多了解塔吉克民族。网上比较热闹的是唐骏学历造假的风波，还有一批精英分子的诚信问题浮出水面。我们身边有太多造假的事情了，大家都得过且过，结果诚信就成为顽固不化的大问题了。有能力的人不诚信远比能力更让人担忧。

➤ 7 月 11 日

明天开始登峰了，大家都摩拳擦掌，我却心境不佳。一直担心的痔疮终于犯了。我的痔疮有很多年历史了，每次登山都有感觉，但或重或轻不一。2005 年去西藏启孜峰犯得最重，下来时根本不能正常走路了。当然，当时也有老庄事件处理的压力。2010 年去阿空加瓜时也有预感，不过，当地伙食很好，加上担任队长的压力，居然没有犯。我与许多专家讨论是否手术，但意见不一，也就没有动作。这次来慕峰也很注意，不过，慕峰的大厨是四川人，几乎所有的菜都很辣，山友们都希望辣的，我也只好就范。

这次下山去克县，有点兴奋，忘乎所以，吃了几个辣菜，马上感觉不好，但是太晚了。一夜几乎无眠，辗转反侧，始终疼痛不已。感觉可能要放弃登山了，毕竟，如果在上边放弃，总是要浪费协作这些公共资源，内心不安。下午，我向主管老侍报告，商量如何应对。出乎意料，老侍鼓励我继续上行，同时，他举例两个山友，痔疮犯了也登顶了慕峰和珠峰。这真是令我信心大增。我立即告知方泉，他顿时严肃地表示，上山以后，所有的苦力活儿都由他负责，声称把犯痔疮的老男人弄上顶峰也是他的重大责任，令我感动。闲时，看从山下书店买的几本书《塔吉克族》和《塔吉克族史料》。

> 7 月 12 日

13：00 开始正式的登峰行动。我很不舒服地加入山友行列，勉为其难地在中游努力上行。不过，看到罗丽丽的男友居然也在山友的后队吃力地攀爬，多少有些慰藉，他看上去是顺拐爬山。据说他要在登顶后展示求爱的标语，不过，几天的相处，似乎他不太像有登顶的希望。每次队伍休息基本上就是在等他。我始终用一种机械的步法，试图减低痔疮的痛苦，毕竟是刚刚发作，还是非常尖锐。

休息时，我只能站立，不敢坐下来。连咳嗽几下，下边都疼。不过，还是在七个小时内完成了第一个营地的上升，而且我始终在第一个梯队里。每天早晚，换药也是很不容易的。好在方泉负责烧开水和煮面条。每天夜里，睡不着，我们彼此讨论时局，也交流一些合作的想法。我们爬了几次大山，大多能谈到兴奋处。但方泉是文学青年，兴奋之后便无下文。

> 7 月 13 日

上午 11：00 去二号营地，6 200 米。我前次来慕峰，就是在这里放弃的，多少有故地重游的期待。我们的帐篷在最前沿，正面对着山峦起伏的美景，旁边帐篷的年轻人大呼小叫地要拍照，我们两人都有一点高原反应，就在帐篷中早早躺下聊天。

方泉一直要写个登山的小说，慕士塔格的几个素材就很有意思。其一，王勇敢是登山圈有名的大厨，人也非常痛快。昨天下山去附近的博格达大本营为全国冬训的选手做饭。几年前腿痒，看天气好，大勺一扔就跟着队员们去冲顶了。弄得登协很没有面子，装模作样地把登山搞得这样神秘，收费每年提高，居然大厨都可以冲顶成功。我在他临别前，建议顺便也拿下博格达，他憨厚地说，正是此意。我继续鼓励他，干脆明年也冲珠峰吧，这样就成了全球登山界的名人了。其二，有个当地公司的财务负责人参加登山，已经上了第二营地，被山下老板叫下去了，公司的财务章还在他身上，岂有此理。其三，2009年一个重庆的山友上到第二营地后突然失踪了，原来大本营来了几个警官，他是通缉犯。

去慕士塔格第三营地途中

➢ 7 月 14 日

中午出发去 3 号营地，6 900 米。天气一般，有些冷。大约两个小时后，在 6 700 米处休息时，方泉突然报告领队其美扎西他感到太烦了，不想继续上攀了。大家都愣住了。我盯着方泉的眼睛，看到了他在阿空加瓜时的神情，就知道他真是要放弃了。北京的老高立即冲上前来劝他继续，同时，拉着方泉的背包就要扛起来。即便如此，方泉还是笑嘻嘻地下去了。

大家的眼睛突然不约而同地看着我，我感受到同情和期待。一个多小时后，我们就到了三号营地。大家都各自有伙伴，方泉下去了，我只好在雪地里等上五分钟，最后，还是其美将我安排在藏队协作的帐篷里。好处是不用化雪做饭了，不过，他们的糌粑我也受不了。其美他们一直在帐篷吸烟和听藏族音乐，给我一种不同的体验。

➢ 7 月 15 日

凌晨 3：30 出发攻顶。一夜无眠，冲了一杯热饮，吃了几块饼干，藏队协作又冲了一杯咖啡。我将热水壶放到羽绒衣里，带上整块牛肉干和两个能量胶棒，没有带背包，就匆匆加入攻顶的队伍。几个年轻后生热情洋溢地喧哗，气宇轩昂地紧跟着队长其美上行，我不着边际地跟着人流。方泉下撤了，大家似乎也将我放在后备下撤之列了。

我们在黑夜中连续不断地爬过了几个漫长的雪坡，并不陡，但却长，渐渐地我走到了队伍的前列。天亮之际，我在一个大坡上居然稳健地超越了我们的二队长小肖。他年轻健美，始终是其美安排的带头队员，而且小肖也很会把握节奏，可惜只是用一种步法穿越各种坡度，过于机械了。北京的高文岩则始终跟随我的节奏，不断变换脚步，结果，我们不知不觉中已经将全体队员甩在后面了。

其美在攻顶之前就表示，不再控制节奏，总让优秀队员等待相对弱势的队员。这样，在旭日和冷风中，其美和欧珠两位藏队协作事实上就是引导我和文岩两个队员一路在前攻顶。没完没了的上行，似乎毫无变化的雪坡，呼啸的晨风，枯燥机械的攀爬，真是弄得我们精神崩溃，这是我登山史上最没有灵性的攻顶。上午 10：50，我第一个站到顶峰。与其美和欧珠分别相拥祝贺后，看到文岩还在十米之外怔怔地看着，似乎不清楚已经登顶了。我们四人彼此拍照留念后，还是没有看到后面队友。我告知要先下去回到大本营，文岩还要等其他队友携带他的纪念横幅。我下来的路上陆续与队友打招呼，鼓励他们还有 20 分钟的路，居然有队友颇为友善地问我："你放弃登顶了吗？"

2010 年 7 月 15 日登顶慕士塔格

欧珠带我一路下撤到大本营，时间已经是6：30，用了七个半小时，从海拔7 564米到4 300米，垂直下撤3 000多米。一路上几乎没有喝水和吃东西。我希望能当夜到喀什。所有的背包都是欧珠携带的，我只是背上了高山靴，一路上痔疮始终困扰着我。攻顶的压力暂时转移了痛楚，现在则愈加严重起来。欧珠今年26岁，整整是我岁数的一半。他已经两次登顶珠峰，两次登顶慕峰。即便如此，两人的背包在身，他也是非常疲惫。加上昨夜新雪，许多陡峭的地方需要我们不断尝试踩出新道来，的确很危险。慕峰本身不需要多少技术难度，但新雪过后，老道看不到了，许多冰裂缝就被覆盖了，浮雪也陡然加剧了斜度，我们一路攻顶后直奔大本营，体力也不支，所以，多少有些战战兢兢的感觉。在几个地方，我都忽然想到家人的期待，格外紧张。

我看到大本营的影子时就期待老侍和方泉他们按照约定在路口接我凯旋，结果当我到了帐篷时，他们才大呼小叫地冲出来，口口声声讲根本没有想到我居然会在晚上十点前下来，实在不可思议。老侍他们一边道歉一边搬出冰冻的西瓜来，让我大快朵颐。同时，老侍和宋玉江队长郑重宣布，我是2010年度首个登顶的队员，包括中国的和外国登山者，也可能是近年来年龄最大的登顶者。方泉一边表示，本希望能在第二营地接我，但被老侍和老宋的所谓技术分析害了，结果在大本营都没有接上我。这个老男人还真是有如神助，从天而降。

老侍、方泉和我一道乘了吉普车跌跌撞撞地奔到204基地，然后再换车花了三个多小时到喀什，已经是半夜了。结果我们在酒店对面找到一家湘菜馆，把酒祝贺，倾心相谈。回来时，已经是下半夜两点多了。尽管没有房间了，我和方泉挤在一张大床上睡，但比起帐篷已经如天堂一般，倒头便睡。

➤ 7月16日

早上自然醒。我们匆匆整理了行装，与老侍打了招呼，便奔喀什机场，再到乌鲁木齐转机。机上，一位武警高级军官与我们攀谈，颇为羡慕我们的经历。反过来，方泉也在观察当地汉人与外地汉人的区别，又谈起他放弃登顶后，在大本营与各路男女的交谈，很有诗意和哲理地开发他这趟"失败"之旅，誓言再上珠峰。

2014 年风雪北美麦金利

➢ 2014 年 7 月 17 日

本来 2013 年从珠峰下来后，我和方泉已经信誓旦旦地宣布不再登危险的雪山了。可是，还是经不住诱惑。2014 年又踏上了新的旅途，而且还带上一位新手，投资家老高。按惯例，海外登山我担任队长。在山友小肖的协助下，我们加入了阿拉斯加登山学校（Alaska Mountain School，AMS）组织的登山队，一共九人。AMS 是罗塞尔推荐的组织者，他们今年共安排了四个队，我们是第三个。费用每人 7 000 美元，本来他们建议我们支付每人 20 000 美元，似乎有特别的服务。考虑了一下，我们还是按正常费用安排了。

珠峰下来后，一直在恢复中，没有特别安排锻炼，体重增加很多。也许是过于轻视这座只有 6 200 米的北美最高峰了，我们几乎没有太多的研究和准备，匆匆上路了。机票也按建议行程安排了 21 天内来回票，信心满满。

➢ 6 月 23 日

早 5：00 从北京乘达美航空十几小时抵达西雅图。机场出关时，遇到一位北京背包客，一直盯着我看，原来是我的新浪微博关注者。他居然从背包里拿出一本我写的《金融可以颠覆历史》让我签名，我不免感动。接着他又认出我微博中经常提到的方泉，大家一起照相互道珍重。我们吃了日本乌冬面，看书并候机七个小时后，再飞三小时到阿拉斯加的最大城市安克雷奇（Anchorage）。

阿拉斯加共 70 余万人，30 万都集中在这个城市。出租车是登山公司安排的，每人车费 85 美金，共 255 美金。路上来自加州的司机与我聊天，他大谈自己的婚姻，似乎还在恶战中。路上突然下了一阵暴风雪，刚才还是阳光灿烂的路面上立即铺满了冰碴儿，司机也很惊奇。后来得知当天阿拉

机场，与北京背包客的合影

斯加有八级地震和海啸。

我们事先没有安排当晚酒店。司机和登山公司联系时得知，镇上旅店都已经满员。我们不得不找地方露营。两个小时后我们到了塔基那小镇（Talkeetna）。司机把我们送到一个简易客栈，有木板床免费使用，我们喜出望外。我找到了百米之外的登山公司 AMS，他们已经下班了，有部分教练和队员在此，彼此介绍后，告知次日 7：45 集合。

一位尼泊尔女队员也在客栈借居。聊了一会儿，得知她是尼泊尔 777 项目队员，7 位女子 7 年内登顶 7 大峰。她 2008 年就登了珠峰，这次麦金利之旅不顺利，有队员高山病下撤，她陪同下来，在等其他队友登顶。她带着我们一起去河边看风景，也是一个漂流的出发点。很多皮划艇在这里，游人也多。我们沿着河走到一个很有情调的老铁路桥，在小镇上选了一家人多的饭店，吃海鲜喝啤酒。阿拉斯加帝王蟹很新鲜，加上汉堡包、色拉等，四人共花了 150 美元。此地离北极太近，几乎没有黑夜。23：00，镇上仍然热闹，景象如同傍晚的北京三里屯。我们三人回到客栈，立刻睡了。

➢ 6 月 24 日

早 8：00 被尼泊尔队员叫醒，AMS 的教练已经过来接我们了。上午与队员们见面，彼此介绍。全队连教练带队员九人。三个中国人，三个美国人，英国人、俄罗斯人和沙特人各一位，以后三周就在一起生活了。来自沙特的女子 Raha 去年与我们同期登顶珠峰，这是她七大峰计划最后一站。俄罗斯队员 Aoly 也登过几大峰。

教练们非常认真地检查我们所有的行装，包括牙具和耳塞等，要求我们租用购买他们的设备，尽管不是必需，而且我们都有。我们每人都多花

九人登山队合影

了很多不必要的费用。我买了 300 多美元，又租用了一堆东西，又是 300 多美元。精明的女老板又让我们填了几张给公司免责的表格，可以感受这个公司的商业经营能力也很出众，不过，这种强迫消费让大家都不太舒服。

大家要各自准备三个星期的路餐，必须租用他们提供的 10 美元的袋子。但是东西有限，都是西餐、巧克力和奶酪等。我们实在挑不出来，只好将中国带来的食品填进去。出发前，大家都最后一次上网，之后全程没有电源和信号了。我带来的头灯电筒和电池全部没有用，这里几乎都是白天。

下午，我们去镇里的公园管理处缴费，每人 370 美金。救生员给我们集体讲课，介绍麦金利的情况，他的主要职责是清垃圾，收集人类排泄物和救援。他强调麦金利是世界上最洁净的山，不能有任何人工垃圾；最好的救援是我们自己，特别是队员之间；沟通问题是最重要的，不能积累困难到难以解决的地步。他结束时讲了一句很有味道的话：**许多比你们强的人死在这座山上，更多不如你们的人都登顶了。**他特别强调，今年麦金利的风雪比历年都大，登顶率应在 30% 左右。不过，我们当时并不在意。

17：00，我们分乘两架飞机 30 分钟到了 BC 营地海拔 2 200 米，从此穿上珠峰用的高山靴进入冰雪世界。自己搭建帐篷，我们三个中国人一个帐篷，教练们一个，美国人、俄罗斯人和沙特女用一个。之后，教练教我们如何结绳结组和使用雪橇，麦金利与其他山不同，没有协作帮忙，所有行装必须自己带上去，而且还要带上公共食品、炉具、帐篷等，人人平等。

由于上了珠峰，不免轻视了 6 000 多米的麦金利，行前非常忙，我没有看任何相关的介绍。方泉和老高一直跟着我爬，也懒得看书。直到飞机上才大体翻了前人写的登山纪实，似乎也没有太复杂的内容。一直以为是当地的爱斯基摩犬来拉雪橇，结果到了才发现，我们自己就是拉雪橇的犬啊。当地的印第安人和因纽特人不用劳动就可以领到大笔政府救济金，根本不会来当协作的。一切自力更生。

晚饭居然是意大利饺子，非常开心。为了赶天气，要求我们夜里出发，打开背包和睡袋躺下了，很快入睡。1：00 醒来，天还是大亮。睡不着，就静静地躺着，也是养精蓄锐。

➢ 6 月 25 日

凌晨 3：30 起来，穿衣整理行装。早饭是饼干和热水。拆了帐篷，捆绑好雪橇，每人带上分配来的公共给养等，结成两组。我们三个中国队员一组，我在教练 Brian 后便于翻译。彼此相距 10 米左右，人和雪橇都结在一起。

下坡前，登山队员在整理雪橇绳索

6：00 出发，一路先下坡。雪橇前的一组短绳放在前面，会摩擦放慢速度，这是闸。上坡时就将绳头卡在雪橇上面。半个小时后便是上坡了。加上我们负重的背包，应该有一百多斤，很是吃力。每个小时休息 10 分钟，吃点东西，放松肩头。在两侧雪山里，这个雪坡真是漫长无边。外国人队伍走得很急，我们落在后面。方泉和我都被绳子绊倒一次。老高坚定地认为，教练给我们中国人分配的物资太重不公平。

10：30 我们终于熬到 C1 营地，海拔 2 400 米，疲惫不堪，在教练协助下搭好了帐篷，风雪很急，匆忙进帐休息。一觉睡了 5 个小时。其间，教练送了热汤和水。醒来后天已大晴，我们开始聊天。尽管压低声音，还是被隔壁沙特来的女队友抗议。我们中国人的公共意识的确有待提高，几乎每次在国外登山都被投诉。

由于负重，我们肩头都酸痛，肌肉有拉伤的感觉。老高第一天就遇到这么大强度运动，不断分析血管堵塞和心脏的问题。看到带来的攻略，本来六个小时的路程，居然四个半小时就完成了，有些心安。

方泉看书，老高反复倒腾他的包裹后看录下的电视剧，我试了一下漫游宝，没有信号。麦金利一路上都没有电源和信号，这与其他登山不同，还是应该带来卫星电话。我带的书都留在下面了，只好用 iPad 写登山笔记。登山的行装被分为背包和雪橇两部分，最纠结的是需要的东西总要翻腾半天，帐内温暖帐外冰雪寒冷，来回折腾，痛苦不堪。

老高不适应西餐伙食，开始大吃带来的路餐。我和方泉有经验，控制份额。15：00，教练送来凉的意大利面条，尽管不太好吃，拌了带来的榨菜也吃了一碗，这就是晚饭了。教练又送来两大壶水要求我们喝掉。我们习惯喝热水，但汽油有限，只能适应了未来的凉水生活。

➤ 6 月 26 日

一夜下雪，帐篷被埋在雪里。凌晨 2：00，教练起来帮我们抖掉积雪。告知天气不好，路上视线极差，今天可能无法出发，等天气。我们每隔两小时要抖掉帐篷上的积雪。早饭是热饼加奶酪和热水，由于大雪，只能由教练送进帐篷，而且只是温热了。

中午时，睡得昏天暗地的我们陆续出帐呼吸新鲜空气。方泉围着帐篷铲出了一条雪道，有十多米。教练们接着加工出一个公共厕所来。隔壁的帐篷更是大动干戈地修出很宽的雪道，将埋在下面的行李和雪橇都挖出来了。按美国人 Dave 的调侃，队里有个俄罗斯人真好，挖雪的功夫高。

昨夜我们躺下时，教练已经将我们的驮包整理出来，将公共物资和水壶都拿出来了，然后用冰镐固定住，用雪橇覆盖上面。看上去非常整洁利落，重要的是可以防止风雪将东西刮走。教练要求我们以后也要自己处理。厕所就在挖下一米深的大雪坑里，安上带来的坐便桶，很干净。出恭时面对远处弥漫的风雪，大有"千山鸟飞绝，万径人踪灭"的独特感受。

我们的教练有三个，Jash 是宾州人，在 AMS 公司已经工作了 11 年，28 岁，是领队。Brian 是安卡雷奇当地人，27 岁，不定期来打工，自己有

中午睡醒后，随手拍摄帐篷外的登山工具

个卖登山设备的公司。最年轻的 21 岁的 Angelo 是从英格兰来的助理。去年来过一次，但没有登顶。他雪季在这里打工，之后会去其他州协助攀岩。

几个教练不时来催我们多喝水，也告诉我们各种搭营和装备的规则。我们总是与他们不同，只要结果可以了，过程不太严格按规则。老外就不同，更强调程序。我和方泉议论着差距。谈到股市造假等，中国人谈的造假多指道德欺骗和恶意行为，在西方则以规则和程序为依据。许多老外也利用规则和程序恶意洗钱，往往得手。

晚饭是意大利比萨和汤，我和方泉都吃了两块，老高始终在吃零食，只吃一块。下雪不能前行，很郁闷。麦金利最大的风险是雪崩，教练告知两年前一支日本雪地摩托队就在我们营地上方被埋了。

➤ 6 月 27 日

凌晨 1：00 醒来，外面仍然下雪。大家都睡不着，不能聊天，只好各自冥想。

2：30 教练过来通知我们，天气不好，继续等待。帐外积雪已经过了一米了。

一天在帐篷里昏睡傻聊，打发时间。我翻阅了机场买的阿拉斯加指南，熟悉这个陌生的地方。方泉带来一本聂绀弩诗集，我也翻阅了大半。

➤ 6 月 28 日

终于雪停了，风也小了。半夜通知出发，凌晨 1：00，九人结组上路。每人将几天内不用的东西装入大袋子，准备在高营地之前埋藏起来，这样我们可以分两次将全部装备和物资搬到 C2 营地。据说以后每个营地都这样倒腾。这与其他登山不同，没有协作，只能自己多跑几个来回。

Brian 与我们三人结在一组。他告知二号位置会很辛苦，我就在二号，也便于协助他翻译给后面的人。出发时，教练分给我们一些公共物资如汽油、铁锹和我们自己的帐篷等。由于连续三天大雪，路上一片茫茫，需要自己开路。三个教练轮流交替着。一脚踩下去，雪过膝盖，他们只能高抬腿，用踏雪板使劲踩出路来。我排二号，也需要抬腿蹚出雪道来，后面就好走一些。

六个半小时后，我们精疲力竭地到了一个高台。领队就在这里挖出深坑，我们将六个大包和公共物资埋下，做出记号，接着回返。回程用了三个小时。尽管非常累，但大家兴致很高，毕竟可以上攀了。

➤ 6 月 29 日

凌晨 3：00 我们被叫醒，吃了一碗方便面、半块饼，整理行装，拆了帐篷。每人分得自己带的公共物质，与自己全部行囊一起绑在雪橇上。教练坚持睡袋、羽绒服和帐篷等必须放在背包里随身带。老高和方泉都放到雪橇里，不得不取出。从以后的经历看，这会非常安全和方便。

早上 5：30，我们分两组出发，Brian 依旧带领我们。路已经被踩出，我们没有用雪板，天气也不错。用了 5 个小时到了昨天埋藏地点，全部取出。我们的东西全部装到背包中，按老高估计，大约有 100 斤重。从来没有这样的负重登山经历，有些苦不堪言。

后面一段始终是爬长坡，没完没了地爬。我们气喘吁吁，高山靴踩在狭窄的雪道上，很快就结成鞋底的雪棱，无法平稳前行，不时滑倒或踏空，需要不断用冰镐敲打。尽管教练控制速度，但我们还是非常艰难。毕竟我们三人分别是 56 岁、54 岁和 51 岁了，算老人队。我们分别各叫停休息一次。本以为很快到头了，却又是越来越陡越来越长的山道。

下午起风了，真是步履维艰地攀登，几乎崩溃。最终看到营地时已经是 3：30 了，居然走了 10 个小时。看了表，发现已经到了 3 400 米海拔，这是从 C1 直接到了 C3，10 个小时爬升了 1 000 米，而且是负重攀登，完全与我们事先的预期不一样。到了营地后，几个教练都跑来帮我们卸行李搭帐篷，由衷地称赞我们表现不错。我们进了帐篷立即熟睡两个小时，鼾声大作。晚饭是汤、土豆泥和香肠。饿极了，我们狼吞虎咽，但只有一瓶

我们艰难地走在狭窄的雪道上

热水，分为三份。老高一直有点感冒，吃了药。大家经过这样艰难的一天，很兴奋，聊了许多往事。

营地上几个队都在一起扎营，彼此串门很是热闹。麦金利为环保计，限制登山名额，每年 1 500 个，但一般都达不到。2013 年有 1 200 人登山，400 多人登顶。作为世界七大峰之一，麦金利登山旅游是阿拉斯加的重要产业。除了登山队费用外，补充租用设备，租车住宿和消费等估计 1 000 美元。再加上阿拉斯加旅游等支出，每位登山者此行消费 10 000 美元应靠谱。

➤ 6 月 30 日

一觉睡到中午，起来到搭好的厨房帐篷吃早餐，汤和炒饼。天气大好，远远看到麦金利峰，一队队登山者拖着雪橇，背着大包缓缓上行，非常壮观。营地里有八九支不同的队伍，都在整理几天里潮湿的行囊，晒睡袋和羽绒服等。许多人赤膊上阵，还有穿着三点式的女孩子。各队彼此交流，有时还会遇到老朋友。登山圈不大，总会碰到曾经搭过队的人。

我们队里也彼此交流起来。Dave 今年 54 岁，高大结实。他是美国海军陆战队员，曾是专业滑雪选手，女儿是高山滑雪冠军。他在 FedEx 工作，负责亚洲业务，来过中国多次。他非常健谈，友善幽默。

同帐的 Aoly 来自俄罗斯，已经爬过几大峰了。今年 49 岁，负责欧洲著名品牌的厨具制造。他常来中国，在上海和山东收购半成品，取代原来的日本和欧洲部件。他认定中国很快就超过美国，只是教育和文化方面不太理解，看来有些不满。问他是否去珠峰，他答太贵而且耗时太多，没有计划。他英文一般，话很少。

Raha，28 岁，父母显然是沙特大户人家，从小在法国和美国留学。现

沙特的美女 Raha 在滑雪

在迪拜开设计公司。这是她七大峰的最后一站。很健谈，整天用卫星电话与父亲通话。

晚饭后，我们几人在营地照相聊天，方泉听到下面营地有人用中文询问厕所位置，我们好奇地前往探看。突然对面一人大叫一声："这是王巍吧！"他摘下眼镜和头套。多年不见的杨险峰和孙斌竟然在这里碰上了。我和方泉与他们十年前常一起爬山，非常高兴地拥抱问候。老高也过来一起拍照聊天。

他们9号就过来登山了，孙斌和两个教练这次带了5位中国队员。因天气不好，困在山上许多天，原定26号回，现在只有三位刚刚登顶返回到第三营地。其他几位几天前就下撤了。据他们讲，四号营地以上天气极其恶劣，大雪齐胸，他们自己开路，常常是雪中游泳一般。大腿抽筋，艰苦异常，欲哭无泪。孙斌是第二次来麦金利。头一次特别顺利，13天结束而且集体登顶。但今年完全不同，天气恶劣，大雪封山。他称今年麦金利比登珠峰更困难。

聊天时，杨险峰突然不断喊他的美国教练的名字。这个教练正与一位英国女队员在帐篷里，此时教练的美国女友正在各个帐篷中寻找他。女友拉开帐篷看了看就回头走了，不一会儿，教练灰头土脸地出来去追女友。

我们回来后仔细讨论，老高建议我们先精简行囊，就地掩埋多余东西。我去与Brian讨论，他同意并给我们一些建议。我们立即行动，老高减下15斤东西，我和方泉两人也一起减下10斤。大家顿时信心大增。

➢ 7月1日

早上7：30被叫起，餐后背上背包出发，除了羽绒服、风镜外，我们带上一半行装和物资，带到上面储存起来，如同之前一样。8：30启程，一直爬坡，五个半小时直接到了四号营地。由于天气好，加上队员状态不错。教练临时决定取消中间储存地。

去程要经过一个山崖，有落石风险，每个人都带上头盔，而且不能停

中途休息时的合影纪念

下，快速通过。回程遇到顶风，教练提前告知戴上面罩。我们三个中国人组不了解变化，一直预期会休息，结果没完没了地爬坡，几乎崩溃。回程天气变化，风雪交加，好在我们是轻装下撤，两个半小时就回到三号营了。途中看到十几个队员负重又拖着雪橇，在狂风暴雪中极其艰难地攀爬着，一寸一寸地向上挪动，面相痛苦，心中非常感慨。这些人千里迢迢从全球各地赶来经历这种磨难，如同苦行僧，到底为什么？

这次麦金利登山，我们对营地规则有了更多了解。到了营地后，冰爪必须尽快卸下，避免在营地践踏而踩到结绳或帐篷。角锥和冰镐必须远离帐篷，与雪橇驼包等私人用品固定在一起，看上去安全，重要的是在暴风雪之后很容易挖出来。我们过去都是大大咧咧地堆在一起，先进帐篷休息，这次教练们反复指导，也形成规矩了。

大小便的地方都是专门挖出雪坑来。小便集中一处，大便就有专用马桶，每次出恭后应该用干净手纸覆盖，让后人看上去整洁。大便时不能随意小便，弄得脏兮兮的。同样，吃饭后刷碗的脏水和垃圾都有专门袋子处

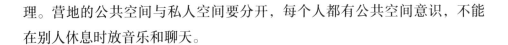

理。营地的公共空间与私人空间要分开，每个人都有公共空间意识，不能在别人休息时放音乐和聊天。

➢ 7月2日

早上无风，天晴。教练直到11：00才叫起吃饭。

老高早上就嘀咕膝盖疼痛，他十年前曾有半月板损伤，每次下山都格外注意。这次因为结组，不能按自己的节奏调整，昨天下山速度较快，夜里疼痛起来。用了我的护膝，但也没有缓和的迹象。他自己坚定地认为体能冲顶没有问题，但实在无法忍受下山的痛苦，决定今天下撤，最好搭直升机下撤。

我与教练商量，教练面露难色，提出三种选择：一是今天下山没有可能，必须与其他下山队商量带人，但昨晚提出还有机会，现在太晚了。如果等，全队都要休息；二是继续上山一天，明天再与其他队伍下来；三是继续上山到五号营地，等大家冲顶后与我们一起下撤。直升机是救援用的，只有断腿或濒临死亡时才能调动。麦金利没有商业飞机可以选择。我们回来商量后，考虑到英文和照顾，决定还是继续上行一天看看。老高捶胸顿足地懊悔，应该昨晚就提出来。方泉和我认真地讨论如何不太痛苦地打断他一条腿。

掩埋了储存的东西后，13：00拆帐篷出发。教练分来三份公共物资，我选了最重的一套，米袋和满满的油桶。此时阳光明媚，在我们之前已经有四五支队伍出发了，雪道踩得坚实，负重拖着雪橇也还轻松。不过随着日晒强烈，毕竟比前一天多了重量，我们很快就感到疲惫，挣扎着爬过三个陡峭的长坡。带的两壶水很快就不够了，我就大口吃路边的雪，感觉如同冰激凌。

爬长坡非常痛苦，无边无际的上坡容易让人崩溃。不过，每个下行路过的各国队员都会彼此鼓励，也会送水和果仁。我最经常听到的是：Stay strong! You are great! Keep going! You big man! Excellent job!（保持坚强！你很棒！坚持！你了不起！做得好！）我也经常回应：Thanks a lot！See you up there！Follow your steps！（非常感谢！山上见！跟随您的脚步！）

每次交错也是一次加油。

我们一路叫停了两次休息，最后用了八个小时到达海拔 4 400 米的四号营地。先到的 Dave 和 Raha 主动迎上来，帮我们拿上空水壶去其他营队的厨房灌水。营队各个不同队伍都会彼此提供这种帮助。此时寒风凛冽，又冷又累，老高几乎崩溃地坐在一旁，我和方泉挣扎着在风雪中铲雪挖坑，平整雪地，扎帐篷。一个小时后，我们终于进了帐篷休息。营地烧了一锅热咖喱汤，我们喝起来有欲神欲仙的感觉。

外面非常寒冷，我们拉紧睡袋。防止降温跑电，我把 iPhone 和 iPad 都放进睡袋，不时翻看亲友照片和以前被忽略的许多微信，很快就入睡了。

➤ 7 月 3 日

上午休息，15：00 开始练习固定线路攀登技术，如挂锁和换绳保护等。我们在珠峰都已熟悉，只是老高陌生些，在陡坡上上下下练习了一个多小时。训练时遇到一位登顶下来的中国人，他已经在美国工作多年了。孙斌曾介绍过，他是一个人登麦金利，了不得！

沙特的 Raha 突然病了，拉肚子，明天休息。老高的腿感觉还可以，本打算明天不跟大队上了，但教练不同意，明天上攀主要是海拔适应，同时也判断他的腿能否继续登。"同样病了，美女还是被优待啊。"老高愤愤不平地嘟囔，不时地向方泉抱怨我未能尽力翻译好。方泉懒洋洋地安慰他："你还是长得黑了点儿。"

山上没有通信网络，我们也疏忽了，没有租用卫星电话。已经十几天无法联系国内了。习惯于微博微信的我们只好靠回忆和想象来度过一个个不眠之夜。老高谈论投资理念和产业价值，不时兴奋地想到他投资的股票停牌而可能大涨。我更多讲述金融博物馆和并购行业的机会，一系列创意的酝酿。方泉还是照例重复回忆他那些浪漫故事和他策划十多年的登山纪

与沙特美女 Raha 的合影

实小说。

　　晚上十点多了，大家都在假寐中，准备明天高强度的攀登。我忽然感到有些饿了，提议吃国内带来的泡椒凤爪。于是我们立即兴致勃勃地吃起来，每人一袋吃个痛快，一下子回到家乡的味道。接着，苏州老北门的肠肺汤、上海新吉士、南京黄鱼、北京石油大厦的东北菜、川能元等各种美食就在 4 400 米海拔的帐篷里轮番上菜了。老高是美食家，他曾自己记录了 400 种不同城市的美味，自称"天下一绝"，而且每次讲起来声情并茂，弄得方泉直咽口水。我们从此每天都要请他盘点一遍，打发饥肠辘辘之夜。

➤ 7 月 4 日

　　早 8：00 出发，轻装上攀到 5 000 米。爬了两个大坡，各海拔 300 米，

即兴发挥的拍摄与"模特"队员的配合

第二个坡太陡，设有固定路绳。我们要扣安全锁和使用上升器。几个队在攀登，有些堵车了。坡非常陡，看着都恐怖。一手用冰镐固定，一手紧紧拉着上升器，口里还要不停地喊叫着，提醒同伴。

每次爬到用来固定路绳的冰锥时就要大声喊"STOP"，表示要换扣锁了，让前后两人都停下来，保持四人一致行动。换完后再大喊"GO"，大家再一起行动。方泉和老高经常情急下用中文喊话，前后的老外们听不懂也配合不上，总在发牢骚。我就不断道歉。

我们上去用时四个小时，返回再用三小时。老高的腿感觉还好，自己有信心。明天休息一天，后天将是全程最艰苦的一段，重装上升 900 米。希望天气能好。半夜，大家分吃了我带来的两只熏猪蹄。另一只居然被老高埋在下面营地了。特别后悔应该换成猪耳朵，骨头太沉了。

➢ 7 月 5 日

上午 11：00 起来，喝汤。晒太阳，天气非常好，晴朗，暖和。

Raha 主动递来卫星电话，我们没有什么大事需要联络，而且隔绝自己也是登山的意境，就一起聊起天来。她一来就像一个公主，除了同帐篷的美国人 Dave 之外，很少与我们交流。她昨天躺了一天，精力恢复过来了。听上去她对领队 Jash 非常不满，认为他态度傲慢无礼，是她登山生涯中遇到的最无法忍受的人。我们同样有这样的看法，这下就拉近了距离。

我们得知，她在 7 000 美元外，还额外支付了 9 000 美元，增加了一位登山向导 Angelo 协助自己，但事实上并没有更多优待。她背负的几乎与我们一样重，也没有特别安排单独帐篷。两男一女挤在一个帐篷中实在有太多不便。出于同情，我也表达了对教练的强烈不满，特别是对老高的照顾不够。方泉主张起诉登山公司要求退款，我们商量下去后要配合她。Raha 顿时感到温暖，从此每天都要与我们友好交流并期待来中国看看。

下午我们再次精简行装，又埋了一些东西，做最后冲顶的准备。晚饭，我们开始分吃方泉带来的咸鸭蛋，都臭了。白天与沙特美女比画了一阵后，方泉明显兴奋起来，在帐篷里辗转反侧，给我们大讲电影、诗歌和话剧等，准备投资。

➤ 7 月 6 日

早上 7：30 出发，负重上攀了 900 米，8 个小时后到达第五营地，海拔 5 300 米。这是最艰苦的一天，一路向上几乎没有缓坡。有 1 000 多米必须用路绳和上升器。方泉多次崩溃，不断停下来喘气，反复地讲要死了。老高第一次走这么高而且陡峭危险的山崖，战战兢兢，大汗如雨。有一段陡坡两边都是悬崖，好在风和日丽，否则会很危险。我也疲惫，但必须撑着领路，不能动摇他们两人的信心。路上，Jash 好像与 Raha 冲突又升级了，他多次威胁不让她登顶。

比较幸运的是，正好登山公司另一支队伍结束下山，他们的帐篷与我们互换，彼此省了搭建帐篷的工作。我们一头扎到帐篷里，用饼干充饥，分享一壶热水。帐外天气阴沉，我们有种不祥的感觉。

我晚上有些泻肚，立即吃下两包思密达。晚饭是米饭，但有奶酪在内，我们就着榨菜吃下去。据说夜里有风暴，有点担心。Jash 意外地来我们帐篷处亲自检查安全并提醒我们将角锥等尖锐物件放到外面，以免将帐篷刮破，如果那样的话我们就只能下撤了。

➤ 7 月 7 日

夜里暴风雪，早上帐篷四周被埋，玄关处已经被堵死。背包和高山靴都在雪下面了，幸好我们昨夜把鞋内胎收回到帐内。上午狂风大作，教练勉强送进开水和粥。估计要做几天的打算。我们也很悲观，做了最坏准备，放弃登顶甚至等待直升机救援。

今天主题是我谈美剧和英剧，《大西洋帝国》《纸牌屋》《亨利八世》《唐顿庄园》《福尔摩斯探案集》等。我讲述了最欣赏的作家毛姆和茨威格的几个故事。方泉又谈起了马原、阿来、聂华苓、严歌苓等不一而足。如同以往，方泉又有了几个伟大的文学和传媒想法。

下午三点左右，太阳出来了，风停雪住。我们赶紧出来清除帐篷积雪和周边雪道。傍晚，大本营来电告知可以明早登顶，但需要带上睡袋和帐篷等，做紧急准备。尽管负重不减，但我们还是兴奋地期待登顶的时刻，早早躺下。一般地，登顶前夜都很难入睡。隔壁帐篷里沙特美女持续在打电话，极度好奇的方泉非要我翻译一下，可那是阿拉伯语啊。

➤ 7 月 8 日

早上 8：00 被叫醒并整装，我们兴奋地在一个小时内打包并系好安全带及各种结组，但 9：00 出发时，突然得到通知有暴风雪来临。眼看着已经出发一个小时的前队人马正在从山上回撤，只好把卸装当作一次演习了。我们在帐篷中沮丧但仍充满希望地等待。两个小时后，太阳高照，晴空万里，我们向教练提议再次出发，但没有回应。后来才意识到，我们最终失去了今年登顶的机会。

下午天气恶化,暴风雪又来了。老高出去解手,很久才回来,原来迷路了。我也不得不上厕所,刚出帐篷就被风雪打回来,跌跌撞撞地跑到另一个帐篷去了。两米之外就暗无天日了。晚饭无法送进来,我们只好吃带来的牛肉干等。

> 7月9日

半夜起暴风雪降临,帐篷口又堆满了雪,只好用饭盒不断掏雪出去。我们三人一天都在巴掌大的帐篷里蜗居,讲故事谈人生历史,许多埋了十几年的委屈和郁闷都统统倒出来。我开始腹泻,吃药,期待天晴。

方泉一直在纳闷并不时从窗口窥测着,另一个帐篷里两个男人和一个女人都是怎么过的?明显地,他开始暴躁起来。我和老高不时取笑他的女友们,他也反唇相讥地嘲笑我们太不懂生活。

> 7月10日

又是一天急风,雪碴儿,我们在帐篷里受煎熬。这是第四天了,帐外风雪不见减少。

18:00 Brian进帐告知我们,由于风雪太大,积雪太深,雪崩危险增大。经过与几个队伍反复商量,决定各队全体下撤。但如果明天天气不好,风速如今天一样超过50米,我们必须继续等待。他希望我们能够理解,现在,已经不是能否成功登顶的问题,而是能否顺利下撤的问题了。

我告知他,非常感谢他们安全第一的考虑,服从决定。尽管我们非常遗憾,但已经证明了自己的能力和努力,没有抱怨。我们希望下去的过程能够安全。老高出去大解,回来后告知能见度只有5米,走过后几秒钟脚印就被风雪掩盖了,估计明天也无法下山。

> 7月11日

早上依然大风,帐篷再次被雪埋。夜里失眠,写诗一首,缓解焦虑心境。

早晨，大风中的麦金利山

踏遍群山人未老，阿拉斯加去远征。寒风彻骨自抖擞，烈日灼面亦从容。攀壁万尺冰雕虎，跨壑千重雪旋龙。及峰去天不盈尺，拔帜欲上鬼封门。出篷踉踉风撕掳，入帐迟迟暖回神。西餐半月食无味，暴雪五日深埋营。忽闻雪崩齐撤寨，回眸莽莽叹复嗔。意兴未尽莫惆怅，冰峰无数正笑侬。

老高不断与我和方泉讨论麦金利与珠峰的区别。我以为有三点：一是麦金利从2 200米到6 200米，垂直攀登4 000米，全部负重。珠峰从5 300米到8 848米，垂直攀登3 500米，不须负重还有协作，麦金利更苦。二是珠峰毕竟更高，死亡威胁大，更危险。三是珠峰名气大，关注多，麦金利容易被忽视，困难被低估。方泉认为老高能在腿伤情况下坚持到5 300米实在是了不起。老高很得意。

17：00，我们开始撤帐篷，六个小时的艰苦下撤在23：00到达四号营地。一路上风景非常漂亮，只是拍照实在困难。老高膝盖疼痛，下得十分艰难。方泉也是跟跟跄跄地不断摔跤。我还可以，体力不错。美国人Dave这次与我们结组下撤，不断向方泉和老高发火。老高实在走不动了，常常一动不动地坐在雪坡上。教练Brian半路上将老高的背包拿过去拖在身后，一个人背两人的背包，我们非常感动。

➤ 7月12日

早上一直睡到9：00。

Raha的脚趾头肿了，不能穿鞋，希望安排直升机来救援，被拒绝。她一直在帐篷里哭泣，不断给远在沙特的父亲打电话，几个教练分别去劝。我也过去安慰，告诉她我有同样经历，脚趾头指甲都掉了，也是换新的机会。在这个地方，谁也没有用，只有靠自己的意志和坚强。老高两个膝盖都不行了，可以挺过去，你年轻一定可以。她认为领队歧视外国人，我也同感，可以下去起诉他，但现在我们必须下去。她终于决定出帐篷，走下去了。

13：30，Brian带着国际队先出发，Raha与我拥抱了一下，估计我们会就此分手了。这让方泉妒火中烧，埋怨我不认真帮他翻译和推荐。因为老高膝盖问题，领队安排我们中国队和两个教练傍晚出发，准备多扎营一天。

我们18：00出发。没有想到，老高居然步履矫健，没有掉队甚至走得非常轻松，结果2个小时就下到三号营地，23：00赶到一号营地，与国际队会合了。Jash特意在休息时鼓励我们，这是他十几年带队中最有效率和轻松的一次下撤，特别祝贺老高。

在一号营地，大家都是暂时休息，没有搭帐篷，几个队大约20名队员都是就地休息。我们喝了一碗热的泰国米粉，非常舒服，就在雪地上铺垫子和睡袋睡了两个小时。第一次在雪地半夜睡觉，四面都是雪山，还有粉红的云朵，周边景色非常美，记忆深刻。

一号营地，不搭帐篷就地休息

➤ 7月13日

凌晨2：00出发，一路下坡，步伐轻松。不过，快到大本营时，居然一路上升，这就是著名的伤心坡（heartbreak），几乎又要崩溃。6：30，终于看到大本营了。天气不好，下雪了。我们立即搭了帐篷休息，非常潮湿阴冷。我们只能在帐篷里等待。

11：00天气好转，陆续飞来了五六架飞机，把几天滞留的人接走。终于排到我们了，我们立即拆了帐篷，将装备雪橇等都拖到跑道边上。14：00，来了一架接我们队的部分人。Jash带着沙特女孩和俄罗斯人先飞了。我们等下一架。一个小时后，飞机来了，但天气突然转阴，云层加重，飞机盘旋几圈都下不来。急得Dave大喊大叫，结果，我们成了唯一留在雪地上的六个人。我们一直期待着，但天气越来越差，最后绝望地搭起帐篷又滞留一天。真倒霉。

　　面对恶劣天气，大家都百无聊赖地八卦起来。两个协作抱怨跟上班飞机离开的 Jash 终于可以清闲起来。Dave 认为沙特女太麻烦，不成熟。他推荐我们住"库克船长"酒店——日本设计的，去阿拉斯加遗产博物馆。我们心情不佳，担心明天天气，也许不能按期回家了。据说，最长的等待是八天之久，这诡秘的天气。

➢ 7 月 14 日

　　昨夜大家心事重重，但睡得很好，今晨天气大晴。早上 8：00 都出帐等待。

　　由于 Dave 曾是飞行员，昨天下山心切，连续 5 次致电飞机公司，而且多是催促和指导，让对方很不高兴。结果告知，只能 11：00 派人来接。令我们忧心忡忡，天气随时可能有变。Dave 又在打电话，两个教练急了，担心他又催促。因为，公司与飞机商是长期合约，因此，飞机先为缴钱旅游

11：30，我们迫不及待地乘机离开

的客人服务，然后才是我们。

我们陆续盼来了 6 架载着游客的飞机。与游人聊天，几个来自佛罗里达的客人，从来没有见过冰川，很激动，以为我们是过夜的游客。我苦笑地自嘲是"上帝选民"（the chosen people）。

11：30，飞机终于来了。我们迫不及待地装货。教练担心 Dave 多嘴，坚持让我坐在驾驶员旁。半个小时的回程中，我们一言不发，紧紧盯着窗外景色，看着绿色陆续取代了白色，换了人间，内心很是感伤。到达机场后，看到陆地的 Brian、Dave 和方泉都哭了。21 天后，我们回到了人间。

到 AMS 基地检查装备，还回租用物资。尽管我们非常不喜欢这个登山的组织者，我们还是分别给三个教练小费表达感谢之意。一个小时后，我们与几个其他队员坐出租车回到阿克雷奇，每人 75 美元。路上有另一对夫妇搭乘汽车，也是 AMS 队员，非常不满意队里组织，司机推荐我们去一个山友营地，据说便宜，每人 25 美元，但要合住。我立即要求换成舒适的单间，结果找到假日酒店，每间 220 美元。我们终于从帐篷里出来了。

在浴室里看到自己惨不忍睹的面容，掉了 10 斤分量的体重，真有顾影自怜的感觉。清理之后，我们立即在酒店推荐下，去城里最豪华的海鲜饭店 Simon & Seaport 里大快朵颐。客人太多，我们在等位的一个小时里，特别去附近的 Cook 船长雕塑拍照。这是三百年前探险阿拉斯加和北极的英国军人，后来在夏威夷岛被土著居民杀死了。

晚上吃了阿拉斯加帝王蟹、帝王三文鱼、海鲜汤等，喝了一瓶意大利香槟和一瓶阿根廷红酒。半夜还在光线十足的城里逛街购买纪念品。回酒店时，与出租车司机聊天，他是阿尔巴尼亚人，立即引出地拉那、霍查、谢胡的话题，找到共产主义的同志了，今夕何夕！

次日早 5：00，我们搭机回京，麦金利就此一别。

2018 年惊心动魄的查亚峰

➤ 2018 年 3 月 3 日

2018 年的亚布力论坛期间，我上午去滑雪。缆车上有人盯住我看了半天："你是那个困在印尼山上的王巍吗？真不容易啊，你们都吃什么活过来了？"这都是哪到哪啊。一起同去的队友方泉回来后写了一篇《困守查亚峰》，流传广泛。文笔优美，又有夸张，把一个普通的登山经历写成了一段人生苦旅。这哥们要是真登了顶，还不知要弄出什么新闻来。许多山友催我也写一篇，也许是人老了吧，总是打不起精神。在海拔 4 300 米的营地躺了十几天，下来三周了，其间到香港参加金融博物馆开业活动，又飞到亚布力主持论坛，还是昏昏欲睡。今天周末慵懒，希望用这篇登顶日志来结束漫长的高原反应吧。

查亚峰（Jaya）其实是一个泛称。当年的查亚主峰海拔曾达 5 030 米，后来天气变暖冰川融化，目前只有 4 862 米，低于旁边的海拔 4 884 米的卡滕芝峰（Carstensz）。目前经典的全球七大洲最高峰路线即七大峰攀登就是登卡滕芝峰，不过，习惯上还是称为查亚峰。查亚峰位于印度尼西亚巴布亚省一个巨大的露天铜矿旁边，这个区域几十年前就被美国公司和印尼政府合资开发，是战略物资要地，并不向旅游者和登山者开放。当地居民不能从铜矿开发中得到相应利益，地方分裂主义组织也以各种干扰手段包括武力与政府较劲。我们登山期间，还有一名政府军被狙击手打死。去查亚峰不太容易，每年只有 200 人左右，人数远远低于珠峰。

我们在 2017 年 10 月组团去，因当地动乱被封山而推迟，今年 2 月初被临时并入一个大团迅速成行。2 月 4 日从北京出发，经过印尼雅加达转机巴厘岛，次日飞巴布亚的 Timika 小镇。在酒店等了四天，才遇上可以直升机来往的天气，半个小时进山到达海拔 4 300 米的营地。我们一个即将结婚的中国山友担心无法赶上与岳父母过年而放弃，打道回府。我们之后许多天里都在钦佩他的直觉。

查亚峰山腰上的帐篷

登查亚峰的途中

　　我们队里有美国女教授（36 岁）、澳大利亚动物医生（39 岁）、波兰酒店管家（44 岁）、俄罗斯计算机工程师（29 岁）、中国贵州首个登顶珠峰的黄春燕（年龄不敢报）、北京"三好生登山队"队长方泉（55 岁），还有进入花甲之年的我。7 个队员加上当地的 3 位协作兼厨师，10 个人在海拔 4 300 米的营地上朝夕相处了 10 天，还有三只澳大利亚野狗和一只老鼠，消耗了准备不足 7 天的蔬菜和口粮。这就是方泉的《困守查亚峰》的背景。

　　我和方泉 5 年前登顶海拔 8 844 米珠峰，后又一起去了阿拉斯加的北美最高峰麦金利，根本没有拿不到 5 000 米的查亚峰当盘菜，之前连网络搜索都没有做，就是以休假的态度成行的。我带了下载了一大堆新书的亚马逊电子阅读器。方泉则捧着几本哲学书，很虔诚的样子。2 月 9 日抵达营地的

查亚峰局部，呈 70 度角高耸入云的石壁

下午，我们先行训练，上来就是一个下马威。

面对几乎 70 度以上的石壁，上面望不到顶，我和方泉，包括几个老外立刻傻眼了。我们笨拙地系上安全带，反复查看是否锁死所有扣结，神经质地演练上升器，调节自己的全部肌肉。眼看着前面几个人都是磕磕碰碰地攀过第一个巨石，转过去后看不到人影，却都听到一声叹息。方泉当时就试探地问，这还上吗？我憋住气挣扎着跨上第一步，跟跟跄跄地拐上巨石，过去一个陡坡就面向另一面石壁，无法回头了。

此后，一心向上，不敢回头，身体贴在岩壁上，艰难上爬。毕竟前次攀岩还是在 5 年前的珠峰，而且多数攀高的地方也就长度 30 米左右，还有各种梯子搭建。在这里大不一样了，抬头往上看，一片黑漆漆的岩壁，向下看，只有几十米下方泉的头盔。大约到了 100 米高处的一个略为平缓

中途在峭壁上的合影

的石头窝里，先到的几个队员把自己系在安全绳上休息一下，就返回原路，练习使用下降器。一个队员滑坠了几米，蹬下一片碎石，大家一起高喊"当心啊"。下面的波兰人彼特立即低头，一块石头砸在他头盔上，真险啊！我们夸奖他机灵，他脸色惨白，苦笑着。

我在方泉之前先下降，努力适应多年不用的下降8字环，好不容易找到节奏。忽然上面大喊"石头"，我立即低头并贴近岩壁。突然，左手食指剧烈疼痛，十指连心，继而麻木了。上面方泉踩下的几个石头，隔着手套砸在我手上。下来后，打开手套，看到食指头上居然一块肉掉了，立即用创可贴包上。后来，山上潮湿，反复溃烂，十多天才愈合，现在打字还隐痛。

训练结束后，方泉立即狠狠地说："我不上了，得活着回去，打死也不上，太吓人了。"我犹豫了半天，没有与他一起声明放弃。不过，当晚没有睡好，反复在心里操作安全带、上升器和8字环的基本动作。尽管担心滑坠，还是坚定决心，给自己进入花甲之年一个登山礼物。

10号清晨7点多，队

坐在石头上小憩片刻

员们全部武装起来，简单早餐，互相检查装备。方泉居然也起来了，衣冠不整，手里攥着一本红皮书（罗马皇帝奥勒留的《沉思录》），脸上摆明了谁劝我跟谁拼了，爷上山就是来读书的。几个协作很会看脸色，忙说，今天天气不好，明天我们专门陪你上山。方队长顿时喜笑颜开，背着手在营地踱步起来，不时指导我们的装备。

8：00 我们几个队员开始攀岩，有昨天垫底，今天轻松一些。尽管都是 70 度—90 度的绝壁，但我们随着协作在岩石缝隙中曲径而上，看着上面人的身影，我一路紧跟倒也没有拖后很多。其中一段 80 米左右的岩壁几乎直上直下，我们在两边石壁夹缝中匍匐前行，胳膊和膝盖都用上了，我幸好绑上了护膝。上午阳光不错，微风细雨，两个小时左右，我们上攀到 4 700 米的垭口。协作鼓励我们，比预想提前了一个小时。我不免自得起来，刚刚松口气，更大的考验来了。

到对面的山峰之前，有个深不见底的山涧。三根钢缆联结两边，看上去有 50 米（实际上是 25 米左右）的距离，钢缆在风中抖动。我看着前面美国女教授战战兢兢地在三根钢缆中挣扎挪步向前，她的澳大利亚男友急

联结两座山峰之间的钢缆索道

切地呼唤她给予鼓励。终于过去了，两人相拥在一起。我当下腿软，立即问紧跟我后面的协作，过去的人最老的有多大？他回应，前几年有个 72 岁的人过去了。我立即鼓起勇气，坚定地迈出第一步。协作帮我系上安全扣，万一失手，人会悬在半空中，等待救援。

我两手紧紧攥着两边的钢缆，一点点前移。脚下的钢缆不断起伏，两只脚谨慎腾挪着。走到中间时，感受到山谷的风剧烈起来，三根钢缆上下左右不规则地晃动，我两个胳膊都架在钢缆上，用力保持一点平衡。目光直视前方，耳边是众多山友的鼓励，心里念叨着家人，一秒秒一步步地蹭过去。过去后，立即坐在雪地里，大汗淋漓，浑身虚脱，喘息 5 分钟。我绝望无助地问协作，回来还是这条路吗？

剩下的 100 多米上攀就轻松多了，很多地方都被雪覆盖，看上去比黑森森的岩壁要亲切得多，有点像珠峰的样子。我仍然心事重重地想象如何重返钢缆桥时，山友们告知我已经登顶了。我忧喜交加地与大家一起拥抱，拍照。我也带来金融博物馆的旗帜，为即将开业的香港金融博物馆祝福。说实话，恐惧的心情远远大于登顶的喜悦。

下山了，年轻的队友们心情愉快，各显神通地飞奔而去。我拉住一个协作，先支付了小费，请他务必跟在我后面。我当年在乞力马扎罗和珠峰攀登时都有协作先跑了的经验，不得不防。在重新经过钢缆桥时，他在后面不断喊着：5 米，10 米，15 米……我在迷雾中战战兢兢地通过了。下午回程中，口干舌燥，身体透支，体力也大不如上午了。中间休息时，我问协作，那个 72 岁登顶的是做什么的？他淡然回应："老朋友了，澳大利亚玩攀岩的，经常带着队伍来。"啊？我去！

接下来的岩壁直降 500 米，忽然变得比较浪漫了。阴霾的雨雾中，看不到下面的空旷，也感受不到恐惧，只是在环绕的云雾中稳定慢慢地下降。我的左手一跳一跳地疼痛，无法用劲，只能一只右手控制绳索。上山用了五个小时登顶，下来也用了三个小时。而我们的山友黄春燕只用了一个小时。

展开旗帜为香港金融博物馆祝福

距离营地还有 100 米时，远远看到一个人在雨中向我走来。这是方泉，跟我一起登山 15 年的铁杆山友。当年登珠峰时，我病了，他一直照顾我，一起登顶的战友。我们拥抱在一起，他说："你活着下来太好了，我不放心，一直在这里等着你下来。"我顿时眼角湿润："我这次居然比美女更重要了，难得。""明天再上去吧，我也陪你一起。"我强撑着底气忽悠他。他苦笑着："黄春燕说了，有 9 个地方你我都应该过不去的，你一向逞强，我可不玩命！再说了，明天没有美女一起爬，更没劲了。"

当天晚上，大家庆祝登顶，厨房特意做了大虾，准备了啤酒。我先道歉，让大家在顶峰等我很久，受冻了。刚刚完成

与方泉在营地的合影

了世界七大峰登顶的澳大利亚人罗伯特突然问我："你多大了？"我请大家各自报年龄，当我告知马上 60 岁了，两个老外立即双手高举，示意膜拜，让我得意起来。在方泉的引诱下，黄春燕引吭高歌，底气十足，而且还有自创的歌曲，非常投入。俄罗斯人备受鼓舞，击盆而歌，大家各自唱本国的歌曲，此起彼伏，直到夜深。

我们 7 个人准备去原来的老查亚峰路线看看，没有协作，结果迷路了，

只有俄罗斯人和波兰人找到并登顶。美国教授和她的澳大利亚男友跟着我，我远远地跟着方泉，方泉陪伴着贵州美女，一起在山里转了大半天，也是情趣十足。

本来我们可以立即回归了，可惜，查亚峰天气变化多端，直升机无法进来，我们后面的 10 天就是在煎熬中等待，在等待中感悟，在感悟中纠结。我们设想了许多方式出山，比如步行几十里山路到不太友好的村落求助，报警求助政府的军用飞机救援，或者编造故事求助中国大使馆帮忙等，据说都已经有前例可循。不过，当着美女的面激情澎湃一番之后，我们还是老老实实地回到帐篷回到小民百姓的原形，看书喝茶，再加上几声叹息。方泉的那篇小说文字，精彩处很多，我都遗憾地不在现场。

不过，这是我们在海外过的一个春节，还是要有所作为。我们大年

登山队员的大合影

人迹罕至的深谷

三十的上午就出发步行到人迹罕至的深谷，缓缓上攀到山脊，沿着山脉横穿，俯视沉寂荒凉的沟壑，寻觅断断续续的不同花色的草丛，从嫩绿中捕捉春意。这种景色，几千年之前有，几千年之后有，只是我们不在了。这种陈子昂的意境，令人惆怅和深思。除夕晚上，我们在高原上的漫天繁星中搜寻北斗的一刻，让我们三个中国人特别激动。黄春燕自然忘情地高歌，声音在山谷中反复回荡，方泉也大声朗诵他的诗集，声情并茂。我，默默地点亮了一盏头灯，使得自己不太孤独。

2月20日，香港金融博物馆将正式开业，届时香港特首等近千人参加仪式，博物馆团队整个春节期间都在香港地区加班工作，而我还在查亚峰山里焦急地等待中，真是度日如年。终于，2月18日上午，云开雾散，进来了一架送新登山队员的飞机，我们也有出头之日了。临行前，在美国人提议下，我们全体又围着营地做了一次大清理，将两周的各种垃圾打包装袋埋入地下，真有些恋恋不舍。

山友与驴友的差异

因公事未能参加山友的远游，落单了。

好在有虹海兄的盛情邀请，我便只身加盟他的"行走中国"驴友团，到贵州一游，顺便登六盘水的韭菜坪（2 900 米）——贵州最高峰。我们曾彼此邀请几次并队出游，但总是不尽如人意，这次混入驴友团，也长了见识。四天下来，结识了许多新朋友，也有了新的体验。除了山友重山向上走、驴友重游横着逛的基本取向不同外，从文化差异上看，山友和驴友还是各得其乐的。

其一，山友静，驴友炫。山友始终列队前行，一路无语，途中很少休息进食，只是登顶后，略做休整，再急速下山奔农家菜去也。驴友则一路欢声笑语，走走停停，各种小吃美味彼此分发，不由得你不心动，1 000 米的高度，可以晃上六个小时，耳边不时飘来年轻驴友的人生理想、信念的多种感悟。

其二，山友守，驴友游。山友几年来除了外地攻顶活动外，就是围绕北京适合锻炼和技术行走的几座山用不同路线穿越，如海陀、阳台、黄草梁、小五台等，乐此不疲。驴友们更是多种多样的山头水侧，喜好重装和露营，走玄奘路，去新疆，奔贵州，游香港，令人羡慕。

其三，山友俭，驴友爽。山友行头不多，实用为主，看上去拼拼凑凑乱七八糟，有土匪相。驴友则多名牌装备，搭配整齐漂亮，一幅俊男靓女的壮观景象，让人意气风发，十足早上八九点钟的太阳。

其四，山友淡，驴友浓。山友同行多年，对各自私人事务不甚了了，但对彼此的行走风格、办事手段和生活态度则心知肚明，所以多年来不离不弃地同行着。驴友看上去都是彼此亲密无间，互封驴号，常常家属同行，家事国事天下事，皆有点评，而且立意高远。最让我等山友佩服的是，居然在行进旅途上不断出谜语、脑筋急转弯，显然没有高原反应的阴影。

　　严格讲，这只是我个人对两个孤立群体的观察，不能抽象为对山友和驴友的判断。不过，有差别才有趣，两个群体都会从对方那里体验到不同的东西。"行走中国，热爱生活"是这群驴友的口号，还有他们的队歌，也很优美。在与彝族一起的篝火晚会上，这首歌很是让我感动。

第二篇

攀登珠峰的 56 天

去登山

➤ 2013 年 4 月 1 日

出发的当天先到公司上班一小时，整理一下办公室，再与同事交代几件小事，然后去机场。其实，这更多是一个姿态，向许多员工尽可能表现轻松的样子，如同平常一样的出差，只是时间长一些。事实上，许多员工不一定知道我去登珠峰。

登珠峰是一个危险的旅程。作为一个负责任的管理者，需要评估整个过程的结果，做出最坏的安排。我已经提前两个月与公司的主要合伙人讨论了各个板块的业务发展和财务安排，以便在最坏的情况下，不会影响公司的正常运作和员工的稳定。尽管我去珠峰的计划已经是推迟了两年，但真正出发前还是要重新安排一下。

自 2003 年"非典"之后，我和许多朋友就有意识地定期安排遗嘱，放在秘书处，每隔一段时间就修改一下。尽管听起来有点残酷，但对于我们这些经常飞来飞去的人，有这个安排内心会增加许多宁静和安全感。这是对家庭、亲友和公司真正负责任。司机送我去机场时，许多同事都特意出来与我打招呼，祝福一路平安。

12：30，我们乘港龙航班先赴香港转机。第一个问题便是行李可能超重。准备行装的时间很短，东西很多，如何精简是一个经验和技巧。我们几个去珠峰的反复在电话中和见面时核实彼此带的东西，尽可能不重复，甚至彼此有些分工。我多带药物，方泉多带食物等。有些东西可以到当地采购，比行李超重更划算。

我带两件行李，一个驮包是 21.5 公斤，航空公司规定 23 公斤，顺利入场。方泉却超了 8 公斤，结果我们重新打包，拿出几件手里提着，加上不停与柜台美女调侃，勉强过关。不过王静和探路者公司的三人就没有这样的机会了。超重 25 公斤，加上我们富余出来的 2 公斤，再照顾 3 公斤，还是罚款 20 公斤，付了 2 400 元人民币。不过，我们后来遇到的云南队友，他们更是奢华，带了各种食物，甚至火锅料，结果超重罚款了 1.7 万元人民币。

过关时，安检总会发现一些不能通过的东西，我损失了一大管新买的牙膏，方泉被扣了大罐精心准备的炸酱，心情很不爽。到了加德满都，他还在到处打听能否买到中国的炸酱。失去了的东西，让他感到非常不安，似乎没有炸酱就无法登山了。

飞机上大家都看书。我看一本外国人写的《崩溃——社会如何选择成败兴亡》。书写得一般，到了尼泊尔就扔在酒店了。飞机上有个内地去港旅行团，吵吵嚷嚷又推推搡搡的，弄得我们无法休息。

介绍一下这次登山的同伴。

方泉是我相识近 20 年的朋友，50 岁，诗人，记者出身，现在专业投资股票，不时去电视台当嘉宾，如果是美女主持人的话。大约十年前，我们一起结伴爬山，主要是在北京郊区的 2 000 米左右的野山。在我怂恿下，也不时去 5 000 米以上的雪山。我们一起去过阿根廷的阿空加瓜山、新疆的慕士塔格、西藏的启孜峰、四川的四姑娘二峰和云南的哈巴等。彼此熟悉风格和脾气，在国内他是队长，在国外则我带队。

王静是国内登山圈著名人物，也是户外用品制造商探路者的创始人之一，公司上市后她将更多时间花在登山上，既体验产品又有品牌推广的效果，是把工作和乐趣完美统一的典型。和她认识两年了，一起结伴登过当时北京第一高楼国贸三期。这次是她介绍我们与著名的新西兰领队罗塞尔认识，我们三人一起从南坡登珠峰。她已经登顶了七座 8 000 米以上的高山了，经验丰富。

在香港机场落地等了两个小时后，我们在晚上六点整起飞去加德满都。飞机上有许多空位子。原来王静和方泉订的头等舱，我订了经济舱，爬山不是商务，还是平常为好。结果大家都改了商务舱，看来我们都赚了。

四个小时后到达孟加拉国的达卡机场，当地旅客下飞机，我们不动。一个小时后起飞，再有两个小时就到了加德满都。入关的队伍非常乱，没有规矩，乱哄哄排了一个多小时的队，半夜了才出机场。接机的人到了，来了一辆可以装十几人的面包车。原来除了四位登山者外，还有国内旅游卫视的一个摄影组，是配合王静的爬山来拍片子的。几个很热情的当地人上来搭讪，抢着拿行李，后来都在要小费，这是当地的一景。

20 分钟车程，到了酒店，是 Hyatt Regency（凯悦酒店），当地最好的两座五星级酒店之一。车进酒店区之前先在一个军人把守的门岗前停下，让警卫用探头在车下扫描了一遍才放行。这种戒备状态多少让我们有些紧张。尽管夜半无人，11 个客人居然花了一个小时才办好入住手续。大家都很疲惫，没有吃饭就休息了。

我的房间是标准间，相当于国内四星级，有无线网，每天 15 美元，不算贵。我喝了一点带来的由菊花、红景天和参片三样混成的泡茶，冲完澡，睡了。

➢ 4 月 2 日

早餐如同星级酒店的西餐一样，没有什么当地特色，我吃了一点水果。酒店的网速慢，邮件收得费劲。在酒店用餐的都是登山客，许多人彼此熟悉，互相打招呼。王静介绍法国夫妇冯士瓦和马汀两人给我们认识，马汀是我们的队友，冯士瓦则是教练。

饭后，冯士瓦代表领队罗塞尔到每个房间检查装备，非常认真。我的冲顶包有点重，其他合格。方泉的也可以，少了一个登山锁扣。来自广东的队员阿钢英文不太好，冯士瓦请我去给当翻译。他缺的东西多，需要去商场买。他早来了几天，对当地市场也很熟悉，建议并自告奋勇帮我买了个当地的手机，可以预先存入几百分钟话费。因为比中国电信便宜太多，加上考虑与方泉一起用，我便让他买 500 分钟的。这个诺基亚手机加上 500 分钟国际长途预付话费，总共才 50 美元，这让我们长期习惯于垄断价格的国人情何以堪啊！

罗塞尔帮我们订了出租车，我、方泉和探路者公司蒋总、莉莉两位等便有五个小时的自由时间。出租车司机 40 岁，已婚，有一子一女，女儿 17 岁，在加德满都大学一年级。这是尼泊尔最好的大学，他很骄傲。他大体每月可以收入两万卢比，算是中产阶级，但买不起房子，仍住在租来的房子里。他不断推销市场上的商品，希望拉我们去夜总会和桑拿浴，想挣一点外快。不过，他很敬业，在帕苏帕提纳神庙（Pashupatinath Temple）里还专门找来了讲中文的导游。

第一站是博达哈大佛塔（Boudhanath），门票 150 卢比。这是加德满都市中心的佛教圣地，白色大塔很宏伟，人也多，熙熙攘攘，四周都是店铺，卖各种特色东西。司机一直鼓动我们买音乐鼓，一个铜碗，摩擦后发出不同音响。每个要价 3 000 卢比。再就是唐卡店，现场制作。我们看了几个小庙，里面供奉释迦牟尼的大像，也有几个活佛像。这里也成了西藏佛教徒参拜的圣地。白塔上可以走动，我们几个人在白塔的穹面上走了一大圈，拍照。

中午在博达哈大佛塔附近吃饭，意大利比萨做得太差，炒饭勉强。不过，有免费无线上网，令人惊喜。

第二站是帕苏帕提纳神庙，门票每人 500 卢比。司机又推荐了一位讲中文的导游，我付了他 300 卢比。这是恒河一个支流，许多印度教徒死后都在这里用河水净身，火化。我们待了 40 分钟，见到三个去世的人，在哭哭啼啼的亲友陪伴下来此火化。不远处有个大房子，里面停着许多将死的人，等待最后时刻。有两个大台子是给名流和有钱人火化用的，每次收费 10 000 卢比，国王去世也在此了结。远处是普通人的台子，每次 5 000 卢比，生意很忙的。

庙里山坡上有 108 个佛塔，许多隐者就在塔边生活，年老但脸上身上涂各种颜色，类似中国唱《忐忑》的女人。他们不断要求你拍照，挣一点钱。接着我们去了一个名叫五塔寺的院子（Panchadeval），看到许多老人在用缝纫机做衣服，导游告知这是政府补贴的工作。

最后，去新王宫和广场 10 年前中国人熟悉的比兰德拉国王全家就被血腥屠杀在此，可惜当天不开业。我们又调整到不远的旧王宫。每人 750 卢比，这是外国游客的价格，据说中国和印度人都是友好价，150 卢比。但是我们的护照都集中管理办进山证了，只好做贡献了。旧王宫都是古建筑，现在改成博物馆了。最高九层，我们气喘吁吁地走到顶层，可以看到旧城全貌。后院有无数木刻和石刻，不许拍照。王宫周围是很大的交易市场，看上去都是些仿古董的东西，人们讨价还价很热闹。

第一次来尼泊尔首都加德满都，感觉如同中国的县城。到处是尘土，道路坑坑注注，垃圾乱扔，交通混乱。警察戴着口罩指挥，红绿灯系统在，但都不显示。主要路口上，除了警察外，还有戴着袖标的人协助指挥，看来相当于中国的城市协管。警察个子很高，很敬业，看上去也帅，这是亮点。方泉称十多年前来过，基本没有好的变化。

晚上，领队罗塞尔在酒店的酒吧里召开碰头会议，登山和徒步的二十几人参加，一半是外国人，来自日本、荷兰、美国、法国、瑞士、德国、肯尼亚，以及几位夏尔巴人。这次有 10 人去珠峰，4 人来自中国。加上每人一位夏尔巴协作和三位向导，一共有 23 人是奔珠峰去的。

根据罗塞尔的介绍，次日早上 5：30 就要出发，我们将分乘两架直升机去卢卡拉，在那里早餐，然后开始徒步十几天。重要的是不能病，也不能掉队。罗塞尔送大家三件礼物：洗手液、手纸和地图。

与方泉晚饭，要了一瓶意大利托斯卡纳的红酒，4 000 多卢比，比国内便宜。酒店里设有赌场，我进去看了看，与国外赌场相仿，有老虎机和纸牌桌，主要是面向外国人。阿钢提前来了几天，进去玩过。据说，女歌手表演时，当地客人大喊大叫，往歌手身上扔卢比，都是 5 卢比一张的。

徒步 16 天：卢卡拉到珠峰大本营

➤ 4 月 3 日

早起，结清个人费用账目。1.34 万卢比，大约 1 000 元人民币吧，我和方泉两个房间的上网和一顿晚餐。手上卢比不够，我用信用卡刷了差额。

领队罗塞尔很早就在大厅等候，他不时地招呼队员，同时用手称测量所有队员的行李。按要求，每个人的背包不超过 5 公斤，驮包不超过 20 公斤，这些可以上直升机，其他的驮包都直接拉到大本营。这意味着，我们未来 12 天的徒步所需要的衣服必须分开携带，我和方泉都少带一个驮包，向王静借用一个合着用。

7：30，我们 12 人分乘三架喷着中文探路者号的直升机起飞，这多少让中国人很得意。我、方泉和王静在一架飞机的后排，前排是尼泊尔驾驶员和一位新西兰的新驾驶员，似乎后者在熟悉路线。这样，我可以从耳机中听到他们的对话，在不断介绍地势和位置。从飞机上看，下面的山地主要是梯田，弯弯曲曲，不断叠层加高，漂亮整洁。不过，这个季节还是有些寒冷，高处覆盖着雪。

不到 50 分钟就飞到了徒步的起点小镇卢卡拉（Lukla），海拔 2 840 米。直升机场上许多人在等候，一架下来卸下东西和人后，立即就接上客人再返回去。飞机起降时的气流强大，人们必须蹲下或转过身去，紧紧捂住帽子。我们下来后立即从一个铁门出去，进入一个非常繁华但狭窄的街道，两边都是商铺，出售各种登山用品和食品。

我们进了一个客栈休息，同时用餐。早餐是面包加摊鸡蛋、奶茶。在等第二趟飞机来时，大家都在精简背包、逛店或晒太阳。我和方泉抓紧时间到镇上看看。这是一个徒步者小镇，信号很好。我们给国内通了电话报平安。因为是徒步的起点，所以各国登山者川流不息地进出，非常热闹，小贩们叫价很高。我们准备买些东西，虽很贵，也不还价，就算了。

阿钢叫吴建钢，来自广东，2012 年登马卡鲁峰，因山难发生，被迫放弃。他是独行侠，自己报名加入罗塞尔的队。卢卡拉上网要钱，电池充电也要钱。我们付了 150 卢比为手机充电。

从卢卡拉到珠峰大本营的徒步路线是尼泊尔经典的旅游路线，徒步者来自全球各地，熙熙攘攘。可以根据自己速度的需求，自行选择时间和节点。每人有一份非常清晰的路线图。每个节点都有集中的客栈和商店。我们为了适应海拔高度的提升，大体安排了 12 天的徒步计划，在不同的客栈待上一天或两天，体验当地的风光和生活。

这个徒步安排也是我选择南坡的重要因素。在中国境内的北坡，公路一直修到大本营，不仅粗暴地切断了冰川的自然地貌，也破坏了我们在徒步中渐次接近珠峰的感觉。那种"千呼万唤始出来，犹抱琵琶半遮面"的美妙感觉被现代交通工具彻底摧毁了。我们在国外登山时都很享受连续徒步几天到达大本营的感觉，在国内都因追求效率而割舍了。

在镇口，大家等待罗塞尔办理徒步签证，交钱登记。以后几天，我们经常经过关卡，要交过路费用。徒步的路上遇到一个俄罗斯小伙子，主动与我结伴同行一段，他能讲中文，他祖父在东北参加战争打过日本人。他在四川学习中文，去过西藏、云南和青海，来尼泊尔徒步。他喜欢在中国混，在西藏和青海经常受到贵宾待遇。

14 ：30 在一个漂亮的客栈休息吃午饭，我们喝茶聊天。队友瑞尼来自荷兰，三年前登顶珠峰，完成了七大峰。这次是爬第四高峰洛子峰。他是药剂师，开了三家连锁的药店。他人高马大，金发碧眼，56 岁，是资深登山者，十年前还参加过波士顿国际马拉松赛。

午饭是面包片和意大利面条，有点菜。饿了，感觉还不错，光盘！15 ：30 出发，我跟定瑞尼，一个节奏走到底，先到营地。这段徒步是在高山中穿行，上上下下有许多台阶，两边都是农田，偶尔见到村庄，干干净净。路上来往的徒步者非常多，彼此打招呼非常友善。不时见到醒目的路牌，提示徒步者为背夫和牦牛让路。

17 ：00，我们到达营地 Monjo，海拔 2 835 米。很成熟的营地，两人一个房间。我换了一件干净的内衣，喝上了奶茶，非常舒服的第一天，Kick the day off（启动日）！

队友王静每到一个休息的客栈，立即拿出许多探路者公司的标示，在营地里张贴。我要帮忙，她不放心我的手法，坚持自己贴，真是敬业。她登山多年，许多老外都熟悉她，知道她在中国是名人。每个客栈的窗户和显眼的地方都是贴得花花绿绿的各种商标，中国的并不太多。探路者也是刚刚走出国门来宣传品牌。这次探路者公司来了几个人参加徒步，同时还邀请了一个专业摄影组跟着拍片——也是到大本营为止。

罗塞尔晚饭后过来告诉我们：所有人的背包太重，希望尽量减负，保持体力，把多余东西给夏尔巴背夫。此外，跟行的摄影组应该再雇用几位背夫，否则太辛苦，也会拖累全队节奏。这个摄影组来自旅游卫视，一共六个年轻人，非常敬业也很兴奋。不过，在比较安静的徒步者圈子里，他们咋咋呼呼的，有点不太懂规矩，经常不打招呼就把镜头贴近队员，对途中遇到的夏尔巴背夫，很不礼貌地围着他们反复拍，弄得对方露出很厌恶的表情。

晚上 11 点多了，这个摄影组还在开会，吵吵嚷嚷，房间不隔音。

➤ 4 月 4 日

早上 6：00 醒了，躺了一会儿，起来收拾包。尽可能将路上不用的东西都打包给背夫了，轻装上阵。7：30 吃了早餐。看到一幅国旗不熟悉，便向周边打听，居然七八个国家的人都不认识，这就成了一个心结。每次爬山都有件事纠结着我。在阿根廷的阿空加瓜登山时，聊天中突然想不起哲学家汤一介父亲的名字了，这折磨了我三个晚上，终于想起来了，也是哲学家的汤用彤，这让我欣喜了几天。我把国旗拍了照，希望大本营有人认识。

探路者公司的蒋总第一次来，听我们谈论高原反应很紧张，昨晚就不断打听症状，很严肃地沉思，对号入座。今早又凑上来打听，我认真地问

徒步中的南车风景

他，你今天早上是自己穿衣服的吗？他连连称是，我告诉他那就没有高原反应，他却有些迷茫。大家哈哈大笑起来。

一个英国徒步者上来聊天，他是自行车车灯设计者，希望把产品推广到中国市场。我鼓励他，中国许多人出于环保考虑在放弃汽车，重新拣起自行车，也许有市场。他要了我的电子邮件地址，很兴奋地给我介绍了七八个队友。他们很少见到中国人爬珠峰，问我职业。我告诉他们是顾问，婚姻顾问。有个年轻的美国人兴奋起来，你一定认识许多漂亮的中国姑娘吧。我告知他们是企业婚姻顾问，搞企业合并生意的。大家大笑起来。

早上8：30出发，一路直上，很陡。我刚好两个小时就到了营地南车，海拔3 440米。荷兰人瑞尼、美国佛罗里达来的艾伦和法国马汀一路领先，比我提前10分钟。夏尔巴厨师凯拉带着我，他曾上过一次珠峰。他们告诉我，之所以走得快，是为躲避后面拍电视的几个中国人，总折腾他们。

这个营地有网络，花500卢比或10美元可以24小时上网，比中国酒店便宜。充电需要付费，200卢比。

队友日本人岛田智惠子来了四次，2005年她从北坡登顶，也完成了七大峰。她一直困惑为什么中国的国家登协与西藏登协彼此冲突，给登山者带来了许多麻烦。她很活跃，一路上哼着小调。个子不高，爬得慢但耐力特别好，也健谈。

一个下午都休息，开始无聊起来。待在客栈里，外面还是有点冷。穿着抓绒服，晚上需要羽绒服了。看了一部西班牙电影《回归》，很一般。方泉在看南怀瑾讲老子的书，一会儿就睡去了。

傍晚，我们几个结伴去街里看看，大吃一惊，居然户外用品店到处都是，所有物件应有尽有。完全可以赤手空拳来再买到去珠峰的全部设备，而且比国内便宜。想到来时带东西太多付了超重费的山友，太不值了。许多衣服我们都有，但还是与店主们讨价还价来打发时间。我买了四个苹果，要价1 140卢比，给了1 000卢比，双方都认定赚了。

晚饭丰盛，有炒饭和意大利面条。外国人都彼此谦让排队打饭，看到几个中国人不管不顾地挤过去，真是很没面子。罗塞尔过来与我聊会儿天，他认为今年天气不错，但现在判断有点太早。最大的担心是，为纪念人类登顶珠峰 60 年，印度组织了一个 60 人的登山团，加上夏尔巴与领队，这个队有 100 多人，这样看来，珠峰南坡的拥挤排队是大问题。去年就是因为排队时间太长，许多人氧气不够用了，不得不放弃攻顶。

夜里看了下载的电影《愤怒复仇》，丹·华盛顿主演。

> ➤ 4 月 5 日

早上与罗塞尔聊天。他崇拜首登珠峰的新西兰同胞希拉里，24 岁时给希拉里写信希望协助他在尼泊尔工作。希拉里给他提供衣食住行，但没有薪水。罗塞尔来到尼泊尔山区建房子，接水管，爱上了这里，从此便以登山为职业。希拉里是非常谦虚、充满爱心的人，他登山后不同于其他以英雄自居的登顶者，返回这里帮助夏尔巴人，成为当地人心中的圣人。

罗塞尔提及亚洲人包括日本、韩国和中国的登山者都太急切，以登顶为目标和成败，总是催促他加快进程，不太享受当地风光和人情。他现在也适应了，投其所好。他的客户中亚洲人越来越多，他在日本和中国也成名人了，考虑退休后也写本书。

上午去了此地的博物馆，这是夏尔巴人的大本营，有一个可能是世界最高海拔的保护区。可以看到珠峰和洛子峰，还有许多不知名的副峰，都高于 8 000 米。遇到一个很友善的管理员，英俊热情。他刚在加德满都的一所大学毕业，物理专业，工作不好找，便来此地的博物馆工作。他刚来四个月，对中国和毛泽东有兴趣，希望以后从事社会研究和政治工作。目前政府给他每月 10 000 卢比，大约人民币 700 多元。如果在加德满都找到工作，可以在两万卢比左右。

他引导我们在博物馆里转了转，特别介绍了夏尔巴人的早年生活，告知此地受西藏文化影响，但近年来受印度文化和商业影响更大。

一路上大家对当地美景赞不绝口，蓝天下，阶梯般排列的民居蓝瓦片片，看上去非常舒服。广东人阿钢热衷于拍照和视频，上上下下地忙碌着，忽然他兴奋地说道："我在这里有山居啊。"大家顿时吃惊，这家伙啥时买的？方泉再确认一次："三居室吗？"阿钢肯定地说："山居！"我将信将疑："你啥时候买的？"阿钢回答："我也给你买了啊。"然后在手掌上比画，3G啊。

我在货币兑换点换了钱，美元是1：84，人民币是1：12。我和方泉的无线上网费和充电费，结了账，共1 400卢比。发现我的头灯有点问题，干脆就买了一个新的，备用。Black Dimond牌的，电池时间长，有点重，人民币500元直接付了。另外又买了一件羽绒背心大象牌MAMMUT，要3 500卢比，还价2 500卢比成交。买了两个宽口的水杯，在山上代替尿壶用，每个300卢比。

午饭后启程去下一营地Khumjung，海拔3 780米。路程比昨天还短，1小时15分钟就到了。只有一个上坡，高处可以看到雄伟的群山冰川，真是有美国电影《音乐之声》中奥地利风光的样子。日本的智惠子兴奋地哼起了哆来咪小调。

这个营地我们要住两天。阿钢闹着要冲澡，果然有设备。我们陆续用热水擦洗身子，非常舒服。连续几天徒步，也要洗洗衣服了。这里的客栈不提供被子，需要用睡袋。没有互联网，但是电话还是可以通的。

我们几个在村子里转，景色非常美。去了一个学校，矗立着一个希拉里的铜像，这是他当年资助的。有一个计算机教室是韩国登山队捐赠的，也看到一个日本人的汉诗碑。村里有个水井也是铭刻着希拉里的名字。

村里高处有一个体量很大、设计精到的庙，里面有许多巨大的宗教塑像，四周都是经轮。我不信宗教，但也虔诚地转了转经轮，为朋友们祈祷。阿钢则捐了些钱。方泉似乎从来不进入这些庙堂。路过村子里，看到一家十几口人在地里刨马铃薯，男主人显然是西方白人，但太太和孩子都是当地人，干得热火朝天。我们为他们拍照，他们不让。阿钢则躲在一边偷拍，被这家人用土块追打。

> 4 月 6 日

早上 5：40，应阿钢建议，我、方泉和蒋总等四人起来去拍照，登上小山丘看日出。可惜雾大无法拍到珠峰。不过晨曦中，我们居高临下地俯瞰这个宁静的山村，鸡犬相闻，还是很快意的。

7：00，一架直升机飞来，将一位旅游卫视摄影组成员接走。他有些高原反应，两天休息不好，自己希望提前返回。从他精神抖擞地上飞机的样子看，似乎没有大事，本可以直接走到卢卡拉的，大约 6 个小时。

早饭后，苏珊约瑞尼、艾伦、智惠子和我一起去爬附近一座山峰训练一下。他们都是多次登顶珠峰的高手，我正好学习下。我们爬一个半小时到了山顶。一路沿着山脊行走，没有用杖，爬到陡处还是挺紧张的。半山

俯瞰 Khumjung 山村

腰上矗立着三座纪念塔，修得很漂亮庄重。这是希拉里和他家人的，他太太和女儿在 1975 年来尼泊尔探望他的一次飞机失事中丧生。

苏珊原是新西兰出生，后到美国当护士，当了一段感觉不适应，便开车游美国，到处爬山和攀岩。后来与人合伙做登山教练，改为瑞士国籍了。她是 2010 年从北坡登顶珠峰的，希望挣足钱后再来中国登山。她热情健谈，长得也硬朗。按方泉的话，是凶猛动物。

隔壁的客栈提供互联网，每天 500 卢比，真好。晚上在 iPad 上读了日本明治维新的历史。在微博上看到天津金融博物馆举办的音乐会非常成功，一把 300 多年的小提琴在具有 110 年历史的博物馆大厅演出，真遗憾不能到场，只好不断转发来助威了。天津金融博物馆书院新一期嘉宾也定了，我没有参与，渔童和其他工作人员辛苦了。

下午，凑了四个人打扑克，双扣升级。这还是我当年在高山上与山友学的，简单也有竞争性。我和阿钢配合得不错，迅速就赢了第一回合，打到 A 了，方泉他们还在 3 上。方泉不断邀请探路者的设计师莉莉在旁助威，仍然不见好转，便声称高原反应，头疼，拂袖而去也。莉莉好意劝我们要让方泉赢才能维持游戏，但是，我和阿钢已经尽力让他赢了啊。

现在是 20：00，大家都泡在客栈饭厅里，看电影，看书，聊天，不愿去房间。房间有点凉，只能躺下，睡不着。喝水太少担心高原反应，太多则半夜不断穿衣到外面解手，这是很痛苦的。睡在高山帐篷时，都要带个尿壶，减少折腾，每次登山回来，看到家里的厕所都有巨大的幸福感。

与几个夏尔巴协作聊天，普马扎西（Phurba Tashi）是领头，他今年 42 岁，已经 19 次登顶珠峰了，目前比第一名夏尔巴少两次。不过，他是唯一在一周内两次登珠峰的人。今年他将带我们这支队伍两次冲顶珠峰。他比较南北坡的不同，南坡最后一天比北坡容易，但下面比北坡危险。他家里也是客栈，我们这次就在他家里休息了两天。

> 4 月 7 日

醒得早，看书，读荷兰的历史。风车主要是有排水的用途，而非磨面。这个大量领土低于海平面的国家通过香料、白银和渔业等大宗产品的海上贸易成为全球经济的中心。商业民族的自治和契约精神使得国家和宗教权力始终无法长期主导社会方向，甚至领土完整也依托于交易。笛卡儿、斯宾诺莎、伦勃朗等思想和艺术大师都在荷兰生活，文艺复兴运动的确是资本主义成功的温床。

早 8：00 出发，三个小时后到了 Phorche，3 810 米海拔。我们的速度很快，正常应该在 3.5 — 5 小时。

几个老外不希望旅游卫视的摄影组随意拍摄他们，便提前出发，步伐也快。法国人马汀问我能否加入快组，先出发。方泉脚跟忽然痛了，阿钢加入我们。在一个岔路口，智惠子向下走了，瑞尼和艾伦却向上走，他们称没有走过要试试。我犹豫了一下，便跟他们上去了。路越来越陡，而且窄。看到侧面的巨石和另一边幽深的峡谷，突然恐惧起来，后悔没有等后面人上来，却跟了这两个体能极强的家伙。看见他们在上面忽隐忽现的影子，我没有退路，只能气喘吁吁地跟着，担心跟丢了。

不过，看到有背夫靠在巨大的木板歇息，心里有些安全感了，背夫能爬上去，我也可以。只是小径太窄，一米宽，在平地无所谓，这是在高山和深渊之间啊。我不敢直腰，也不用手杖，不时爬着上去。艾伦在上面看出我的紧张，不时鼓励我。终于，大汗淋漓的我站到了山顶，遥遥地看到智惠子和马汀她们在下面的小路上走，忽然有了成就感。一个小时后，我们在一个客栈会合了。艾伦告诉我："This is for climber not for trekker（这是给登山者的，不是给徒步者的）。"

客栈提供各种饮料，可乐和茶，都是 300 卢比。昨晚，几个老外点了啤酒，每个也是 300 卢比。老外们点饮料都是自己付账，随意自便，没有心理负担。中国人就有个习惯，要点就给每个人都点，抢着付账，喝的人就有心理负担，下次不管想不想喝，都要抢着点。彼此都很累。但这是潜规则啊。我本来只想喝茶，可一转眼工夫，一瓶橘子汽水和一个苹果就摆上来了，只好摸摸钱包，争取到下一个客栈时能为同胞们买单。

下山的路非常漂亮，看着远处山村人家笼罩在雾纱中，层层梯田一般的山村，五颜六色的屋瓦，交相辉映，真像童话世界。拍了许多照片，都不及亲眼看到的鲜活。我们一路向下，在这条线上可以清晰地观赏珠峰和沿途风景，这是最快活的一段路了。一个多小时后，便到了山下。通过一个漂亮的铁桥过河，再上行半小时，就到了我们今天的客栈了，正是我在远处看到的"桃花源"。

下午休息，方泉读书，我读西班牙、葡萄牙的历史。没有网络，天气有些阴冷。晚上一起打牌。方泉的脚跟不见好转，订了马匹，明早上来让方泉骑乘，也缓解一下。他是脚崴了，没有伤到骨头，休息一下就好。

晚上聊天。美国的艾伦问我年龄，我告知比她大。她刚过 54 岁，我略大些。日本的智惠子则告诉我们，她是大姐，后来得知她 61 岁了。方泉今年 50 岁，这一组算是老年组了。广东阿钢对我说："啊？你才 55 岁呀，我以为你 70 岁了，是来打破王石的登顶年龄纪录呢。"大家都笑起来，这家伙也会幽默啊！

➢ 4 月 8 日

早上 7：40 出发，一路上坡，然后是漫长徒步线，两个小时后到了一个似乎刚刚整修好的喇嘛庙。我上了二楼，脱鞋进到诵经堂，与已经在这里的十几个各国山友静心地听。主持喇嘛不停地念着，不时击鼓。旁边的夏尔巴女人善意地鼓励我拍了一段视频和照片。这个喇嘛庙似乎很有名，有英文简介。我才知道，Yeti 是夏尔巴人的图腾传说，其实就是我们讲的高山雪人。

阿钢很得意地炫耀着用 200 卢比买了两个苹果，比在南车便宜太多。休息了 40 分钟后，再走一个小时，到了午饭地方。日本人智惠子个子矮，

营地厨房

走得慢，每次都不休息。这次她一个人先走了，到了吃饭的地方没有看到她，大家在找她。晚饭时看到智惠子，她不断给大家鞠躬道歉，让大家为她担心了。

　　阿钢途中出现险情。一个牦牛车队与徒步者相遇，人要靠在山边给车队让路，这是规则。阿钢却闪在靠山涧的一面，结果彼此交汇时，牦牛背负的行李刮到了阿钢。阿钢死死抱住绑在牦牛背上的行李，身体悬空了。夏尔巴人冲过来拉住他，他手指被挫了一下。他普通话说不好，不断强调被一只羊给撞了。

　　下午再走一个小时，到了宿营地 Pheriche，海拔 4 240 米，我们在这里休息两天。王静和一位同伴在河分岔处走岔了，到了另一个营地 Dingboche，4 410 米。她被迫原路返回。

在营地客栈里大家都在看书休息，一个中国队员大摇大摆进来，步话机中还传出中文大声彼此呼唤的声音。我忍无可忍告诉他关闭话机，他称有队友需要联系。我建议他去屋外通话，遵守社交公德。他狠狠瞪我一眼，不服气地出去了。这几个中国人始终在大声讨论，吃饭加塞，不与人商量就拍照。几个老外总向我抱怨，我也不熟悉他们，说多无益。

有无线网了，但速度慢。信号没有，不能电话。可以洗澡，每人每次400卢比。电池充电费用每小时150卢比，远比下面的客栈贵。我与主人讨论，他说下面的电是电网供电，这里则是太阳能供电，这是这家客栈的规矩，说话也很不客气，即便是对住店的客人。

刚从微博上看到，英国前首相撒切尔夫人去世了。我一直以为她早已经不在了，她是我非常喜欢的欧洲政治家。瑞尼等几个老外不清楚为什么这个被欧洲遗忘了的老太太竟然在中国有这么多粉丝，我想了想，告诉他们，她把香港还给中国了。看到国内微博上提她对自由主义市场经济的影响，我想这在西方很平常吧。中国人还是看重实惠的。

今天又有两个电视台的人病了，拉肚子和高原反应。中国人都在看书和聊天，瑞尼和智惠子在下国际象棋。

➤ 4月9日

今天休息。早上方泉去拍照，为拍一张牦牛在雪山背景下的照片，不小心摔在河边，弄湿了衣服。我前赴后继也去拍照。阿钢则走了很远，希望拍到珠峰，但在这里只能看到马卡鲁峰。这个地方被称为尼泊尔最漂亮的山景，经常上杂志封面。阳光下，雄峻入云的几座雪山，棱角分明，山底坡道上经常有游客上行，各种漂亮的登山服从远处看非常悦目。山下便是大片草滩与河谷。成群的牦牛在河边游荡。几处村庄也是非常安静，炊烟袅袅。真是一幅赏心悦目的图画。

在镇中心，我们看到一座精致的纪念碑，这是英国人为历年来登珠峰遇难的人建的。我们看到了许多中国人，包括台湾同胞的名字，好像有13

个。设计者希望大家能站在两个铝合金墓碑之间狭小的空间，体验这些勇士的生命。每年都有个基金会整理刚刚去世的登山者，将他们的名字增补在这个纪念碑上。我们几个反复在核对着遇难者国籍、去世时间，内心还是很难过，他们也许都在此地住过，也许很多人也来看过这座碑的。

我、方泉、阿钢和王静这次四个登珠峰的中国队员首次一起适应性爬了一个小时，在山上拍了些照片，彼此勉励一番。回来后，大家洗澡也洗衣服，明天开始就只能住帐篷了。

收到国内发来的周其仁教授为我的书写的序，非常认真也很有见地。认识他至少有 20 多年了，但还是不敢劳他写序。渔童代我邀请了几位专家，得到周教授认可还是很高兴的。方泉劝我更认真地编纂此书，认为《金融可以颠覆历史》这个书名不够好。不过身在高山，只能如此了。

下午我们几个打牌，对面的几个中国人仍是高门大嗓地玩"杀人"游戏，特别是一个从美国留学回来的姑娘居然将双脚架在餐桌上，实在不雅。方泉忍无可忍发了火，告诉对方要注意场合。高山上大家火气都旺，不过，这批人还是收敛了一些。

近年来中国人结队出国的多了，加上相对有钱，有些人完全不遵守当地的行为规则，我行我素。特别是这批人在传媒界久了，习惯控制话语权，拿着摄影机便感觉良好，以为别人都是自己的一盘菜，整天咋咋呼呼的，在国外环境里就特别显眼。

➢ 4 月 10 日

早上 8 ：00 出发，两个半小时到了宿营地罗伯切，海拔 4 700 米。罗塞尔队在这里有固定帐篷，每人一间。天开始下雪了。早上看到山色清晰，以为是好天，法国领队马汀告诉我这是变天的先兆，果然如此。

路上有了小冲突。智惠子、艾伦和瑞尼先行出发了。马汀不太高兴，她是今天的领队，希望今天大家慢些走，先行的人打乱了整体节奏。她约我和阿钢立即跟上，加快节奏追上了。她又使了个眼色，在跟上他们后，突然加快步伐，一口气走出很远。艾伦和瑞尼不得不打乱节奏，气喘吁吁地跟着。马汀立即停下换衣服，对始终跟着的我说，一个团队重要的是整体节奏，不是互相竞争，给同伴压力。智惠子前天走得快几乎丢了，还这样乱走真是不应该。她很得意地看到瑞尼和艾伦上气不接下气的样子，这是徒步的乐趣。

她告诉我，智惠子把东京的房子出租，自己去环球旅游登山，去过许多比珠峰还危险的山，意志坚定，非常低调。马汀全家都是登山的，从小跟父亲登，哥哥死于山难。14 年前在攀冰时邂逅冯士瓦，立即结婚。现在无孩子，期待以后收养一个。她今年 46 岁，冯士瓦 53 岁，担心年纪太大生下不健康的孩子，不负责任。夫妻两人都专业做登山指导，一起工作是最快乐的事情。他们都在南北坡登顶过珠峰，也来过新疆的慕士塔格峰，但没有去过北京。

在接近营地的海拔 4 600 米一个丘陵地带，我们看到许多为山难的人建立的墓碑。我拍了一个日本人的精美墓地，他应当是有一批好友的。方泉看到一个美女的照片，便多拍了几张。这是一个伊朗的女子，1979 年出生，去年也就是 2012 年 5 月在登顶珠峰的归途遇难。

快到营地时，领队告诉我们将围脖带上，或者拉高衣领。这个地方风大，非常容易感冒，是著名的"罗伯切咳嗽"。果然，我看到上上下下的山友特别是夏尔巴人都拉高了衣领。我根本感受不到任何气温和风向变化，但也老老实实地照办了。这也许是迷信吧，不过，也增加了许多神秘气氛。

午饭后，智惠子神秘兮兮地请我到帐篷外谈谈。她希望我能用体面的语言翻译，将高山宿营的细节告知中国的队员。她领我到厕所亲自演示动作，告诉我如何在不同地点大小便，如何擦干马桶让后人方便，如何更衣冲澡，扔垃圾等。这些天，几个老外对中国人的举止有许多抱怨，他们担心表达不好会让我们不满，特意请日本人出面来讲。

我只好为中国人翻译智惠子的话，希望大家能随我出去示范一下。但王静很不高兴，认为这是外国人歧视中国人的行为，这批人是她请来的朋友。方泉在旁边圆个场，称王静是老队员不必出来。最后，大家还是都出来了，我按智惠子的方式给大家做了个示范。显然，营地的气氛有些紧张起来。

几天都没有信号，大家都试图找到网络。我和方泉都爬了几个山坡，阿钢甚至登高了近 100 米，还是沮丧地下来了。充电也困难，只好等到大本营了。

> **4 月 11 日**

昨夜下雪，海拔较高，我一夜无眠。清晨就起来整理昨天与方泉讨论的当代新诗的动态，做了一个在博物馆开诗会的策划案。

早上法国教练冯士瓦气愤地拉着我，看到几十米外一个摄影组的中国人正在大便提裤子，这是昨天反复说明的水源地区啊。水源污染可能导致疾病传染，不仅影响我们，而且会祸及后面的山友。等他走到我们面前，冯士瓦问他为什么不按昨晚的指定地点大便，这家伙居然随便指了一个非水源的上方地区说是在那边大便的，这种公然撒谎而毫不脸红的样子把我们都激怒了。冯士瓦马上要给远在外边的罗塞尔致电，这可能会取消这个人的进山资格。毕竟是国人，我还是劝冯士瓦先告知旅游卫视的翻译为好。此人大摇大摆走了，没有一句道歉。

早饭时，王静和方泉很含蓄地提及了冯士瓦等老外的批评，很客气地告知中国队员要注意纪律和形象。许多人不是很清楚发生了什么，但都有些不安。我直视这位年轻人，看着这位大爷毫无愧意的样子，真为他的机构丢脸。夏尔巴厨师专门跑去那个地方替他收拾，回来告诉我们离水源 10 米远。

我和几位山友在瑞士教练苏珊的带领下，去附近的一个山头训练，一个摄影组队员坚持要跟我们走，希望拍些训练场景。几个老外不太高兴，不希望他干扰大家。果然，在山顶休息时，他站在一个危险的石头上给我们拍全景，几个老外都大声喝止，委托我告知他不要再拍了，风大雪滑非常危险。苏珊更是反复和我解释，她是领队，她在场如果出了事故，执照就会被吊销了。我给他转达后，他倒很听话，立即将相机收起。我们爬到5 200米，因为太陡而且风大便下撤了。

午饭没有吃，以为可以睡觉但辗转反侧还是没有睡着。毕竟海拔加高了，下午有些头疼，担心感冒，喝了一杯板蓝根，也吃了一片药。方泉的脚又疼上了，也许是高反症状。天越来越冷，我的衣服都发到大本营了，只能躲在帐篷中熬时间。外边开始下雪了，很快地，上午还天高气爽的，下午就是一片昏天暗地。高山气候总是这样反复无常，我们只能被动地适应。

与美国山友艾伦聊天，她是美国的徒步和攀登教练，同时也组织国际女子长跑比赛，担任主要负责人。她提到这几年，中国人也派队来参加接力长跑了。我与她提到我的一个朋友柳红今年还参加了一个耐克的赞助，到美国跑步。她与我对了时间，非常高兴地讲这也是她的委员会组织的。她这次来珠峰爬努子峰，与法国马汀、中国王静、德国贝莉等四位女子一起，由冯士瓦当领队。去年艾伦来珠峰因天气原因集体下撤，今年罗塞尔领队给她提供了赞助。

晚餐时，又来了几位日本山友，其中一位真司教练常住在瑞士，经营一个主要面向日本人的旅游代理公司，他这次作为罗塞尔队的教练带我们登珠峰。他又介绍了一位日本登山专业摄影家石川直树，他是一个刚34岁的年轻登山家，看上去很腼腆。不过，他23岁就完成了7大峰登顶，这是2002年的事情。他这次来登世界第四高峰洛子峰，同时也为赞助商拍一本洛子峰的画册。他2012年出版了马纳斯鲁山的摄影集，很精美，我们在山下的客栈里也看到了他的作品。

另外，还有三位日本人，一位是教练Hiro先生，另外两位是女性山友，她们静静地吃饭，很少话语，这次是专门来登罗伯切峰的。Hiro先生是一个日本队的教练，他是大阪人，身体健壮，性格豪爽，非常有人缘。他在日本登山界很有名气，多次登顶珠峰。我们队里的智惠子老太太明显喜欢他，兴奋地用日语叽咕许多看上去非常有趣的事情。大家也拿智惠子打趣。

晚饭时，那个电视台闯祸的人又在用摄像机拍摄大家吃饭的镜头，而且没有打招呼。阿钢忍无可忍用生硬的普通话要求他不要再乱拍照片，一下子大家都肃静了。我、方泉和阿钢这几天都公开批评这批人，毕竟还是有点效果。晚饭时中国人这边第一次鸦雀无声，让老外们很是诧异。不断问我，中国人怎么了，日本人一多就礼貌起来了？智惠子对瑞尼轻声嘀咕，日本人在公共场合都很绅士的。我听到了，很不舒服，但也无奈。

晚上有些头疼，高原反应开始了，我没有吃药就早早躺下了。

> 4 月 12 日

早上 8：00 出发，直奔珠峰大本营，海拔 5 300 米。昨夜睡得特别好，早上和夏尔巴人在厨房聊天。他们除了协助爬山和提供客栈旅游服务外，没有其他工作。7 月和冬季便是清闲的时候。知道中国人登山的越来越多，希望能与中国山友建立联系，协助登山。高大的尼玛还给我一张印有他照片的名片，四次登顶珠峰和其他信息。聊天中得知，夏尔巴人协助登山已经成了家族生意，大家都互相照顾，彼此都是亲戚。

路上我和马汀、冯士瓦和王静在前队，走得快些。马汀非常郁闷而无奈地说，今天早上又有一个中国人在水源处大便，真不知道他们为什么还这样干。我也很惊讶但没有再说什么。王静很勉强地解释道，他们听不懂英文。可是我前晚已经为他们都演示过了，而且，两个专门的厕所就明显地立在帐篷区。显然这批人不会听我们的，也不会听外国人的规则。连续两次在水源附近大便，使得外国人与我们这批中国人的关系非常微妙。

两个小时后，我们到了一个客栈，号称是珠峰大本营之前最后一个有无线网络的地方。我们几个的手机和 iPad 等工具都接不上网络。只好买了几瓶可口可乐，380 卢比一瓶，又涨价了。不过，此处有手机信号，这是几天来第一次与国内的亲友联系。

到大本营的一路都非常美，可惜洛子峰挡住了珠峰，只能偶尔露峥嵘。阿钢大约拍了太多照片和视频，节奏无数次打乱，到大本营已经是上气不接下气，看上去非常疲惫。我则在路上就开始拉肚子了。

到大本营的路是一条狭长的小路，一边是高山，一边是低谷，忽高忽低，崎岖不平，大约要走一个小时，始终可以看到远处大本营的几百个帐篷，花花绿绿的。罗塞尔队和 IMG 队是两个具有垄断地位的公司，关系很近，两个队占据了进入大本营的第一个高坡，离珠峰入口的恐怖冰川大约有半个小时的距离，因此也最安全。最显眼的就是罗塞尔队的活动厅，白色的圆顶帐篷，巨大体积在登山营地上是巨无霸了。

罗塞尔在大本营迎接我们，他与我们徒步几天后，乘直升机来到大本营做准备工作。午餐是意大利面和蔬菜色拉，非常好吃。有两个很长的帐篷当作食堂，摆了许多塑料花，增加温馨的气氛。各种巧克力和曲奇饼干等都是随便吃。大厨巴博是英国人，也专门来向大家致意。

珠峰的恐怖冰川

饭后，罗塞尔为我们逐一介绍了营地设施，包括夏尔巴人的厨房、物料库和住宿帐篷、山友的两个食堂、帐篷区、洗澡间、厕所和娱乐会客厅。特别是罗塞尔住的登山指挥部，这里有各种先进的气象分析设备、医疗间等。他告知大家，有任何紧急情况直接找他，无论白天还是黑夜。

接着，我们去挑选帐篷，每人一间，都是探路者公司赞助的，很宽敞。夏尔巴协作将我们的行李都送来。连同两周前在加德满都托运的驮包，这下全部装备都齐了。我花了半个小时将我的家安排好，请王静帮我拍照留念。方泉、阿钢和我，三个帐篷依次排在一个大雪坑的旁边，我帐篷对面是一个来自拉脱维亚的山友劳提斯的帐篷。

我拉肚子了，享受了一下厕所，简直是五星级待遇。大小便必须分开，避免尿液溅出，而且是坐便桶。之后有洗手盆。有一个活动厅（Tiger Dome，虎厅）里面很热闹，不同国家的十几个人在练瑜伽、下棋和读书。没有无线网，但可以充电。门口有个地方可以用手机打电话，让人喜出望外。还有许多书摆在书架上，英文的，也有几本日文书。扑克和国际象棋也有，还有电视。

> ➢ 4 月 13 日

一夜睡得不好，大概是第一天住在新帐篷吧。继续拉肚子，吃了两次小檗碱都不太管用。

早上去夏尔巴厨房与他们聊天。队长普马扎西已经登顶 19 次了，这次他又要连续上两次珠峰，他可能成为登顶珠峰最多的人。另一位登顶 21 次的夏尔巴已经 53 岁了，他今年 42 岁。我介绍方泉采访他，他们彼此都很高兴。方泉发挥记者特长又练习英语。普马扎西有可能在中国成为知名人物。

早上，罗塞尔召集中国人开了个短会，主要是告诉大家要严格遵守营地规则，注意卫生，这不是个人问题，一旦传染会危害别人。另外食堂帐篷前有洗手池，要求所有人进来前必须洗手。看到几个旅游卫视的人满不在乎地进进出出不洗手，美国人艾伦索性搬了椅子坐在门口监视。一看见我快到门口了，就故意大声喊，One Way，you have to wash hands，please！（王巍，请先洗手！）然后，低声对我道对不起，告诉我屋里几个中国人不洗手就进来了。One Way 是他们几个老外根据我名字的发音起的外号。

大本营的活动厅被称为 Tiger Dome，主要是巨大的穹形帐篷里铺了老虎图案的地毯。有各种酒架、电器、电视、沙发和玩具等，特别是还有个书架。我在书架上发现了关于英国登山家马洛里生平的一本书 *Into the Silence*，2011 年出版的，计划读一读。

洗了澡，懒洋洋地躺在帐篷里。从帐篷口可以看到下边一个大冰坑，冰雪就是我们的水源。这算是海景房了。下午不舒服，一直在帐篷中看书，看了前两章。谈到英国人对统治全球的梦想和殖民地期待。它曾控制了超过 100 倍本土的海外王国，远远大于当年的罗马帝国。不仅给英国人带来了权力和财富，也带来了使命感。登珠峰便是一个使命。英国控制印度后，为了与俄国争夺势力范围，侵入西藏，占领拉萨。用现代战争武器屠杀了几千藏兵，把当时的达赖赶到蒙古避难。

眼睛看累了，又看了一个美国片子《窗台上的男人》（*Man on edge*），特不错的好莱坞洗冤大片。

晚上吃饭时，发现中国队友都换到另一个食堂了，交流方便。我就成这个食堂里唯一的中国人了。一共 17 个人，有来自新西兰、法国、德国、美国、英国、日本、中国、荷兰、拉脱维亚、墨西哥、肯尼亚等十几个国家的队友，去珠峰、洛子峰和努子峰等不同队伍。同时有四五种语言交流，非常热闹。德国人和法国人最吵闹。我与身边拉脱维亚的劳提斯聊天，他还有 10 天就在基地过 55 岁生日了。他在国家银行工作，不过与几个合伙人开了间房地产代理公司。女儿 28 岁在英国留学后加入了一家建筑师所，参与了中央电视台的大楼设计。上周他们父女一起来尼泊尔徒步和爬山，女儿刚离开。

饭后，德国人赫伯特从中国食堂回来，他是那里唯一的老外。他儿子让他带一个毛茸茸的老鼠玩具上山，所以大家叫他 mousy。我问他中文学得如何，他大笑起来，模拟着大声喝汤。马上这个屋里的人都善意地问我，为什么中国人的帐篷里不论早晚都大声播放音乐，喜欢隔着帐篷聊天。幸亏我在场，否则不知他们还会如何议论。

➢ 4 月 14 日

昨晚睡得一般，肚子还是咕咕叫。早上罗塞尔来到两个探路者公司徒步者的帐篷喊起床，一会儿直升机来接他们返回加德满都。全营地都听到了，可是帐篷始终没有回声。王静马上再喊，立即有了动静，看来还是听领导的。

方泉再给我几副强药——思密达，治腹泻。今天就泡在这个会客厅了，有个小图书馆，有许多新书。看了几章马洛里登山的故事。马洛里出身剑桥大学，受到良好教育，以讲师为生，娶妻生子，过着宁静生活。作为攀岩高手被英国登山俱乐部招聘加入珠峰探险活动，两次作为主力队员从西藏地区攀登珠峰。在没有氧气设备、气象设备和资料、高山病知识和药物、登山地图路线、专业衣服食物的 90 年前，可以想象探险地球最高峰是何等艰辛的事业。种种细节，看得我惊心动魄。如同他在信中写的："这不是运动，这是战争。"英国人在测量北极时，就死掉了 400 人和损坏了 200 艘船。

中午，有一点信号，方泉教我通过短信发了一条微博，给国内博友报平安。

下午，我、方泉和阿钢在珠峰大本营转了转，拍了一些恐怖冰川的照片。大本营中，罗塞尔的营地最大，干净，酒店级水平。虽然最贵，但非常舒服。去年因为天气原因，罗塞尔队放弃登顶，今年的队员大部分是去年老队员回来。大家对去年的决定都认同，对罗塞尔赞不绝口，可见其魅力。

看了美国电影《谈判专家》（ *The Negotiator* ）。

晚上，罗塞尔心情很好，给大家讲他当年登珠峰和与希拉里在尼泊尔帮助当地夏尔巴人的故事。20 世纪 80 年代时，登珠峰还是极少数人的探险，罗塞尔与一个朋友和两个夏尔巴协作四次从不同路线登珠峰，两次成功，经历了多次生死考验。许多路线和登山技术还是他开始尝试的，现在已经成为常识。经历了太多的变故，他至今仍然还从事登山的组织，成为全球登山同行最受尊重的权威。

他讲了三件逸事。在珠峰下撤时遇到大风雪，相隔五米就看不到人，大家结组而下。下来后，他发现在安全锁扣上多了一只手套，没有人知道这是谁的。过了一周，才发现在高山营地的废弃帐篷中有一位日本人死去了，一只手上戴了同样的手套。

几年前，四个俄罗斯登山者在登顶时偷了四个氧气瓶，罗塞尔与他们商讨时他们都矢口否认，最后官司打到尼泊尔政府，俄罗斯登山协会取消这几个人的终身登山资格。

一个意大利登山者长期偷登，不断蹭各国登山队的帐篷和食物。三次分别在珠峰、马卡鲁和洛子峰上得到罗塞尔的帮助，花费了两万多美元，从不道谢，总是装死被抬下来。今年这人又来到了珠峰大本营。

晚上来自英国的大厨巴博专门做了生日蛋糕，有几个山友在登山期间过生日。我身体不适，拍完照片就回去睡了。

➤ 4 月 15 日

一夜安睡到凌晨 4：00，没有起夜，精神大好。辗转伏枕，补写了几篇日记。无论是否登顶珠峰，这些体验不会因结果改变。写着写着，突然打了几个喷嚏，有感冒的前兆，看来需要特别当心。现在刚 6：00，帐外大亮，但早饭仍是 7：30，不免饥肠辘辘，这可是进山以来第一次啊。写着日记，手指都要冻僵了，以后要戴手套了。

七点左右，夏尔巴人要将热毛巾送到每个帐篷面前，叫醒，擦脸。接着又送进帐篷里一杯热奶茶或红茶。我常常起得早还没有这个待遇，今天要体验一下。早上 8：00，可以听到食堂的一阵敲盆声，这是告诉大家开饭了。

九点半左右，所有队员和夏尔巴协作都集中在一块空地作法事，Puja

（普迦，印度教的礼拜），为登山祈福。夏尔巴人振振有词地背诵经文，不时还要向前撒些大米。前面供台上有佛像、各种经卷和食物。许多山友说准备登顶的东西也要放在那里。尽管我不信，也按照王静和方泉的建议，将照相机放上了，希望登顶时给力。仪式一个多小时，夏尔巴领队给我们每人发一条红绳，系在脖子上祝福，又发给大家食品和酒，最后他们自己还跳了集体舞。

我和方泉在虎厅看书，看到旅游卫视的女士和来自新西兰的营地主管布鲁斯在争吵。布鲁斯不分青红皂白地把卫视的电器插头都拔掉，据说为保证营地太阳能电力的供应。女士哭述着谴责对方为什么不通知自己，许多电脑内容丢失了。都是为了工作，我这时也开始同情这些年轻人了。本来准备不平则鸣，帮她说话。不过看到布鲁斯不断道歉，也就没有再开口。

生日晚宴

这些年轻人有能力有热情有责任心，就是缺乏公共空间的意识，处处以自己为中心，不尊重其他人的感受，以为花了钱就是爷，大概被传媒圈的优越感给害了。他们团队下午就走，大本营清静了。这位女士临走时给方泉留下了一双红色羽绒鞋，让方泉感动了很久。他每天穿着这双红鞋在虎厅里转悠，他自己原来穿的甩给我了，还不断念叨要发展她成为国内山友。

中午饭根本吃不下，没有运动也没有胃口，我与阿钢分享了一份午餐，是意大利比萨。没有太阳，天很冷立即钻入帐篷看书去。一会儿，太阳又出来了，马上帐篷里热气腾腾，真受不了。用 iPad 再看一部美国电影《黑暗边缘》（*Edge of Darkness*），警探为女儿报仇的片子，父女情深啊。又想起女儿了。

阿钢玩了两个小时的"找你妹"游戏，郁闷地在帐篷中大叫烦死了。称登珠峰就是痛苦，除了看乌鸦和雪山什么都没有。我建议他下次带女友一起来，他大声喊，登山一个月，女朋友都跟别人走了啊。

两天翻看了一本几百页的关于马洛里的英文新书，很有收获。这本书书名 *Into the Silence*，很可能是效仿多年前同样描写登山悲剧的畅销书 *Into thin Air*（《进入空气稀薄地带》，谈 1996 年珠峰死亡事件）而定的。这本书的书名可以翻译成《复现死寂：马洛里的珠峰传奇》。我到处推荐这本书，结果，五六个老外都排队要看。

从殖民地情结到英雄主义，再到商业运作，珠峰发现和登顶的历史值得我们关注。英国人马洛里三次攻顶未果，新西兰人希拉里终于在 1953 年

完成壮举，60 年后有机会亲历这样的历程，想起来就有些激动。与当年的马洛里和希拉里相比，我们的珠峰之旅其实就是旅游走山而已。

家里来电，告知国内媒体报道珠峰南坡已经死了一个夏尔巴人。问罗塞尔，他解释这是几天前的事情。夏尔巴协作需要为登峰队伍提前架路绳和提供装备，一个被称为 Dr. Icefall 的夏尔巴人，自恃体能强壮，不按规则操作，结果失手掉到冰裂缝里了。在大本营，不时可以见到或听到雪崩，来了三天，几乎每天都有三四次。

➤ 4 月 16 日

昨晚十点多躺下，早晨两点多醒来。写了一点工作设想。六点又迷糊地睡了。

早饭后，我们如约去医务室检查身体测血氧含量、血压，询问医疗和药物过敏等情况，一切顺利。医务室与罗塞尔的指挥室在一起。珍妮是医生，来自苏格兰，在利物浦工作。她算是美女了，34 岁，人很和善。方泉英语突然好起来，居然帮助阿钢翻译。日本人真司教练在旁边鼓捣卫星仪器，测定天气动向。

上午是攀登训练，我们全副武装，从头盔安全带到高山靴和冰爪。到冰川一带练习上升和下降，过直梯和横梯。这是真功夫，可要了命了。两趟走下来，大汗淋漓，腿直打晃。过去的所有雪山都没有这么复杂的技术动作，即便来前在四川四姑娘山有点训练，但人太多，自己不过走过一次而已。与其他队员比，我、方泉和阿钢就太初级了。王静和外国队员都有很多专业登山的经验，显然比我们轻松熟练。这两趟攀冰的困难的确给我们刚来时的信心一个重大打击。回营地的路上，我们三个沉默不语，步履沉重。方泉又嘟囔着，实在不行就不上去了，权当旅游来了。

几个问题：第一，紧张而用力过度。不熟悉陡坡的蹬踏动作，一上高度就害怕而全脚掌用力，对安全带依赖不够。第二，换锁动作不熟练，耽误时间更紧张。第三，冰爪不熟悉，没有借力反而添负。特别是前后熟练队员的轻松更让你有内疚和紧张感。我还要不时帮阿钢和方泉翻译，更忙乱了。

下来后，大家都很沮丧，忽然丧失信心。其实，这是熟悉和训练的问题，不是体能问题。我在虎厅里劝着方泉，看着 61 岁的日本老太太智惠子，我们有什么理由丧气呢。今天这几个复杂地形都集中在一起了，导致手忙脚乱，现实中还是有缓冲地带的。当然，我们还有夏尔巴协作在。

午饭后，我冲了澡，换了内衣，心情很好，躺在帐篷里了。太阳还是不好，否则应该洗衣服了。16：00，阿钢约我、方泉和王静在虎厅打牌。我放下手里写的东西就去了。虎厅里只有德国的贝莉在写博客。她是专业的攀登家和专栏作家，为德国登山杂志写专栏，也为罗塞尔登山队业余写英文博客。这次罗塞尔出发前也让所有队员通知家人来关注她的博客。我来前也看了她去年写的报道，因为集体下撤，没有登顶，所以博客也截至 5 月 17 日。她人非常豪放，声音很大，讲话像机关枪喋喋不休，看上去年纪大约 50 岁吧，一直独身。我与她搭了几句话，问她博客进展如何，提及她为何不提队员个人情况，只是报道集体活动，她答是避免队员的家人敏感，这是一个原则。

方泉上午训练也许是心理太紧张，便在发给国内的微博上渲染了一番。特别提及我表现得非常害怕，这样会减轻他的压力吧。问题是我的家人每天看他的微博，而我又不想写。这种渲染是非常不负责任的。我请他立即删除，他无法做到。我很不高兴，又不好指责他太多，否则他会添油加醋再写出什么东西来。他是记者出身，以渲染和效果为原则，很少考虑别人的感受，熟悉他的朋友都了解他这个性格。我只好打家里电话告知这是一个普通的训练不必担心。

晚饭我吃得不多，方泉再约打牌，我没有去，8 点多就回帐篷睡了。

> ➤ 4 月 17 日

半夜醒了一次，口渴但太冷，忍了忍又睡了。一觉到天亮，5：30。起来补写日记。

在高海拔帐篷里，我在睡袋里穿着内衣和衬裤，脚上穿毛袜子，头上始终戴头套。衣服和羽绒服当枕头。头灯、手表和水壶等放在身边帐篷的侧袋里备用，尿壶、鞋子和背包等放在脚下的帐篷玄关里备用，不会被雪覆盖。帐篷灯和毛巾始终挂在头上，其他物品就堆在身边了。眼镜、手机和 iPad 等在枕头旁边。这样的配置一直保持了一个多月。

早饭后 8：30 左右，我们出发到冰川对面的一个高山去练习。在一个大石头堆里，大家转了向，结果瑞尼、艾伦、马汀、冯士瓦、阿钢和我终于在 10：00 到了山顶，海拔约 5 600 米。可以看到珠峰和洛子峰的全貌，在太阳照耀下非常壮观。马汀指给我们珠峰的希拉里台阶、南峰、南坳和整个攀登路线，想象起来就非常兴奋。下山和阿钢一起抄近路，都是石头堆，很累。不过，阿钢一反常态，精神抖擞地在前边探路，显示了他体能的强悍。阿钢首次率先登了顶，在半路放弃的方泉面前很有优越感，对他不断喝五吆六的，扬言下午可以带方泉再上去溜达一趟。

南坡的大本营里是看不到珠峰的，必须到对面的高山上。这次训练首次见到珠峰全貌，真是兴奋，回来后在帐篷中写了一首《水调歌头》并发了微博，全文如下：

> 云堆不识面，雾漫峰自仙。朝客万里迢迢，意兴风雪阑。清泉肆意泼洒，石木倒卧从容，天地自在憨。举头长啸啸，英雄尽可怜。骄阳扶，皓月持，峰泊澹。忽隐忽现，雄姿不让平常观。晨曦灵动悲我，暮光神溢悯侬，沧桑不须言。珠峰小蛮腰，总在梦中见。

午饭后，罗塞尔组织大家开会，发给每人一部步话机和定位仪。前者是联络之用，要求每人在重要的地点都要报告自己的情况，便于后台和其他同伴协助。后者则是在雪崩或危急时，立即发出信号便于救援者迅速定位。两个东西到手，大家立即表情严肃起来。罗塞尔将我们三个登珠峰的中国队员交给日本教练真司来指导以后的登山训练，王静则是先登努子峰，再上珠峰，也有她的教练。

国内短信带来了两个不好的消息，一是禽流感在北京严重了，据说有70例之多。二是波士顿国际马拉松活动出现爆炸案，三人遇难，多人受伤，中国人一死一伤。几个老外都非常关注，不时讨论。当年"非典"的状况他们仍记忆犹新。

阿钢坚持要洗衣服，尽管没有太阳。看他兴奋的状态，我和方泉都拿出了内衣和速干衣等给他去洗。他很会干活，自己带了方便的折叠洗衣盆和洗衣手套，到夏尔巴人帐篷要了两瓶热水，便到湖边砸开冰窟窿就开洗了。我给他和装模作样的方泉拍了照片。回来后，我们一起在帐篷上挂衣服。不过直到 17：00，仍未干，已经冻上了，只好暂时收起待明天再晾。

我在书架上挑了一本英文小说来看。*A Thousand Splendid Suns*，国内译作《灿烂千阳》吧。作者写过另一本书 *The Kite Runner*，被拍成同名电影《追风筝的人》。我看过，很感人。晚饭时来了一位美国女子，是长跑者。她明天一早将从大本营一口气跑到加德满都，希望用 60 个小时跑完打破纪录，这已经是她第四次跑了。她还是素食主义者。天下什么兴趣的人都有啊。

晚上早早回到帐篷中，看了电影 *Something that Lord Made*，中文名为《神迹》，多年前看过，再看仍感动。这是黑人医生维维安忍辱负重终于有机会造福人类并成为历史名人的故事。

> 4 月 18 日

一夜睡得很好，就是帐篷里太冷了，在帐篷里写笔记和看书都冻手。罗塞尔很高兴，他告诉我们，南坡最怕太暖和，冰川太多，雪崩频繁，登山危险。最好的温度是在零下 10 摄氏度以下。去年登山季温度都在零下 3—5 摄氏度，所以他最终决定整队放弃登顶，去年南坡死了 8 个人。

上午 8：40，我们再次到附近的另一座高山训练，大约两个小时登顶海拔 5 700 米，比昨天更高。没有带羽绒服，风大，赶紧拍了几张照片就先下来了。跟着前面几个专业登山的老外非常累，经常上气不接下气的。不过，没有差太远，倒是让我有信心。下来有些头疼，担心着凉，赶紧喝了板蓝根冲剂，好了。

下山回到大本营用了一个小时，晾衣服和充电。方泉到虎厅拿了瓶软饮料，每瓶 5 美元，自己记账，最后统一结算。午饭后的虎厅很热闹，有10 个人在。日本的石川在写邮件，法国的冯士瓦和马汀夫妇在看书，英国的大卫在鼓捣电脑，阿钢和日本的真司睡下了，方泉和我在看书，英国的巴博与旅游卫视的乔岩在修理吉他。

我读了本旧书，写1996年珠峰山难悲剧的。看了一大半，写得很一般，远不如《进入空气稀薄地带》那本。作者是那次山难登山队的领队，这本书更像是在摆脱自己的责任。不过，贝莉和苏珊却认为，这本书也不错，作者应该有机会为自己辩护。登山圈里和圈外的人看问题的立场不一样啊。我喜欢写马洛里的那本书，可是贝莉愣看不进去，她认为历史背景写得太多了，没有意思。

下午我们继续打牌，方泉改与王静搭配，终于把我解脱出来了。我和阿钢搭配。其实，方泉基本就不会打牌，只是逢场作戏而已。我们三个都有基础，阿钢更善于算计。我是打桥牌的，习惯沉默无语，严守规则。阿钢和王静都是急脾气，聪明人，热衷于发信号或干脆明要牌。大家在高海拔上都认真，结果冲突巨多，让老外们也看得一头雾水。最好玩的是方泉，被谴责得无地自容，语重心长地声明："我忍受人格侮辱来为你们当牌架子，这荒郊野地的容易吗？我真不是生气，是坚忍啊，要不你们培养个老外去，居然你们都不感谢我？！"

晚上罗塞尔介绍了到现在为止珠峰大本营的协调情况，几十个队伍通过不同会议来分配登顶路线的路绳设置与扎营。路绳等是公共设施，通过拍卖来确定施工者，使用路绳则需要支付租金。同时还要考虑许多不交钱的蹭登者。今天会议确认路绳将在本月25日前安置到第二营地，月底前到南坳。从南坳到顶峰的路绳将由罗塞尔、IMG和七峰公司这三个公司负责。

为减少通过恐怖冰川的次数，提高队友安全，罗塞尔队主要在大本营下面的海拔6 200米的罗伯切山登顶训练。我们明天将下到海拔4 700米营地，5天里要两次登顶，而且需要在顶峰过夜。

阿钢有个手指几天前破了一个口子，我给他创可贴，他坚持要医生给看看。苏格兰的珍妮医生过来看一眼，告知不需要任何处理，这种口子是干燥气候中容易形成的，顺其自然就好了。英国人大卫的手上更多。罗塞尔半开玩笑地讲，登珠峰的人必须是强悍的，珠峰大本营的美女也只喜欢强悍男人。

训练和适应：罗伯切山和恐怖冰川

➢ 4 月 19 日

凌晨 3：00 便醒来，天很暖，不断传来远处雪崩的声音。写了一份博物馆艺术中心的活动策划。早上起来要打包行李，早饭时要交给托运。这个帐篷将封存 5 天，有些衣服可以不动。王静建议我们早些下去，可以在半路的一家客栈上网，这是好主意，我们定 10：00 走。

途中，我们又遇到几处山难的墓碑和墓牌，都是各国登珠峰的遇难者的朋友陆续制作的。最早的一个是 1962 年遇难的，来自蒙古。有一块碑上是六个印度军人，两个少校，四个中尉，死于 2005 年山难。方泉兴致勃勃地拍了不少墓碑，我总觉得有点不吉利，匆匆离开。

一个小时后，我们到了客栈，这是唯一的一家可以上网的客栈，但是网速太慢。我花了一个半小时，下载了几十封邮件，许多还是垃圾。毕竟可以看到一些工作信息了，也发了一条微博报个平安。最后结账，我和方泉两个人被收费 2 900 卢比。一般都是 24 小时 500 卢比，即便考虑是在高海拔这显然也太贵了。我与经理讨价还价最终付了 1 500 卢比。王静则请客让我们吃了一顿中式炒饭。

午饭时遇到一位华人，他介绍自己来自中国台湾，代表中国台湾首次攀登世界第四高峰洛子峰。看上去他很健壮，络腮胡子，目光炯炯，只是声音过于柔和，有些反差。在他与王静交谈中，我们得知他每爬一座高山就写一本书，这次就写洛子峰。他递给我们名片，上面写着李小石，而且还印着他的照片。我忙于接收邮件，也不太喜欢谈吐过于夸张，就没有与他接茬儿。不过，后来的故事中，这真成了一个遗憾。

再疾走约一个小时就回到了海拔 4 700 米的老营地，搬进了熟悉的帐篷，我们将在这里训练 5 天。方泉过来告诉我，刚与他太太通了话。他急切地问最近有什么大事发生吗？结果他太太冷冷地回了一句："什么是大事？你把自己管好就是最大的事！"

德国的贝莉正在用电脑翻译一本传记，传主是奥地利女子格林纳，她是世界上第一位无氧攀登了 14 座 8 000 米以上高峰的女子，非常了不起。智惠子 2012 年来珠峰时与她见过面，感到她为人谦逊、低调。

看到智惠子在翻看一本日文的关于雪崩的书，图表精美。我向她请教冰崩（ice fall）和雪崩（snow slide）的区别。前者多是在山壁上，天气变暖、震动和人为因素等导致支撑巨大冰块的底部冰壁和石头突然松动，导致冰块崩塌；后者则多发生在山坡上，不断堆积的雪层突然滑坠下来。这两种情况都是难以预测发生时间和方式，对登山人威胁极大。珠峰南坡和附近的马纳斯鲁峰都是春季多发此类事故的山。智惠子今年 7 月将去秘鲁登山，那里多发雪崩，所以她在研究。

日本的智惠子和摄影家石川都是多年前就完成了七大峰，两人兴奋地与我交流登阿根廷的阿空加瓜峰的感受，他们与我一样都是两次才完成登顶。阿空加瓜在日本登山界的名气非常大，可能也是七大峰里最有情趣的山吧，可以联想到探戈舞、牛排和拉丁美女。其他几座峰就比较单调了。得知我已经完成了非洲的乞力马扎罗（2005 年）、欧洲的厄尔布鲁士（2004 年）和拉美的阿空加瓜（2009 年）后，他们一再鼓励我奔七大峰。我问两人，你们也完成 7+2 了吗？两人很疑惑地看着我，什么是 2？我也奇怪道，就是南极和北极啊。智惠子诧异地问，那里没有山啊，要去干吗？我顿时感到我的确很"二"。

➢ 4 月 20 日

早上下了雪，忽然被各种鸟叫声吵醒，许多天没有听到生命的对话了，远处牦牛的铃声也欢快地响着。下降到 4 700 米，就是另一个天地了，周边暖和多了。写了 20 篇日记，通过印象笔记的软件发给国内亲友，结果我这儿根本看不到是否发出了，国内也收不到。只好再辛苦转贴到 iPad 上的备忘录中，等下次上网时再发出吧。

上午大家在饭厅闲聊、打牌，午饭后出发。我继续读英文小说《灿烂千阳》，智惠子和苏珊都在排队等着读。贝莉与远在大本营的罗塞尔发生电话争执，缘于贝莉脱离队伍自作主张地提前下来翻译书，而且她连续三天干咳，又计划再下一个营地，通过降低高度调整自己。罗塞尔希望她先不必下去再等两天。讨论中，大概罗塞尔多说了她几句真蠢之类，她很伤自尊，赌气下去了。毕竟贝莉在登山圈也是大名鼎鼎的专栏作者，也是老姑娘脾气大。

继昨天奇怪地发现两个登过七大峰的日本人不清楚 7+2 这个在中国登山圈似乎很流行的说法，我又问荷兰的瑞尼和法国的冯士瓦和马汀夫妇。他们对加入南北极作为标准也很不以为然，认为与登山无关，与花钱有关。

行进中下起雪来，天气转暗。上升路程大约两个小时，有一段需要系安全带，使用上升器。正常攀登没有问题，一旦使用器械我就感到吃力，主要是用得太少，不熟悉。日本人真司已经三次登顶珠峰了，这次还是他带队。与苏珊比，他更有耐心也注意保持节奏。阿钢一开始就是晃晃悠悠地跟在后面，因为雪和雾的原因，我们一旦看不到他，就只好停下来等。不断打乱节奏，我们都感到疲惫。

王静毕竟是登山女杰啊，真厉害。装备利落，行走稳健。特别是大家都依赖向导时，她经常一马当先自己开路。这一段山路由于下雪掩盖了老路，向导又忙于照顾我们几个新手，她就自己开辟了路线并且抢先找到了营地。

到了 5 300 米的营地后，大家在积雪中找到自己的帐篷，还是一人一间。明天 4：30 要起早冲顶，所以，17：00 大家就开始自己做饭了。方泉帮我挖来几盆雪，我用煤气炉烧开，然后下了方便面和西红柿汤料。吃了一锅，不尽兴，干脆把明天早上的方便面也煮了。估计明早吃点巧克力就上路了。饭后，再用雪把锅给擦干净了。

▷ 4 月 21 日

半夜 2：30 醒来，天很暖，估计雪停了。写了两个博物馆相关的策划案。四点多，真司告知大家今天雪大，放弃登顶，待八点多下山。我无法入睡，索性就起来继续看小说。作者是阿富汗人，移居美国后写了《追风筝的人》，一举成名。我几年前在飞机上看过同名电影，对这个非常陌生的邻国有了印象，这次居然得以读他的第二本小说，很幸运。这本小说通过两个女人的故事讲述了 1980 年以来两代人在苏联代理人、美国代理人和塔利班人统治下的生活和社会变革。女人的社会地位是现代文明的尺度。

8：15 大家集体出发，准备先上一段后再下山。阿钢则大叫静姐，不会系冰爪了。他登顶了海拔 8 000 多米的马卡鲁，居然连冰爪都不会自己弄，或者不想自己弄，这实在太奇怪了。王静已经出发了，我和日本人真司过去帮他。真司非常耐心地帮他弄好冰爪后，很严肃地希望大家能够严格遵守纪律。一个人晚了 30 分钟就意味着所有人都要在风雪中等待。幸好今天暖和。另外，在雪山上不能期待别人帮助，一定要自己照顾自己。

真司带领大家慢慢地上升，途中训练使用上升器和冰爪等。走走停停地到了一个冰瀑附近，王静拍了些视频，大家就返回了。我们又遇到山下的其他山友由苏珊带队早上出发来登顶了。我犹豫了一下，还是没有返身加入他们。回到营地时，得知他们在三个小时后登顶再返回，这才是真正的训练啊。

回来后，大家心情不佳，阿钢请客托夏尔巴人买了 12 瓶可乐，花了 40 美元。晚饭前，我们打了一会儿牌，方泉和阿钢简直像换了个人，方泉出牌无失误，阿钢乱七八糟。我们在半山腰出发，没有登顶就下来了。老外们从山底出发，登顶而返，这让我们大受刺激。我们到底有没有能力，为什么放弃，珠峰如何办，整个晚上都在纠结中。

➢ 4 月 22 日

天亮后，旅游卫视最后一位试图登顶的乔岩回去了，大家起来相送。他性格开朗也懂事，是大家的开心果。此次没有机会登顶，很遗憾地离开了。

　　外面断断续续下着雪，时有阳光。今天休息，明天去登顶罗伯切山，海拔 6 100 米，会在山顶住两天适应。我和方泉住一个帐篷，上午各自挑了两天的食物，六袋方便面和两袋西红柿汤料，加上饼干等。自己准备做饭。

　　早上凝视远方的孤峰雪景，忽然有柳宗元诗的意境："千山鸟飞绝，万径人踪灭。孤舟蓑笠翁，独钓寒江雪。"荷兰人瑞尼看我和方泉在议论，也凑过来。我勉强用英文译出，他似懂非懂地回味。我不断向老外介绍方泉是投资家，也是诗人，本是开玩笑的意思，不过，老外们对诗人具有本能的敬意，出过两本诗集的登山者，他们闻所未闻，对方泉越来越热情。人高马大的荷兰人瑞尼居然发展出崇拜的情绪。

　　上午大家都在看书，我终于看完了《灿烂千阳》，非常好。苏珊和智惠子接着看。营地又来了两个新人，是母子。母亲在南非教授卫生管理，儿

孤峰雪景

子在波士顿上学。两人来珠峰大本营徒步。我与他们聊起了足球世界杯和刚刚获得奥斯卡纪录片大奖的《寻找小糖人》。母亲非常高兴地告诉我，她与这位突然大红大紫的美国歌手有过一次晚饭，这位歌手在南非开始过上富翁的日子了。这是一部好莱坞纪实电影，小糖人是美国普通歌手，但他的唱片在南非火爆了几十年，他本人并不知道，南非人也以为他是过世人物。结果，他被记者突然发掘出来后，演绎了现代版的灰姑娘故事。

寂寞的帐篷里，我开始翻阅 iPad 下载的《杜工部集》。我对杜甫的诗一向不太感冒，忧患意识太强，也有些拘谨，不如李白有味道。高海拔下，只是希望从这一千多首诗中选择一些好句子来。每次爬山都是带纸质书和电子书，不断调整口味。我在手机里主要下载歌曲，在 iPad 则下载图书。

> 4 月 23 日

早上 3：00 醒了，躺到 4：30，出去解手。怀疑腹泻又卷土重来，立即吃药。

5：30 吃饭，6：00 出发。今天分为快慢两队出发，真司带领阿钢、方泉和我三人作为慢队提前走。王静去快队，不跟我们玩了。天气很好，但路上雪很大。我们一路蹚雪开路，非常累。直到两个小时后，我们到了前日的宿营地，换上冰爪休息了一会儿，继续上行。瑞尼、苏珊和艾伦等几个快手在 7：00 出发，在此处赶上了我们。

我们三人结组一直走了七个小时才登上这个山的顶点营地，海拔大约 6 200 米，我们要在这里适应两夜，方泉和我一个帐篷。这次走得非常艰难，迎着太阳向上攀登，没完没了的陡坡，到营地时几乎虚脱了。山很陡，一路使用绳子和上升器，冰爪也不断咬住冰石。胳膊酸痛，脚下无力。这也与我们心理准备不足有关，以为 6 000 多米的山不会这样累人，结果几乎要半途放弃了。

阿钢这些天训练中一直在队尾，而且他膝盖有损伤，来前一直针灸。看着他气喘吁吁的样子，大家总在怀疑他能否坚持下去。昨晚王静也讲，太慢可能连进珠峰二号营地的资格都没有。阿钢是一个自尊心极强的小伙子，我间接地表达了大家的关心。今天阿钢简直是换了一个人，一路攀登都奋勇争先，不甘落后。在一个大坡上超过了方泉，而且紧紧跟在我后面。利用一个换绳的机会，我鼓励他超过我先登顶。他信心大增，坚定地走到前面。不过，在距离顶峰 100 米处，他突然有点崩溃了，坐在地上不动了。我要等他，他示意要我继续走，给中国人争个面子。等后来方泉上来时，他准备了一大壶盖热水给方泉喝，让我们很感动。

我们进帐后，先躺了两个小时，也讨论了何以此次特别疲惫。首先，一天在七个小时左右上升 1 200 米的经验不多。其次，大雪封山，我们的攀冰技术不过关，训练太少，器械不熟练。最重要的是登山训练的组织能力不同。来珠峰之前，我们加入了云南哈巴和四川四姑娘山的登山和攀冰训练，组织者只关心收钱，对消费者个人能力和需求并不考虑，将几十个人赶鸭子似的发到冰川处，弄两个教练表演一下，就统统让客户一起互相练习走过场。如果客户本人意志薄弱或想放弃了，组织者立刻恩准，不必退钱又节省费用。这就是我们最终没有学到什么东西，决定放弃从北坡登顶的原因。

方泉负责烧水做饭，我当下手。先烧了一大碗水冲了阿司匹林泡腾片，我们先解决口干舌燥的问题，接着下面条，后再烧开水灌水壶。方泉也怀疑腹泻，居然一口气吃了五片小檗碱。

与日本教练真司聊天。他在美国留学时喜欢滑雪，后与瑞士女子结婚移居瑞士，以登山滑雪教练为职业。多年前来卓奥友试图登顶后滑雪下来，因天气不好放弃了。认识了罗塞尔后，他就加入公司负责亚洲客户。目前已经三次登顶珠峰了。他高大英俊，脾气特别好。我和方泉建议他多关注中国客户去欧洲滑雪登山，特别是勃朗峰地区。

➢ 4 月 24 日

半夜醒来，在帐篷里与方泉聊天，我们彼此都很疲乏，情绪不高，漫无边际地聊天就是调节。我们一起爬过几座大山，都是这样度过不眠之夜的。方泉有诗人气质，喜欢谈情感和故事，他给我讲过去几十年中国诗歌和文学的风格演变，让我受益颇多，可惜，我对股市没有兴趣，这才是他的长项。

早上打开帐篷，珠峰就在眼前，一条坐卧的喜马拉雅长龙连绵几百里，大气磅礴。几万年前如此，几万年后也如此，这时我们这些看山登山以为可以征服一切的人类却不知所踪。每次登山，思之至此，皆惆怅。不过，此刻面对的是众山之王，还是有点欣欣然。

早上还是以方泉为主我协助，一起煮面条吃。一顿饭要做一个多小时，主要是化雪烧开水的时间。这个时间都是我们的美食幻想节目，报出两人最喜欢吃的各种菜肴和北京饭馆，相约下山每周一起去吃，方泉每每信誓旦旦要请客，以我经验，他都会兑现，但不是与我去。

山友登山都要求将排泄物带下山来，或者用特制的大便袋处理好后，埋在指定地方。在这么高的山顶上，大便都是在坡下挖出的一个小坑处，所有人都可以看到上半身，不过也都习惯了。每个人都将自己的污物全部便在袋子里，封口冻上，挂在背包外边带回营地处理。

上午，苏珊和真司两位教练起来为大家架设了一条路绳，可以从营地帐篷直达顶峰。在珠峰的背景下，苏珊先冒着踏空的危险，在大雪覆盖的狭窄山脊上试探着踩出一条小路来，用携带的简易工具打下雪桩，系上路绳。真司立即在后面做好雪桩和路绳的巩固保护，苏珊再前进一步。他们彼此配合的动作非常优美，山友们都在拍摄照片。不过，我和方泉懒得换上装备再爬上一段路了。最终路绳没有修多远，也没有人真的去尝试顶峰。

中午太阳高照，我们把高山靴的内靴拿出来晒了晒。下午我们就在帐篷内聊天和打牌。在6 000米以上生活两天，本身就是高山适应的训练。方泉这次反应很正常，他感觉不错。我有点头疼，吃了两片散利痛。

> 4 月 25 日

早上 7：00 下山。看着陡，不太敢下。阿钢很威武，居然自己下去了。

本希望真司领头，但他还要忙着收帐篷，我只好硬着头皮带着方泉下山。一路都是 50 度以上的坡度，副锁一直扣在路绳上，一只手将路绳紧紧缠在胳膊上，紧张地垂直向下探行。其间，还不时有人上来，错车换锁就更紧张了。双方都是新手，彼此都怕失手，跪在极陡的坡上操作，还要互相安慰鼓励。大约 20 分钟之后，才适应了，开始从容把握了坡度，开始四处张望起来。抬头看到自己居然从云中安然无恙地下降，自信起来。看到四周珠峰、洛子峰等雄伟壮观的景象也有豪情万丈的样子了。

王静特制的安全带可以将相机固定在胸前，非常方便拍摄。她给我和方泉拍了很多照片，也缓解了我们的紧张心理。一路下山很轻松，只用了两个半小时，而上来用了七个小时。下到营地后，阿钢奖励给我们几个一瓶冰冻的可口可乐，简直是仙水一样可口。我们吃了一点炒饭，便整理驮包交付背夫，拔寨出发，上升返回大本营了。因为路熟没有时间约束，大家各自出发。我和方泉结组，慢悠悠地启程。一路沐浴在明媚日光下，面向珠峰的雪山和白云，如同虔诚的香客一般安静而坚定地前行。想到不再远离训练，以后离顶峰将越来越近了，心里很是兴奋。

中午在有无线网的客栈发电子邮件，半个小时只发出两封，太慢，只好放弃。路上与国内联系得知四川地震的消息，远在异国他乡还是心情不好。金融博物馆书院的书友们捐了近 10 万元现金，王静的公司也捐了价值 50 万元的物资。

只用了三个小时就赶回海拔 5 300 米的大本营，路上还看到两只雪鸡，慢慢腾腾地觅食，毫无避人的意思。我停下来给它们拍照，它们还不断摆姿势，这是它们的地盘啊。距离大本营一个小时的地方可以打电话，在这里与国内亲友报个平安。

回到大本营，吃了点饭，立即冲了澡，换了内衣，清爽多了。到虎厅里看书，居然满满当当的人，十几个不同队的老外，只能坐到书架旁的地上。来自英国的大卫看我在找书读，便主动介绍我看一本英国的畅销小说，作者是英国的政治家和法律学者。我看了开头便被吸引了。

晚饭开了香槟酒，罗塞尔首先祝贺大家漂亮地完成了五天的海拔6 100米的罗伯切登顶和高海拔过夜训练，同时告知大本营的情况并不顺利。主要是今年珠峰雪大，无法如期铺设路绳和设置营地。每天都有上百名夏尔巴人协作共同开路和送物资，都是不同公司协调组织的。但一号营地的雪已经过了膝盖，二号营地雪居然齐胸，这是许多年都没有的事情。整个路绳和营地工作至少要延期到5月5日，希望大家有耐心。去年天气热无雪很危险，所以下撤。今年雪大安全些，但艰难而且雪崩的概率也大。他话音刚落，我们便听到一阵遥远的雪崩声音，我问了一下这是哪个方向，罗塞尔马上同情地面向我，这是你的帐篷啊，大家大笑起来。

晚饭后，所有登珠峰、洛子峰、努子峰和大本营徒步的队员都在虎厅举办晚会庆祝训练阶段完成。罗塞尔身穿西装为大家讲述幽默故事，同时带了几十个气球，逐一介绍每个队员，请她或他当场吹起来。在大家彼此熟悉后，邀请队员主动才艺表演。

教练乌迪在音乐和灯光下脱去上衣，攀爬到虎厅顶上做杂技动作。几位女山友跪请英国大厨巴博吉他演奏。大家在迪斯科音乐下尽情舞蹈。我们几个中国人跳了几分钟便气喘吁吁的，这可是高海拔啊。可这些老外居然一直跳到半夜。特别是头几天因咳得厉害下撤的德国人贝莉居然返回大本营，跳得十分开心。在幽暗的灯光下，小伙子们竞相向几位美女献殷勤。我离场时，苏格兰美女医生珍妮已经羞羞答答地投入来自新西兰的管理人员布鲁斯怀中了。

➢ 4月26日

今天天气非常好，在大本营休息。上午罗塞尔陪同一个日本团来我们营地参观，其中就有传奇的日本老翁三浦雄一郎，今年80岁了，将第三次登顶珠峰。前两次分别是70岁和75岁时。他父亲101岁去世，99岁时仍可以滑雪。这次是他两个儿子陪他一起来的。他看上去也就60多岁的样子，气宇轩昂。我正在虎厅看书，看到他们礼貌地与我们打招呼，预感到是他们，但没有时间交谈。

我的嘴唇红肿起来，去罗伯切山训练时忘记带唇膏了，吃饭很痛苦。这是低级错误，我几乎每次爬高山，嘴唇都会肿起来，唇膏是登山者必须带的，而且每隔几个小时就应该涂一次。珍妮医生送我一支印度产的唇膏，效果很好。日本人智惠子的脸也被灼伤了，戴了个口罩。瑞尼的脸也是五颜六色的。他是我们这里体质最强健的，跑了 20 多年马拉松，最好成绩 2 小时 39 分，在荷兰曾跑过第一名，三年前完成七大峰，这次是登洛子峰。

现在我们登珠峰的 10 个人都齐了：

- 英国的大卫·塔特，51 岁，曾三次登顶珠峰，这次为慈善筹款而来，他是一个人物，我会专门写他。
- 瑞士的艾维琳（女），十几年前曾从北坡登顶珠峰，这次从南坡上，同时拍摄电影。她是一个美女，体力非常好，但这次不幸在即将出发登顶之前咳嗽得厉害，结果下山到加德满都休息几天，再上来到二号营地后放弃了。
- 德国的赫伯特（"耗子"），地产经营商，44 岁，热情豪放，健谈，身材魁梧。我和方泉认定他是德国党卫军的楷模。
- 新西兰人罗塞丽（女），罗塞尔的朋友，30 多岁，不太交际和言谈。人很善良，身体很棒。
- 拉脱维亚的劳提斯（55 岁），银行家，2012 年来过珠峰，集体下撤。帐篷在我隔壁，人寡言坚毅，喜欢独往独来。分手时才知道他当年在阿富汗打过仗，特别像个狙击手。
- 墨西哥的哈维斯（34 岁），企业家，2012 年来过珠峰，集体下撤。墨西哥的富家子弟，在银行工作十年，加入家族企业。我们常称他是墨西哥毒枭。
- 中国的王静，登顶过珠峰和其他六座 8 000 米高峰。
- 我、方泉和吴建钢（阿钢）等三个，首次尝试登珠峰。

➤ 4月27日

又是一天在营地休息。

王静和阿钢下山发邮件和打电话去了。我和方泉与来自拉脱维亚的劳提斯一起在大本营转了一个小时。在冰川地带拍了一些照片，我们背后就是著名的恐怖冰川，需要在夜半温度下降时通过。去看了看日本人和印度人的营地。也看到来自我国台湾地区的登山者营地。看到这位同胞的帐篷三面都非常显著地用中英文写着：台湾·马祖洛子峰远征队。几次路过都没有兴致去打个招呼。

与英国人大卫聊天，他在瑞士信贷银行工作，是全球金融产品的负责人。他来喜马拉雅七次了，三次登顶珠峰，是英国的名人，他在推特的粉丝有100多万。他成为公司公益事业的代言人，经常讲演，2012年还将公司主席带到罗塞尔登山队的慈善晚宴上。他给我介绍了两本小说来打发时间。

下午云南队的杨福来我们这里，邀请晚上去吃中国饭。杨是吉林白城人，东北老乡，现在大理开客栈。当年我插队的时候曾赶车去白城买化肥和电池，回来的路上与农民打了架，记忆犹新。不过，那是杨福没有出生的年代。方泉急切地要发图片微博，便与他上去了。他们帐篷位置高，信号好。杨福本人这次是陪着女友登山来的，他们这个队加入美国公司IMG。IMG也是非常好的公司，居然同意专门为他们四个中国人开中国餐，设独立帐篷。

王静和阿钢回到大本营带来了不好的消息，昨天一个云南人刘向阳在登顶马卡鲁峰后滑坠而亡，就地掩埋了。他们与这个人在加德满都见过面。非常可惜，才四十几岁，他已经登过五座8 000米的山了。接下来几天，这个山友的遇难成为我们的话题。他加入了国内著名的领队杨春风的队伍，杨又将他外包给七峰公司。七峰公司是一个口碑很差的公司。不过，杨春风的著名与他本人带队经常出事有关。刘向阳遇难的经过和责任认定又成为一个有争议的事件。

王静与大卫和德国人贝莉讨论无氧登山的情况，我协助沟通。大卫曾三次尝试无氧登珠峰，但都失败。今年准备再尝试一次。贝莉曾试过一次，还是放弃了。他们认为有氧还是无氧是个人选择，并没有更优越的含义。无氧会导致呼吸困难，行走缓慢，血液循环慢而冷甚至损伤大脑，在 8 000 米以上是非常危险的。目前，好莱坞正在以大卫的经历拍一部故事片。

肚子又不好，痔疮也有犯的感觉，我赶紧用药。长时间高海拔生活最担心老毛病犯了。珠峰两个月的高山生活中，最让我紧张的不是登山，而是身体状况。在这么高的环境中，发烧、咳嗽、拉肚子、痔疮、胃病等，任何疾病恢复不好都会直接剥夺登山的机会。我非常喜欢辛辣的食物，现在连普通榨菜也不敢吃。

晚上我们接受云南队杨福的邀请，一起去他们的营地做客，吃中国菜。我带去六瓶尼泊尔产的珠峰牌啤酒，在虎厅里自己取，自己记账就好，5 美元一瓶。看了啤酒的说明，很有意思。大概不能保证品质稳定，所以特别说明这种啤酒是因地制宜酿造的："by the state of the art way"。

杨福和王静在厨房向夏尔巴人说明我们的需求。一个小时后，土豆丝、炒青菜、炒豆角、青椒炒肉、炒米饭和菜汤等就摆上桌了。尽管味道一般，但对于近一个月都吃西餐的我们来说已经是"过年"了。吃饱饭，打牌喝普洱茶。他们队的三个山友已经在第二营地了，但其中一位肠胃不好，明天要下撤。

> 4 月 28 日

早上三点多，营地许多走动的声音，懒得起来看，又睡去了。

早饭时得知，真司和冯士瓦等要去一号营地看看路线和物资等，瑞士的艾维琳要拍电影，邀请大卫加入一起穿越昆布冰川（也叫恐怖冰川）。结果遇到了小雪崩，大卫被冰块击中小腿，其他人躲过了一劫。早上罗塞尔和大家还就昨天马卡鲁山难安慰我们中国队员，也庆幸这次雪崩不大。大卫是肌肉擦伤，不是骨头问题，需要休息几天。

真司告诉我，训练的行程又要推迟了。昨天二号营地出现打架事件，夏尔巴人罢工，大本营这里各个队伍还是没有协调好。尼泊尔政府要介入管理，今天来了许多架军用飞机，一位部长来大本营协调了。不过，对罗塞尔队登珠峰的山友影响不大，本来也是最后登。真司建议我们每天在外面散步一两个小时，活动身体，不要总待着。

我看完了杰弗里·阿切尔（Jeffrey Archer）的书，谈被冤屈的人如何逃脱死囚监狱，利用智慧法外严惩了几个恶人，获得正义。作者在英国法院和监狱工作，小说展现了许多常人不熟悉的领域，很吸引人。我看过后，来自墨西哥的哈维斯立即接过去读。他在银行工作多年，辞职回到家族企业。2012年来登珠峰，可惜到了第二营地后整体下撤。今年重来，几天前

与三浦雄一郎老人合影

后背扭伤了，担心不能上了。昨天我送他两贴中国的膏药，今天早上就千恩万谢地告诉我，感觉太好了，活动自如。

下午与方泉到大本营的另一边转转，希望拜访日本营地，结识三浦雄一郎老先生。在冰川口看到一位老头也在溜达。他主动打招呼："是中国人吗？"我们立即迎上去询问，果然是他，喜出望外。他精神十足，邀请我们到他的帐篷做客。这是一间设有写字台的帐篷，有许多资料和他写的书，似乎还在写新书。我与他讲，关于他的事迹我多年前就了解，也是激励我们登山的榜样，不仅给日本人也给亚洲人争光。方泉激动地引用他的名言，"80 岁不过是第四个 20 岁"。他非常高兴地给我们签名留念，邀请我们再来做客。他两个儿子都来陪同他登珠峰，也在帐篷前与我们合影。

三浦先生经营一家滑雪和登山的旅游公司，他多年前曾竞选札幌市市长未成功，但他名气之大使公司业务一直不错。75 岁登珠峰时还拉到几百万美元的赞助。但这次年事已高，许多公司担心负效果，结果赞助锐减。他介绍与新近晋升中国外交部部长的王毅有私交，王毅是登山爱好者。

我们回营地的路上遇到一位《沈阳晚报》的记者，是受一位沈阳登山者委托来跟踪报道登珠峰的，据说是作为今年在沈阳举办的全运会庆祝项目之一。登珠峰对地方政府还是个大事啊，不过，我好像也可以代表沈阳人了。

到杨福处探望一下他们，与昆明山友李杰和金飞彪见面聊了。他们刚从二号营地下来，介绍了前天的冲突。一位著名的意大利登山家沿着夏尔巴人铺的路上行到二号营地，然后改了方向自己铺路，导致碎石冲下砸伤了下面工作的夏尔巴人。意大利人的协作不仅不道歉反而用冰镐威胁并打了夏尔巴人。结果上百个夏尔巴人愤怒地冲上去围住帐篷并投掷石块，意大利人不得不跪在雪地中几个小时道歉求饶。

晚饭时，罗塞尔告知大家问题很棘手，还需要几天时间解决。尽管目前的纠纷与我们无关，但如果失控，夏尔巴协作对抗的目标可能扩大到所有的登山者。我问他过去是否发生过同样情况，罗塞尔回应每年都有，情况不同但冲突增大。2012 年提前下撤也与夏尔巴人的威胁有关。

真司讲这些冲突不仅是登山者与夏尔巴人的矛盾，还与夏尔巴人之间的利益冲突相关。老一代夏尔巴获得行业经营的优势，盘根错节形成利益集团。新一代夏尔巴需要通过价格竞争打破垄断，带动许多小登山代理公司出现，争夺市场份额。这次冲突还有一个原因是意大利人不愿意支付夏尔巴人的路绳费用，自己铺绳间接减少了夏尔巴人的收入。所有的冲突归根结底还是利益分配问题。艾伦和马汀感叹道，珠峰再也不是以前的珠峰了。

> 4 月 29 日

已经成为习惯了。早上 5：00 醒来，捕捉微弱的信号，与国内亲友短信联络。翻阅英文小说。6：00，整个营地就响彻方泉不间断的干咳声音。7：00，夏尔巴协作便敲打各个帐篷送来热腾腾的毛巾，接着便是送进一大杯热奶茶。我穿好衣服在帐篷中补前一天的日记，或者继续看书。大约8：00，营地就会敲锅告知大家开饭了。二十几个山友陆续进入两个大帐篷吃早餐，了解今早山上营地、路绳和物资的安顿情况，同时讨论今天的活动安排。或者相约去登个小山活动筋骨，或者两个小时下山发邮件，或者在营地洗衣服、打牌等。

早饭时罗塞尔通报好消息，路绳基本就绪，我们可能后天去二号营地训练了。这样，我和方泉决定上午自己去一个山坡调整一下，调动懒骨头。王静和阿钢还是下山去发邮件。我们上下一共花了三个小时，回来后冲澡、午饭。在海拔 5 300 米的山顶，面对珠峰，我展示了从国内带来的"中国金融博物馆"和"中国并购公会"两面旗帜，拍照留念，以备万一未来登顶时无法展示。

午饭时罗塞尔和大家一起讨论登山中的纠纷。经过几十年的经营，珠峰南坡已经非常成熟，未来市场空间也愈来愈大。当地夏尔巴人希望获得更多的利益，尼泊尔政府也表态希望接管经营。特别是新一代夏尔巴人也不再满足于仅仅担任协作和背夫，这次冲突是多年矛盾累积的结果。罗塞尔颇为悲伤地说，他非常担心当地政府和夏尔巴人能否有经验和能力全面接管登山经营，这样是否会有利于当地经济和老百姓生活。特别是对年轻夏尔巴人提出让西方人离开珠峰的管理这样的目标，在场的西方山友都很不满但也很无奈，只是祈祷今年登顶目标能实现。

尼泊尔号称是信奉社会主义制度的政府，旅游登山又是这个国家的核心产业，是否国有化，如何国有化，还是值得关注的。一次登山还能体验到这些冲突，还是挺幸运的。

下午与方泉又去 IMG 队的中国营地与金飞彪和李捷聊天。IMG 与罗塞尔队几乎垄断了珠峰南坡的业务，品牌都好。今年这两个队各自有四位中国队员登珠峰。他们是每人 5 万美元，我们是每人 40 万元人民币，略贵些。他们要求有独立的生活空间和做中国菜，我们则统一管理。李捷肠胃不好，他们给予特别照顾，差一点动用直升机。我们去时，他们的队医正要陪同李捷在大本营医院仔细检查一下。这种待遇不是许多小队可以安排的。

晚饭前，王静回到大本营与我们认真分享了她登珠峰的经验。这次她与我们一起前进到二号营地后，直接去登努子峰，尽管只有 7 000 米左右，但技术难度高，目前只有二十几个人登顶过。下来后，她再加入我们一起登珠峰。她观察了我们三人的训练后特别提醒我不要太急于跟欧美人拼体力，保持自己节奏，提醒方泉坚定登顶信念，发挥体力优势。她与阿钢也谈了许多登山的细节，与大家合群。她从衣服、食品、技术装备等各个细节都叮咛大家充分准备。我们彼此鼓励，希望四位中国队员一起登顶。

➢ 4 月 30 日

夜里没有睡好，也许是即将出发到真正的珠峰训练吧。计划二号营地住三天，三号营地一天，返回二号营地一天，后回到大本营。这次训练要两次穿越恐怖冰川，同时要强化体力训练。

上午整理行李，带上连体羽绒服、睡垫等随身物品，一顿晚餐由协作帮忙带上去。罗塞尔担心我们三个中国人第一次登体力不够，专门安排了三个夏尔巴人协助我们。我们还带上对讲机和求救定位器，这两个设备都要放在衣服内，万一雪崩掩埋可以及时使用。这一下子让大家紧张起来。期待通过恐怖冰川时，不要让厄运降临到自己身上。几天前，大卫的经历让大家意识到这可不是开玩笑。

今天是荷兰新国王登基，我们特别祝贺瑞尼，并多给了他一份午餐甜品。

下午到 IMG 的中国营地聊天。这是唯一的中国人的帐篷，可以不必考虑外国人的因素。李捷看了医生后，状态恢复很好。大家对马卡鲁山难的处理非常不满，死者刘向阳的六位家属已经赶到加德满都三天了，领队杨春风居然一直不出面，也不电话联系。杨在第一时间将死者滑坠的消息通过云南媒体发布，尸体就地掩埋，无法医检。杨是国内著名登山者，个人能力出色，有众多粉丝，但他过去组织的登山活动已经有四五次山难了。这次他组织了 12 个山友登珠峰，却外包给别人，自己同时带刘向阳去登马卡鲁，试图完成 14 座 8 000 米山的个人目标。

登山到今天已经是大众活动了，需要有正规的制度保障。一次山难应该给后人经验的积累，不是得过且过，贻害后人。大家鼓励杨福也通过媒体呼吁各界关注此事，引发讨论，这对登山事业有积极作用。我和方泉也回顾了 1995 年老庄的遇难经过，那次的处理相对顺利得益于山友的共同努力和王石的正面推动。

➢ 5 月 1 日

凌晨 1：00 醒来，懒了一会儿，1：30 整理行装，整个营地都是早起。吃了一点东西，大家准时 2：30 出发。3：00 时到了恐怖冰川的起点，集体换了冰爪后开始上行。大家对恐怖冰川比较熟悉了，都是沉默无语地尽快穿过去，黑洞洞的夜里，看不清具体的冰裂缝和各种冰柱，也降低了恐惧感。

5：00 左右，天渐渐明亮起来，看到周围犬牙交错般的冰柱，许多磨菇状，东倒西歪的样子，的确让人心惊胆战，看上去随时会向你头上砸下来。只能期待在太阳出现温度变暖之前，迅速通过这个区域。不过，在冰凌中穿梭并不容易，不断过梯子，登高或者在只能通过一个人的狭路中绕行。

此时前边果然发生了小的冰崩（ice fall），日本摄影家石川险些被倒下的冰柱砸到。后面人看到一堆如刀锋般的碎冰，噤若寒蝉。王静赶到后还拍了一段视频。我和方泉在后面，有两个夏尔巴协作陪同。我的协作是拉格巴，七次登顶珠峰，方泉的协助是尼玛，四次登顶珠峰。两个人一直在我们前头引路，不时还帮我们挂锁路绳。在一个巨大的冰壁前，拉格巴突然停住脚步。他端详这个冰壁几天前还是面向左边，今天居然面向右边，而且侧面有一堆巨大的碎冰石闪闪发光。他判断可能要雪崩，要求我们加快步伐快速通过。我手忙脚乱地冲过这个地区，在超过 10 米的梯子上攀登，浑身都是汗。

大约用了四个小时，我们闯过了恐怖冰川到达一号营地。一号营地离冰川近，一般不作为正式营地，除非特殊情况。我稍事休息，再向二号营地出发。二号营地海拔 6 500 米，是一段平缓却漫长的坡道。冰裂缝很多，架了十几处梯子。我大约走了四个半小时才到。其间还发生了一段插曲。

阿钢在历次训练中都是拖拖拉拉。今早起得不晚，但磨磨蹭蹭，出发却晚了。罗塞尔非常不高兴。到了换冰爪时，他自己又依赖教练帮忙，结果走到最后，速度缓慢。整支队伍到了一号营地时，他仍在恐怖冰川里晃荡。太阳愈来愈高，温度上升很快。罗塞尔担心出事，要求他立即返回大本营。他不听指挥，坚持向上。帮助他的夏尔巴协作也不愿跟他走了。罗塞尔在对讲机中要求我协助翻译，折腾了 15 分钟，还是给了他一个机会，冒险快速上行，争取到一号营地。

等大多数队员距离第二营地约一个小时距离时，阿钢到了第一营地。由于语言不通，罗塞尔再次要求我协助翻译。阿钢坚持自己体力可以，要求直接上来，不需要夏尔巴协助。考虑到体力透支，天气炎热和冰裂缝居

恐怖冰川中的冰柱

多，罗塞尔明确说明，必须留在营地，第二天早上再上来，如果再不服从指挥则取消资格。

由于大家都可以听到对话，而且罗塞尔的言辞很强硬，结果有七八个队员都在途中向我打听情况。我还要考虑到中国队员形象，尽可能缓和说明。这样到了营地后口干舌燥，极度疲劳。几个登山教练都感谢我参与协调，新西兰的罗塞丽还给我一个拥抱。晚饭后，我和王静通过步话机与阿钢联系上，他状态不错，明早 6∶00 由夏尔巴协作陪同上来。

日本教练真司陪同阿钢最多，也特别关照他。他认为阿钢体能应该不错，只是想法太多，不必要的小动作太多，与全体队员交流和配合太少，总是迟到，徒步训练时拍照片、打电话。

➢ 5 月 2 日

一夜睡得不太好，风大，地不平。早上也是冷，毕竟是海拔 6 500 米了。没有任何信号。早饭时，教练又来告诉我，今早阿钢又晚出发半个小时，让夏尔巴等待，这已经是第三次违反纪律了。上午 9∶30，阿钢到了第二营地，速度很快。今天休息一天。

开始下雪，从营地可以看到半山坡上的三号营地。有两处黄色的帐篷群落，上面的是高三号，也就是我们的营地，下面的是低三号，给身体较弱的山友多一个营地。远远看去，在一片陡峭的冰雪壁上，有几串红色的线条蠕动着，这是其他队伍在训练。想到居然爬这么高，这么陡，心中不免有些紧张。

晚饭后，真司要求我协助翻译，代表罗塞尔与阿钢严肃谈话：第一，连续四次让队伍等他，这是严重的犯规，不能再有下一次了。第二，从体能看，他有机会，但态度上问题很大。第三，未来活动中夏尔巴就代表罗塞尔，希望他必须服从。阿钢回应，自己体力没有问题，只是背包太重，要求额外配置一位夏尔巴替他背包，可以付钱。我们都了解罗塞尔队伍的规则，要求尽可能自助爬山，这个请求基本没有可能实现，我就婉转地绕过去了。不过，这个谈话非常重要，阿钢从此便像换了个人。他在我们四位中国山友中年龄最小，体力最强，不过，也容易撒娇。

➤ 5月3日

风大，一夜没有睡。半夜起来看《明朝那些事儿》电子版。

早上7：00，吃了点饭汤便上路。这是一次训练，从营地走到珠峰山脚，大约一个小时，在6 500米以上高度，呼吸困难，很累。回来后一直躺在帐篷里休息，准备明天上攻三号营地，海拔7 300米。阿钢感觉到被淘汰的压力，今天训练中拼命争先，居然紧跟教练第一批到达山脚，而且不下来继续上爬几十米，拍照。教练赶紧让我用步话机联系让他下来，避免危险。所以队员都看到他在上面折腾，也许会改变对他行走缓慢的印象吧。

今天营地已经有几位病了。新西兰的罗塞丽咳嗽不止，开始吸氧了。日本的石川在拉肚子。二号营地上至少有上百个帐篷星罗棋布，都是在登顶前的适应中。我始终控制饮食，防止拉肚子和痔疮，但是今天开始头疼，可能是昨夜失眠所致。在高海拔上厕所都是一项艰巨的工程，大便要求自己用专门的包装袋包好带下山，寒风凛冽中，穿上连体羽绒服，走出帐篷几十米到一个帆布隔断中，踩着两块石头脱衣解带下蹲，每个动作都气喘吁吁。我和方泉都无限同情地怂恿对方先来，在心理上是一个安慰。

明天将分成两个队。珠峰队和洛子峰队十几个人6：00吃饭，半小时后出发去三号营地。去努子峰的五个人要晚一天出发去他们的三号营地，等待天气登顶。远远看上去，努子峰很难，像刀切的一样，他们需要自己架路绳。我和王静互道珍重，再见面她应该是登顶后了。

我吃了两片散利痛，便于睡觉。这还是方泉在阿空加瓜登山时推荐的，我一直在用。

➤ 5月4日

早上6：30出发，用了六个半小时到达海拔7 300米的三号营地。整个过程是上爬，坡度极陡，常常是蓝色的冰面。在下边看晶莹剔透，踩在上面才叫惊心动魄。一手紧紧拉着上升器，另一只手拉着路绳，头盔上不时砸下来前边人踩碎的雪块和冰碴，脚下还不断探索着可以踩稳的地方。往往几十米、上百米没有可以歇脚的地方，只能靠绳索和安全带拴住来倒口气。精神高度紧张，也使得体力过度消耗。

在一个岔口，地势高低起伏非常大，需要连续调换七八次安全锁扣，当我气喘吁吁地发现我之后有十几个队员和夏尔巴人排队时，非常内疚又无力加快步伐，只好在巨大心理压力下上爬近百米到了换锁的地方，彻底崩溃地坐在地上，不断与后面的人道歉，让别人先通过。这与当年长跑不同，闪开跑道就是了。这里每个超过你的人你都要协助在路绳上换锁，等后面人都过去了，我在精神上和体能上都要恢复很久。而且一旦发现后面人近了，就主动让路，方泉也是这样超过我的，心里反而轻松了一些。

罗塞尔设的营地比别人的营地至少高出 200 米，这让我们看到别人营地后差点心理崩溃了。看到其他队的人员丢盔卸甲地开始休息了，我们还要向遥远的上方继续攀登。突然，在我左上方一位夏尔巴人滑坠了有 20 米，幸亏有安全锁在路绳上。马上另一位夏尔巴人过去扶他起来，似乎没有大事，毕竟让我们几位目睹的队友心头一惊。

到了营地后，几乎体力透支。幸好方泉状态不错，他来负责晚饭，我带上了韩国方便面和西红柿汤料。阿钢毕竟年轻体力好，主动帮我们铲了一大袋新雪，节省了我们的工作。方泉花了一个半小时，烧了两桶热水和煮了一大碗面条。我们吃得非常开心，还拍了照片。

毕竟是海拔 7 300 米的高度，这一夜我们熬得非常痛苦。我头疼得厉害，但负责带药的方泉却忘记了散利痛，结果拿索米痛片对付我。方泉则胃疼头疼，一夜无眠。第二天得知，所有队友情况都如此，连三位教练也靠药顶着。

➤ 5 月 5 日

早上 5：00，方泉就起来烧水，同时将昨天的剩面条再煮了一遍。我们两人算是吃了早点，7：00 便整顿背包下山了。我一路顺利，不到两个小时就率先回到营地了。不过方泉却不顺利，在一段冰面上滑坠了几十米，尽管有安全锁在路绳上，但心理上形成阴影，非常缓慢地返回来。夜里长吁短叹，担心走不好冰面会影响未来的登顶过程。我们一起讨论，希望两周之后，天气变暖会使路况好转。

通过营地的对讲机，得知 IMG 的一位夏尔巴人今天早上因为高原反应去世了，这是我们来之后第二位夏尔巴人去世。以前一直听到许多夏尔巴人的超强体力和适应能力，期待更多依赖夏尔巴人的协助。这次来了珠峰后，了解到他们承担了更多的大本营服务、铺路绳、送食物和氧气等繁杂工作，随时根据领队和教练的安排反复在高低不同的营地中来回穿梭，体力消耗非常大，其实很少能直接帮助登顶队员攀登。我们的队员只有在第一次穿越恐怖冰川和最后登顶两个时段指定一位夏尔巴协助，其他时间并没有太多接触。

云南队的李捷同样出现了严重的高原反应，被直升机从二号营地送下来。他是一家投资公司的老板，身体健壮，当过兵，50 岁出头，看上去干练，也健谈。但高海拔下，许多因素都会导致脑水肿和肺水肿，往往身体越好，反应越严重。与王静讨论高山头疼等症状是否吃药，她不建议用药来压制反应。可是头疼也的确无法休息，我问了几个老外教练和队友，他们大多数昨晚都用了药。

明天一早大家就返回大本营，意味着第二阶段训练完成了。以后就是等待好天气直接登顶。晚饭时，山友们都轻松了很多。七嘴八舌地讨论为什么要花这么大代价和时间，忍受这么多痛苦来登山。与中国山友动辄弄出几句名言不同，这些老外基本上就是个人体验。

日本的智惠子已经爬了 30 年山，她就是喜欢看山。荷兰的瑞尼跑马拉松有点烦了，就爬七大峰。德国的赫伯特说老婆资助他，而且有假期。墨西哥的帅哥就是觉得爬珠峰很刺激，拉脱维亚的劳提斯被本国第一个登珠峰的同胞激励了，想成为本国前三个登顶的人。我则强调想与日常生活脱节两个月，方泉憋了劲要在珠峰登顶，雪耻多次不登顶的历史。一句话，登珠峰的都是怪人。

晚饭时通知大家，因为明天大风，营地上各个队伍都下撤。为避免拥挤，我们 4：30 起来吃饭，5：00 出发，预计三个小时回到大本营。

▷ 5 月 6 日

一夜几乎无眠，早上四点多起来准备出发。5：00 准时启程，天已经大亮，不需要头灯了。一路上终于有机会拍照了，而且路线熟悉，过梯子和冰裂缝也不再慌张。毕竟大家都内心紧张，抢起道来，当仁不让。几个粗鲁的其他队的山友在我们这些初级者面前，有点耀武扬威的样子。在一处两个梯子结成的长冰裂缝处，他们抢着过去，根本不顾及后面的人。看到日本老太太智惠子气愤的样子，我赶紧返回去帮她拉紧路绳。

恐怖冰川里，我们都加快速度，争取在太阳出来之前走出去。看到一堆冰柱呈蘑菇状立在冰壁旁，总觉得随时会倒下来。我一边拍照，一边跌跌撞撞地前行，用了三个多小时终于走出恐怖冰川地带。就在进入安全区后，突然听到身后两声雪崩的声音。我前面的劳提斯赶紧拍照，没有看到有人受伤。方泉他们几个离得比较近，真司要求他们立即趴下，将安全锁扣在绳索上，堆下的雪块距离他们有 30 米。王静还拍下了视频。

回到大本营的帐篷如同回家的感觉，立刻冲澡，晒羽绒被。到虎厅充电，喝了一瓶可口可乐，顿时感到通体舒畅。方泉也等着冲澡，可是厚道的他总给女队友让位子，结果连让几次连热水都没有了。

中午，罗塞尔祝贺大家完成这次强化训练，但对阿钢的表现提出批评，要求他必须严格遵守队里规则，否则只有两个结果：回家或就待在大本营。饭后，我们几个去 IMG 的中国营看了看，李捷因肺水肿已经飞抵加德满都了。

我下午实实在在地睡了三个小时，非常舒服，一下子疲劳全无。

▷ 5 月 7 日

一夜睡得非常沉，醒来时天已经大亮，阳光透过帐篷强烈地挥洒着，我却没有力量和想法起来。身体非常懒惰，头脑也一片空白。只是嘴唇红肿和溃烂让我不时有强烈的撕裂痛感。听到远处帐篷外相继传来夏尔巴协作与山友彼此问候的声音，意识到终于回到大本营的生活了——7：00送热毛巾和奶茶，8：00开饭。

今天是休整日，可以洗衣服，清理帐篷。也可以请夏尔巴人洗，付费，双方都愉快。天气变暖和了，起床也不再痛苦。我们在虎厅充电时，阿钢突然与方泉和我握手，表示要放弃登顶回家了。他一夜无眠，感觉到队里对他的态度。我劝他多找自己的问题，不要轻易放弃。我们是来登山的，不是闹情绪的。我们已经一起走到今天了，哪能这样放弃？

早饭后，罗塞尔约我们四位中国队友开会。针对方泉四次在途中掉了冰爪并且系冰爪时没有锁安全绳的细节提出警告，要求今天请教练乌迪协助调整。之后，他非常严厉地要求阿钢说明，为什么不带背包穿越恐怖冰川？为什么不遵守集体出发时间？为什么不尊重教练和夏尔巴协作的意见？是登山来了还是度假来了？"你交钱给我是让我保护你安全登顶，语言不是障碍，态度是障碍。"

阿钢大约从来没有受到过别人的批评，也没有检讨自己的习惯。反复说明几件事：第一，他一直以为队里应该配给他一个专职英文翻译的；第二，他以为下山可以不背包；第三，自己能力很好，就是背包太沉，应该多配一个夏尔巴协作，自己可以出钱。

阿钢检讨了几句，希望能给机会继续行程。王静和方泉都积极铺垫，我在翻译中尽可能将阿钢的辩解调整成他的诚恳，最终罗塞尔还是很给中国人面子，要求阿钢上午必须将冲顶的装备重新清理检查，给他一个机会。

谈话过程中，突然听到外面急切的呼唤医生的声音，我们冲出帐篷，得知一位夏尔巴协作忽然晕倒有生命危险。在直升机赶过来的过程中，他又暂时恢复神志。在高海拔上，这是经常发生的事情。我们到大本营的当天，就有一位夏尔巴人去世，他本来是非常有经验的"冰川博士"。在跨越一个冰裂缝时掉下去了，而且没有安全措施，我们每人还为他捐了100美元。

不过晚上，罗塞尔告诉我们队里这个夏尔巴并不是真的出了问题，主要是连续两个夏尔巴人去世后，他诈称高山病，希望提高要价而已。罗塞尔已经要求他离开队伍下山了。

天气变暖，大本营许多冰雪融化，景象大变。我们到冰川一带拍照，与一周前差距很大，很有破败的感觉。

下午，我、方泉带着王静再次到日本营地拜访三浦雄一郎。他与他的两个儿子接待我们，讲述了他的登山历史，还送我一本刚刚出版的新书。他对珠峰的挑战已经超出了登山的意义，更是人类生命能力的挑战，是亚洲人的骄傲。方泉建议他能在中国出版自传，这对近期中日民间外交能有积极贡献。我建议他能考虑来北京讲演，他非常高兴，希望我 6 月去日本时能与他见面。临别时，他和他的两个儿子目送我们很久。回来时，日本人真司和石川知道我们与三浦见面，非常羡慕，也希望看到他的新书《我为什么 80 岁要登珠峰》。他在滑雪和登山领域里，对日本人而言是偶像级人物。

距离三浦营地不远就是杨春风组织的中国登山队营地，有十几个中国队员。王静带我们过去看看，有几个队员面熟，原来也在四川四姑娘山培训过。听到杨讲述刘向阳去世的情况，那种若无其事的态度和平淡让人印象深刻，看来带队出事太多了，经验丰富了。心中祈福他的这么多临时拼凑的队员，还是安全第一吧。

晚饭时，罗塞尔告知，另一个队的夏尔巴协作下午在三号营地滑坠去世。这是第三个夏尔巴人去世。

晚上罗塞尔队举办了晚会，我们邀请了 IMG 剩下的唯一中国队员婷婷来我们这边做客，方泉亲自接待。结果她英文也很好，让一大批外国男队友惊艳。大家不断开玩笑，日本摄影家石川也腼腆地追上来，非常热闹。晚会要求大家戴上奇形怪状的帽子，结果附近的各队都有人参加，在流行音乐中跳舞喝酒。我们几个中国山友还不太适应这种热闹，一会儿就返回帐篷了。好像到半夜才消停。

➤ **5月8日**

今天变天，冷起来了。努子峰天气可能出现一个登顶的窗口，王静与三位外国女队员下午出发。登洛子峰还要再等一周，我们的珠峰队要等十天。罗塞尔风格一向保守，始终将安全放在第一位。他希望让其他队先冲顶，保证路线安全，避免拥堵，而且天气更暖和些再上，减少冻伤的概率。按真司的说法，在珠峰大本营的费用很高，一般每天每人100美元。如果有10个登顶队友，大体上就需要有30—40个教练、夏尔巴协作和营地服务人员，每天费用就是5 000美元。许多小队资金能力不足，希望早冲顶，提前离开大本营，全队可以节省许多费用，这就是利润。

队里给每个队员发了两件衣服，一红一黑，标有"珠峰"的字样。我就将红色套头衫改为纪念品，让所有队员和教练都签上自己的名字，还有几位夏尔巴协作等，大家都很热情。同时我也请日本的三浦雄一郎、新西兰的罗塞尔、英国的大卫和夏尔巴的普马扎西四位在"中国金融博物馆"和"中国并购公会"的两面旗帜上签名留念。

晚饭时，我们几个看到桌上有一大盘牛肉干，味道鲜美，这是马汀专门从法国带来的，送给大家品尝。但看她和冯士瓦两人不太高兴的样子，不知为什么。王静告诉我们，马汀早上邀请大家16：00来参加一个小酒会，但却没有几个人来，让他们夫妇非常失望。我这才想起来似乎有这个邀请，但没有认真对待，心里觉得有些过意不去，便多吃了几片。

一般而言，罗塞尔的队里不希望大家带自己的食物，更不鼓励彼此交换。各国食品的品质和味道不同，带入公共空间有可能导致不习惯的山友消化的问题。中国人喜欢带一些调味品，我们又好客，一定劝老外也尝尝。很快队里的规矩就不复存在了，桌上总是有各种榨菜和老干妈等。慢慢地，日本人也开始带辣芥末和绿茶巧克力等食品了。但他们不劝你尝，你喜欢就自己拿，拉肚子了也与别人无关。这是第一次看到欧美山友自己带食物出帐篷了。

> 5 月 9 日

早饭后，我、方泉和日本的智惠子一起到附近的山头锻炼。向上爬了一个半小时到顶，两周前，我们也曾来此峰，不过景象大变。那时四周环望，一片冰雪世界，珠峰也是白雪皑皑。现在则多已融化，珠峰也是山石主体。下来用了一个小时。

午饭时忽然得知法国的马汀下山回国了，这真是意外。昨晚看冯士瓦、马汀夫妇没有吃晚饭，而且马汀不时在哭泣，颇为奇怪。今天冯士瓦也一副愁眉不展的样子。与几位山友聊，据说是马汀一直害怕多次穿越恐怖冰川，加上天气变化，攻顶时间不断调整。马汀不喜欢不确定，结果赌气下山回国了。大家来了六周去适应高海拔，这样放弃真有些可惜。

我本来从今天开始收集各位山友在我的一件珠峰纪念衫上签字，结果出师不利少了一位，只好请冯士瓦代马汀签了名。阿钢告诉我，他上午看到罗塞尔与这对法国夫妻有非常严肃的谈话，可能马汀下撤的原因并不简单。我与马汀接触相对多些，她热情、开朗、幽默，对冯士瓦严防死守。每次冯士瓦与女队友开玩笑或举止轻佻便怒目相向。冯士瓦为人冷淡，对中国人有些傲慢，模仿阿钢怪异的表情动作真是惟妙惟肖。

下午，天气忽然变化，下起了雪。原来计划洗衣服，只好放弃。又开始翻阅一本 2009 年出版的 *K2：Life and Death on the World's Most Dangerous Mountain*（《K2：世界上最危险的山上的生与死》）。一位登过 K2 和十几座 8 000 米山的美国作者艾德·维耶斯图（Ed Viesturs）写的，本来不想看，百无聊赖中也就拿起来了。翻看了头一章，还不错，写了 2008 年 K2 死了十几个人的悲剧。1996 年珠峰悲剧有了《进入空气稀薄地带》，世人皆知。K2 毕竟人少，这么多人死去，还真不知道。重要的是作者的讨论很直接，死人了要不要救？何时判断要不要放弃？人多结队是否必要？登顶天黑后如何露营？值得一看。不过，作者也有些自负，对别人挑剔太多。

晚饭时，山友们谈论起日本和中国的电影，觉得太暴力太血腥。细聊之后，发现老外们谈的是香港电影，他们基本没有看过什么内地的电影。

我以这一代人在过去 30 年的变化聊中国的制度进步。进入互联网社会和下一代人的自由选择，这个历史进步是众所周知的。但同时需要一代人的妥协，即不能动辄以政治理念来搞革命，应当在稳定和历史进步中解决。我们当年都热血沸腾希望改变世界，到了中年后才发现需要整个社会的呼应和中产阶级的成熟。教育老一代是不可能的使命，要等待他们离开历史舞台。其实，我们在下一代眼里也成了老一代。

艾伦热烈地回应我的话，她今年 54 岁，曾积极参加了美国历次人权和种族自由等运动。现在看到民主党执政并没有推动经济进步，而且中产阶级反而减少，认为这一代人没有实现自己的使命。在互联网影响下，下一代人对社会进步缺乏追求了。我笑着说，批评下一代就是老了的象征。我对未来和下一代抱有积极乐观的态度。

> 5 月 10 日

早晨在帐篷中继续读《K2：世界上最危险的山上的生与死》。作者批评许多登山作品突出个人英雄形象，忽略夏尔巴协作和同伴的支持，强调个人毅力与能力，割舍队友间彼此负面的纠纷和行为。他指出掩饰或夸张将有害于给公众一个真实的登山过程。的确，在高海拔环境中，无论是何种出身、气质和生活态度，花了这么大的时间和金钱代价，在登顶这个问题上目标是一致的。有合作也有竞争，在集体行动的规则下，一定有个性的冲突。每个人都有自己强悍和聪明的一面，同时也有自以为是和粗暴乖张的一面，互相宽容和妥协是必需的。

早饭时，智惠子和真司对我在昨晚的谈话中正面评价日本和美国对中国改革的贡献很高兴，他们称很少听到中国人称赞日本。于是，我们继续讨论中日彼此的影响。战争对两国损害都非常大，两大民族彼此不信任，这需要几代人解决。

上午阳光灿烂，我冲了澡，又洗了十件衣服，很悠闲。

今天中午，英国人大卫与夏尔巴队长普马扎西登顶珠峰，成为今年南坡第一组登顶的队员。英国女王上周曾致电大卫创立的慈善基金机构，询问他攀登珠峰的情况，加上英国驻尼泊尔大使馆拟在 20 日左右安排一个慈善活动，这些信息推动大卫提前出发登顶。他本人是第五次登顶珠峰，四号营地及登顶的路绳和帐篷等设施尚未完成。下午又传来消息，英国女王特别致电给他，封他为骑士（Knight）。

石川问道，英国有多少个骑士啊？大家都说不清。我肯定地答，每年有 365 个夜晚，这是确定的。在大家都很疑惑的时候，艾伦和瑞尼等哈哈大笑，很惊奇我居然这样用英文开玩笑。

今天也是普马扎西的好日子，这是他第 21 次登顶珠峰，目前仅次于另一位 50 多岁的夏尔巴人。不过，普马还登顶了 31 次 8 000 米以上高峰，是全球纪录保持者。

今晚确定了攻顶洛子峰和努子峰的队伍后天早上出发，珠峰队伍大约一周后出发。按罗塞尔的说法，晚一个窗口登顶，可以避免拥挤，同时天气温度可以提升 7 摄氏度，从 −25 摄氏度到 −18 摄氏度。

夜里看了一部美国片《援助》（Help），描述美国 20 世纪 60 年代人权进步的片子，非常感动。

> 5 月 11 日

早饭后，大卫和普马回到大本营，得到大家的热烈祝贺。大卫几天不见，面容改变不少，有些脱相了，又黑又瘦。他边吃早饭，边给大家讲登顶的路程和天气。他昨天收到 170 多封贺信，女王和许多机构立即给了他的慈善基金 80 多万英镑的赞助。原来他打算这次连续三次登顶珠峰，打破一个纪录。不过，他准备放弃，第二天就回国。我为他和普马一起照了几张相片，相约在伦敦或北京见面。

我和方泉照例又爬山两个多小时，活动筋骨。天气忽热忽冷，难以捉摸。我们中午到 IMG 的中国营地吃饭，土豆烧牛肉、西红柿炒蛋、炒豆角、米饭。阿钢还带来了四听丹麦啤酒。大家吃得高兴，也邀请了两位美国的迈克参加。西雅图的职业登山教练迈克是旧金山的投资家迈克的珠峰领队，据说投资家迈克为这次一对一的服务支付了 11 万美元的费用。

IMG 的珠峰队伍，今明两晚就进山了，他们争取第一个窗口 16—18 日就登顶。一般队伍都希望早些登顶，有人心思归的因素，也有经济因素，每天每人在大本营的费用都不少。但罗塞尔的习惯是等第二个窗口，今年大约是 21—24 日。他的理由是：其一，大家先登路会更踏实安全；其二，避免登顶的拥挤；其三，晚些天气更暖和，冰雪面小了。但是，也有一个危险，万一天气变化使得第二个窗口没有了，大家就失去了登顶机会。特别是，2012 年罗塞尔队伍集体放弃登顶，这给队友的压力更大了。

下午，罗塞尔开会，给大家发放氧气罩并指导使用方式。每个人分配

进山祈福仪式

了四瓶氧气。从三号营地开始使用，夜间流量 0.5L/min，三号营地到四号营地建议用 2L/min，登顶日用 4L/min。同时，将每个人的步话机电池全部更新。

15：00 左右，天气大变，雷声阵阵，大本营卜起了大雪。今晚的队伍能否成行是个疑问。尽管雪仍不时飘洒，罗塞尔决定洛子峰队伍凌晨 2：30 出发，努子峰则次日同时出发。大家彼此祝福顺利登顶。只有珠峰队伍还在等待。大卫明天下山，功成名就，非常愉快。真司教练牙疼得严重，罗塞尔非常体贴地安排他与大卫一起乘直升机到加德满都去治疗两天。从大本营直飞加德满都的费用在两千多美元。

阿钢突然提出希望我翻译，自己付费也去加德满都玩两天，我们几个中国人面面相觑一番，便没有吭声。他这种任性的态度已经多次了。看我们不理会，他又中英文一起来，要求真司到加德满都为他买一套新的头灯。冯士瓦表示，他的头灯没有问题，而且可以借给他用。真司苦笑道，如果在医院附近能找到头灯可以看看。

> 5 月 12 日

早上一片银色世界。因为下雪掩盖了许多冰裂缝，罗塞尔取消了今早去洛子峰的队伍。大家有点失望，也能理解。大卫今天下山，飞到加德满都参加一个庆祝仪式。临行前过来与我讨论争取今年来北京一次，作为瑞士信贷全球货币配置的执行董事，没有来过北京太不像话了。上午我在虎厅整理登山日记和照片。罗塞尔过来聊天，提到他将来也会写一本书，但不是写他个人的成就，而是写 100 个有趣的登山故事。

午饭时，与设在马来西亚的半岛电视台的史蒂夫、艾伦和瑞尼聊天，谈起严肃话题。史蒂夫是美籍华人，这次带队来制作登顶珠峰 60 年的纪录片。上午刚刚采访了三浦雄一郎，也采访了罗塞尔、大卫和普马扎西等人。他曾担任加拿大电视台主笔，在北京常驻过 5 年。我们谈到中国的变化和世界对中国的担忧。这批登山的老外基本都没来过中国内地，最多只是在西藏待过，对中国人的理解还是非常传统。艾伦和瑞尼对北京空气污染和中国的环境破坏忧心忡忡。

我提示他们 60 年前伦敦大雾死了几千人，50 年前日本的化学和食品污染也死了上万人。美国 20 世纪 70 年代才有环保意识，这都需要时间来认识和处理。中国确实存在环境污染问题，不过这一代中国人意识到危险并作为国策也是非常迅速的。五六年前，我曾在巴黎的经合组织讨论会上以民间人士身份讲过，相当大部分的工业污染是由于欧美跨国公司在中国的制造基地形成的，它们无法通过本国的法律只好转移到中国等落后国家。而且，欧美国家的税收和贸易政策也推动了这种以邻为壑的行为。我进一步强调，我们这一代被牺牲了，但下一代会有更强烈的环保意识和能力来改变中国和世界的环境。

至于他们提到欧美国家对中国的抵触，我没有具体回答，只是建议从更长的历史来看：100 年前，大英帝国对暴发户美国也是不信任和抵触，40 年前，美国对日本也是如此，后来轮到韩国，现在轮到中国了。重要的是，每个国家都要意识到，尽管风水轮流转，但各国的未来命运是不可分割的。

瑞尼和艾伦都表示将去北京看看。瑞尼还提到他的表妹在荷兰的生活安逸但无趣，几个月前到中国来了，据说乐不思蜀，生活有了新目标。他们都好奇，中国有什么让她兴奋。我回应，变化，中国可以制造变化。

晚饭时，罗塞尔宣布，珠峰预计登顶是在 23 日，其他队伍多在 19—21 日。

今年是人类登顶珠峰 60 周年，来珠峰的名流也很多。意大利登山家梅斯纳（Reinhold Messner）是 42 岁时第一个完成 14 座 8 000 米的登山者，他今年 69 岁，两天前带着记者一起来到罗塞尔营地访问，我在虎厅见过他们一面。他强烈反对商业化登山，是比较传统的人物。罗塞尔不以为然，建议我们拒绝他的采访，这几天他还会来。另外，一位第一个无氧单独登顶珠峰的 50 岁的女士，也会过来。至于影星汤姆·克鲁斯来珠峰的传闻，已经炒作几年了。

晚上又看了一遍《莫扎特》，这还是在美国留学时看的电影。天才不会被平庸者毁灭，只能被理解和欣赏天才的人毁灭。

➤ 5 月 13 日

凌晨，去洛子峰的队伍出发，我也醒了，很羡慕。艾维琳和阿钢专门起来为他们摄像，希望一路平安闯过恐怖冰川。

早上开始翻阅南怀瑾的《老子他说》，几十年前在美国看过他的《论语别裁》两本，算是中国古典的启蒙读本。后来在海南时读过他的一些盗版书，感觉有六经注我的味道，权作把玩而已。近年来南怀瑾隐居无锡，不时收入门弟子，达官贵人上门求教，声名显赫。2012 年去世，竟成绝响。我曾看过他论金融的一书，是给金融高官讲座的汇编，实在不敢恭维。

罗塞尔给大家开会，说明为什么定在 23 日登顶。首先，气象资料表明，23—25 日期间风向转为对登珠峰路线有利。其次，气温升高，无雪。再次，目前看多数登山队都选择 19—21 日登顶，避免拥堵。他告诉大家，不要被许多队伍拔营进山的现象迷惑。重要的是完成登顶，不是去登顶。

上午去冰川一带溜达，没有见到三浦老人，他们父子也在冰川一带训练。

下午在虎厅看电影《垂直极限》，十年前看得惊心动魄，今天与七八个登山教练和山友一起看，则是笑声不断。将登山中几乎不可能的情节和动作编到一个故事里，漏洞百出。

今天开始看墨西哥山友哈维斯带的大部头英文书《恺撒》。这本书过于学术化了，有点乏味，不过，资料详尽。

➤ 5 月 14 日

早睡早起已经成为习惯。连续几天信号不通，原来帐篷里可以在晚上与国内互通短信，尽管不稳定。打电话就需要到山坡上不断寻找，冒着风雪通话，这也成为大本营的一个景色了，经常看到不同国家的山友在各种奇怪的石头和山头上惨兮兮地通电话。

等不到信号就看 iPad 上下载的各种电子书，这几天就在通读《杜工部集》，挑出有味道的诗句。睡不着的时候就回忆各种往事，或者一遍遍想象着冲顶的过程。

上午与方泉再去冰川入口的营地，与三浦雄一郎父子聊天。我告知读他的书的一些体会，建议他考虑为中国读者写一本书，加入一些他与中国登山者的往来、他的社会和政治活动等。他非常高兴，希望能委托我找到合适的出版人。我们约定 6 月中旬在日本见面，之前我会去韩国参加一个国际会议。

三浦的小儿子三浦豪太给我讲了一些让他们不太愉快的事情。2008 年三浦 75 岁登顶珠峰后，尼泊尔政府也宣布一位当地人以 77 岁的年龄登顶，从而保持尼泊尔人的登顶纪录。此人没有年龄证明，也没有登顶照片，只是有尼泊尔军队出具的服役证书。作为尼泊尔的国家英雄，今年他又以 82 岁的年龄再次登顶。昨天晚上，半岛电视台的史蒂夫告诉我，他同时采访了三浦和那个尼泊尔老人，认为后者连站起来都困难，说其再次登顶简直是开玩笑。

三浦豪太告诉我们，2008 年背后支持那个尼泊尔人的当地黑社会曾威胁三浦登山队，以营地垃圾为名勒索 10 万美元。当年他们也曾威胁过罗塞尔队，要求罗塞尔不能安排《探索频道》摄制组到珠峰顶峰拍摄节目，因为这个黑社会正在制造尼泊尔人 24 小时从大本营到顶峰并返回的奇迹。这次三浦登山队又遇到各种威胁，所以他们只好事先与日本大使馆联系了。

我们中午到阿福那里聊天下棋，赶上午饭是中国菜，就一起分享了。到底是中国菜啊，马上浑身有劲。

➤ 5 月 15 日

凌晨醒来，回想昨晚方泉的抱怨，我感到需要与登山组织者谈谈，否则，感到很窝囊。早饭后，我和方泉正式约领队罗塞尔和教练布鲁斯一起谈话。起因是，昨日下午，方泉在虎厅喝了一瓶可乐。布鲁斯居然提醒方泉记账，这本来是大家都了解的老规矩了，这个不友好的提示让方泉非常不快。当邻居美国登山队中来自云南的山友阿福来虎厅做客时，方泉拿了啤酒给他，布鲁斯再次提醒记账。这让方泉非常愤怒，因英文无法表达，只能咽下这口气。我当时不在场，事后得知也很气愤，立即邀请阿福到我们营地吃晚饭。晚饭很丰盛，三文鱼和红酒。席间，布鲁斯果然又当着客人面问我是否与罗塞尔打了招呼带客人。连教练乌迪都看不下去了，立即告诉我不必了，他去招呼一下。

这个布鲁斯是罗塞尔的新西兰同胞，边工作边尝试第一次登珠峰。他一直对中国队友态度不友好，经常在充电和虎厅设备使用时制造麻烦，曾与旅游卫视的工作人员产生过摩擦。我对罗塞尔和布鲁斯说，当着客人面提到付账和晚饭的事情是不同寻常的恶意提醒，这是对我们的侮辱。如果发现中国山友中有任何问题，应当正面指出，而不是以这种方式处理。我们付钱登山是要求你们的帮助和服务，不是侮辱。我要求他们做出解释。

他们很意外地互相看了看，布鲁斯连连向我们道歉，表示当时发现啤酒等与账目差额较大，他是负责人压力很大，所以口不择言。罗塞尔也连续三次表达他本人的歉意，希望得到我和方泉的谅解，也对我们能够公开表达态度表示感谢，希望大家能有彼此的信任和理解。布鲁斯愿意邀请阿福来营地晚餐，再次当面表达歉意。同时，罗塞尔也表示，有中国队员一直不遵守队里规则导致其他队友和管理人员的负面情绪，但不应该扩大到中国人的层面。他称赞我和方泉在协调矛盾时的作用。最后，我们四人彼此握手，希望翻过这一页。

回到虎厅后，方泉表扬我用 insult（侮辱）一词很准确，他听得懂，觉得谈得痛快。也许在山下这是一桩小事，但在大本营里就不同了。受了窝囊气不释放出来，睡不好吃不下，每天怒目相向，可能误解更深。大家有情绪就发泄出来，不必客气。我们看到其他国家山友也常有磕磕绊绊的，这也许是高原反应的一种吧。

中午，我们很愉快地又到阿福处吃午饭，也邀请他来我们这里，方泉绘声绘色地讲了这场"外交胜利"，阿福感叹道，你们对大名鼎鼎的罗塞尔都这样，如果到我们队里就更牛了，他们就欺负我们语言不行。

当我们回到大本营时，医生珍妮告诉我们，上午一位俄罗斯登山者在努子峰下锻炼时滑坠死亡。他本是登珠峰的，在等待天气时感到无聊，就自己与一位西班牙山友结伴去一个危险的雪坡锻炼一下，结果落得这个下场。

下午，方泉采访普马扎西，我协助。普马谈了他的经历和家庭、登山的喜悦和遗憾。2002 年他带了一个法国的著名滑雪家马克从北坡登顶珠峰。结果，马克登顶后单板滑雪下降后永远失踪，这是他最遗憾的事情。他与罗塞尔一起合作了 14 年，亲密无间。罗塞尔如果退休，他也希望退休回家务农。这让我很惊讶。我便与他深聊。以普马的经历，他已经成为夏尔巴人的传奇，才 42 岁，身体和精神状态正是最佳状态。高山旅游正在成为全球时尚，尼泊尔的珠峰市场巨大，而且正在重组过程中。在西方人控制了近百年珠峰市场之后，尼泊尔当地公司正在成熟甚至取而代之成为主角。普马有机会成为创业者，而且这也是他的历史机遇和责任。他听后很认真地考虑，也很认同，希望再详聊。

这几天电信信号特别差，我和方泉无法接收短信，只好到各个山坡搜寻手机信号，站在寒冷的风中与国内亲友联系。不仅是我们，常常看到许多国家的山友都各自守候着不同的山坡，成为一个温馨的景象。阿福的帐篷信号好些，我们常在他那里边与他下棋、打牌，边等信号，也分享他的中餐。

> 5 月 16 日

早上与瑞士美女艾维琳聊天。她十几年前成为瑞士首位登顶珠峰的女子，精干漂亮，成了瑞士名人。而且她到处讲演，与赛车手舒马赫等各界名流交往，感觉很好。近年来感到空虚，希望以摄影记者身份返回登山界，所以她建立了一个网络社区，写博客和采访，分享不同的人生。这次她与男友一起来，男友徒步后返回，她将与我们一起登顶珠峰。

昨天上午遇难的俄罗斯登山者曾与她有过接触，52 岁，也是登山高手。估计等待的时间太长了，有些无聊便和一位西班牙山友到努子峰下面的岩石地带攀爬，结果塌方了。这是非常意外的事件。在大本营训练也不能掉以轻心，我和方泉训练了四次，都是规规矩矩地按指定的山坡走的。但对于高手来说，可能就太乏味、太平庸了。

她也谈到昨天普马扎西提到的法国滑雪高手马克（Marco Siffredi），2001 年她登顶珠峰时，马克帮她拍过登顶照片，之后他成功下滑。多年后，一次在加德满都的酒会上，她与一位法国登山家搭讪，得知他每年来珠峰寻找儿子，居然是马克的父亲。马克年仅 21 岁，已经名满滑雪界，但还是自我挑战极限。这次见面使艾维琳自我反省人生，不再单纯追求极限，理解了人生的宽广。她也讲述了另一个一级方程式著名车手突然死亡的故事，她也与他非常熟悉。

我与她谈到，不仅在登山圈，在商业、政治、艺术等各个具有竞争的领域，都有一个极限挑战和把握分寸的问题。例如，艺术家迈克尔·杰克逊、惠特妮·休斯敦都是例子。人还要有一个自身能力和潜力的发掘，但不是以超人的标准或者别人的期待，而是以自己的快乐和兴趣为尺度。年轻时以竞争对手为目标才能有所成就，中年后以自己的乐趣和好奇为目标才有意义。她非常认同，并让我介绍我和方泉的登山经历和感受，她要采访一下。

她几天前采访了著名意大利登山家梅斯纳，谈到登山的乐趣如同解数学题一样，变幻无穷，非外人可以理解。她很欣赏这个说法。我笑道，千万别以为这些名人真的这样想，他们必须这样费尽心机地设计名言。而且，崇拜他们的人也经常替他们发现并流传名言。例如，著名登山家马洛里的名言："因为山在那里。"从他的传记中可以看出，更是他对于成千上万的关于他为什么要登山询问的不耐烦的回应而已。

早饭后，来自新西兰和瑞士的几个山友讨论起政治制度和教育等社会问题来。瑞士的政治家们对移民的立场成为焦点。来自德国、波兰、罗马尼亚等的新移民月薪在 200 欧元左右，而瑞士居民最低工资在 2 000 欧元以上。巨大的差异导致社会矛盾增长，迫使瑞士社会结构改变并开放。政府部门福利待遇稳定与民间创业机会也形成负激励。艾维琳的妹妹辞去高薪的教师职位创业，半年后便放弃回归政府系统，主要是无法面对残酷的市场竞争，特别是移民带来的黑市竞争。

白天，我和方泉到阿福的帐篷打牌、聊天，消磨时间。因为天暖，整个大本营的冰雪都在大面积融化，导致大大小小的塌方，各个营地都面目全非。去冰川入口的路上，我们不时看到一个巨大的石块矗立在一个不断融化的小冰坨上，岌岌可危。许多帐篷由于地下冰块的消融不得不重新搭建，或者搬家。我们不敢继续在营地走动，避免打滑或崴脚，任何意外都可能断送登顶的机会。

晚饭时，真司通过对讲机告知我们，前天登顶的一位登山者双手被冻伤，需要截去几根手指。气温太低，风急，在攀爬中手指被冻往往意识不到。我们推迟几天登顶也有这个考虑。目前的出发时间是 19 日凌晨 2∶30，这样，我们还需等待两个白天。

➤ 5 月 17 日

早上醒来听歌，天气暖和。时有时无地收到短信，接到国内亲友的问候，非常开心。方泉还是控制不住地不时将几个甜美的短信让我看，但手掌挡住发信人名字。后天凌晨就出发了，终于结束了等待的日子。我开始在帐篷中准备登顶的衣服和食物，今天再冲个澡。那天祈福登山仪式时，普马发给每个队员一条红绳系在脖子上。谁知，几天后我的就不见了。内心一直不安，总觉得需要再去请一个。结果，洗澡时发现一条红绳系在窗帘上，想起这正是我前次洗澡时挂上去的。这个时候重新出现，真是好兆头啊！

今天忽然通信畅通，我收到许多短信。方泉居然全无信息，急得上蹿下跳，又跑到山坡上去收，仍然没有效果。我拿过他的手机一看，显示无SIM卡，打开机盖后发现他将卡装反了！方泉捶胸顿足地骂道："这是我五天前弄的。"正常后果然几十条短信涌来，他又急不可待地给他那几十万粉丝发微博了。

下午，瑞士的艾维琳和德国的赫伯特都病了，头痛和感冒，似乎药物不起作用。艾维琳甚至考虑下到加德满都待几天，再回来登顶。医生珍妮认为她是病毒感染，各国队友体质不同，感冒或打喷嚏等都会传染，建议她留在大本营治疗。但艾维琳也很固执，认定下山降低高度会有效。她与罗塞尔讨论了很久，还是决定下山，但天气不好，一整天也没有飞机起降。她干脆就搬到罗塞尔和医生那个指挥部帐篷里去睡了。她希望在加德满都休息几天后，回来赶 29 日开始的那几天窗口。这会让罗塞尔破费很多的，尽管只剩一个人，但几个营地和全套服务系统必须维持。听到艾维琳多次在讨论病情时，强硬地说："It's my body and my money."（这是我的身体和我的钱。）

赫伯特则在大本营吃药看看效果。德国人的意志很强悍，发烧 38 摄氏度，还是坚持与墨西哥的哈维斯一起玩 Monoplay 的游戏。大家议论，人的精神力量很重要，特别是在登顶前。等待太久了，精神垮了，身体各种症状都会出现，可能神经质。方泉就非常欣赏他，多次跟我讲，这哥们儿五官坚毅，身材优美，意志坚定。

今天山上大风，真司得知 IMG 队拟冲顶的队友推迟一天，他们需要在四号营地南坳再住一天，体力消耗大还需要补充氧气。如果明天天气依旧不好，可能就要放弃了，太早登顶就要冒险。这样看来，对我们这些晚上去的有一点安慰。短信中得知，珠峰北坡的山友们已经到了 8 300 米营地等待冲顶了，有点嫉妒他们。

罗塞尔连续两天自我隔离，他感冒很严重，卧床休息，也要求大家别去打扰他。平时，他都会在晚饭时出现，给大家通报最新天气情况，各个不同登山队的进展和注意事情，同时讲几个趣闻调节气氛。这两天显然空空荡荡的，让大家有些不安。

王静无氧登顶 7 000 多米的努子峰后，感觉很好，希望尝试无氧登顶珠峰。她从二号营地来电，希望我协助她与罗塞尔商量一下。我知道王静意志坚决，但罗塞尔是一个不喜欢变化的老头，而且他在病中，可能一句话就给否定了。我先与日本教练真司讨论，真司建议王静先与她的夏尔巴协助扎西讨论一下，普马扎西与真司一起做工作才好办。

下午在阿福处玩牌，得到国内工作短信。荷兰大使馆拟于月底在金融博物馆举办一个酒会，荷兰要来一位财政部的副部长，我需要邀请一位中国副部级领导。幸亏今天通信条件好，我直接联系了曾担任财政部副部长的金立群先生，他立即确认能够参加。居然能在珠峰大本营办一点正事，感觉还是不错的。

晚饭时，真司让我翻译给中国队友关于明天的装备准备和各种注意事项，阿钢不断地大声叫我的名字，让所有人侧目。他不想背睡垫和其他东西上去，希望能在上面营地借到他人的装备。广东人考虑问题真是实际，而且执着，不在乎别人如何想。尽管这是不可能的，但他总会表达出来。我不得不翻译出来，大家一片沉默。

➢ 5 月 18 日

最后一个晚上，睡得很好。早上接到国内短信，一架尼泊尔直升机坠毁。担心家里老太太从新闻里知道了，立即跑到山坡上等了半小时信号，打了电话报平安。天气越来越暖和，对登顶有利，但同时我们穿越恐怖冰川难度大了。

早上，飞机终于将艾维琳接走了，她非常坚持，罗塞尔和医生都劝不住。还有几架飞机是接走几天前登顶但被冻伤的人。今天大约有 60 人登顶，包括夏尔巴协助和教练等，此后大约每天如此。乌迪和普马说这个数量不会发生拥堵，很正常。赫伯特活蹦乱跳地来吃早饭了，他恢复得很快。

早饭后，罗塞尔出来晒太阳，话不多，还在感冒中。大家用赫伯特的T 恤纷纷留言并签名，祝福他尽快恢复。赫伯特画了一只老鼠，我则写道：Don't be this，It's a wrong way！（别这样，这是错误的方式！）我的英文名字 Wang Wei，很容易读成 wrong way，经常有美国人开玩笑这样叫我。

上午我和方泉又去阿福处打牌并吃中国饭。看到 IMG 队有两位美国女队员回到大本营，她们是第一批登顶队员，但因昨天风大她们从四号营地爬到距离顶峰 400 米的"阳台"附近便放弃了，很可惜。其他队员中有三个登顶，另外四个下撤到二号营地等待，估计也要放弃。两个女队员中的一个是美国名校卫斯理学院四年级学生，必须在 28 日返回美国上学。这是她第二次来珠峰了，她父亲则在营地等待下一窗口冲顶。

午饭后，罗塞尔召集会议。在洛子峰和努子峰登顶的瑞尼、艾伦、石川和贝莉都平安归来，大家非常高兴，彼此祝福。他们还要等待明天归来的智惠子，一起庆祝，可惜我们要出发了。相约以后通过电子邮件联系。他们几个要一起下山，需要三天走到卢卡拉。然后由罗塞尔公司安排飞机去加德满都。机票每人不到 200 美元。这也是大多数登山者的选择，风景很好，也有逐渐下降高度的适应。如果乘直升机从大本营直接去加德满都，每个人机票在 2 000—3 000 美元，且是讨价还价的结果。但多数中国山友都选择了这个方式。

罗塞尔拿着电脑展示各种图表，说明为什么 23 日登顶是合适的时间。风力下降到 30 公里每小时以下，温度在 −18 摄氏度左右，而且无雪。许多登山队过早冲顶，会有冻伤，而且体力消耗太大。重要的是攀顶安全和成功，不是速度和比赛。他希望大家走得稳健，不必太快。他特别要我为中国队员翻译，主要是阿钢。尽管罗塞尔非常虚弱地在讲解，十几个队员和教练也认真听讲，但是，只见阿钢用双手在后面撑着脑袋，爱答不理地晃着二郎腿，对罗塞尔的讲解和我的翻译完全没有任何回应。我让他像大家一样坐好，对罗塞尔尊重一点，方泉也批评他，他才有点收敛。

罗塞尔强调必须听从几位教练和夏尔巴协作的指挥，特别告诉阿钢带上全部装备，不能散漫登山。接着，普马扎西带入十几位夏尔巴协作，每个队员安排一个。我的协作叫那旺，今年只有 19 岁，却已经是四次登顶珠峰。事实上，他刚刚从珠峰铺路绳回来。看着他有些稚嫩的样子，真看不出来啊。开会时才知道拉脱维亚的劳提斯这次是两峰连穿，下了珠峰在四号营地休息后，直接再上洛子峰，真牛！

我和方泉开始准备行装和食物，需要带上四顿饭，好在我们合作多年，彼此默契，很快就打理完了。背包尽量精简，但我的 iPad 要带，他则带上笔记本和笔。阿钢也在帐篷中一直折腾，反复捆包，没有他期待的夏尔巴协作了，只好自己背所有的东西。

夜色非常清晰，我站在帐篷外凝视天空的无数星光，心中只是祈愿，希望这一个多月的等待能不被辜负，我能稳健地一步步走到珠峰之巅。不要逞能，登顶不是竞赛。不要放弃，坚持到底。我反复默念着。

登顶与下撤：想象与现实

➤ 5 月 19 日（攀登珠峰第一天）

早上 1 ：15 醒来，收拾装备。2 ：00 到厨房灌水吃饭。我喝了一碗西式米粥，不清楚什么材料做的，有些热乎就好，然后是一杯咖啡。2 ：30，8 位队员和 3 位领队整队出发。上路前，每个队友都在神坛处拜了拜，与代表老板罗塞尔的队医珍妮拥抱祝福。罗塞尔还在病中，他通过对讲机指挥。

半小时后，我们戴着头灯和安全带，穿着笨重的高山靴和连体羽绒服，急速但静静地穿过大本营，到了恐怖冰川起点。这里犬牙交错般地矗立着上千根冰柱，都在 20 米高，许多是蘑菇状，上粗下细，向各个方向伸展着。天气变暖，它们便不断融化，随时会倒下来，也就是 ice fall，冰崩，被称为恐怖冰川。为降低风险，人们都是夜间通过，而且不断变换路线。这是南坡登顶的最危险地段，也是必经之路。

我们在雪线上换上了冰爪，便迅速地上爬。我一直跟着教练乌迪在队伍的前边。进入冰川不到 10 分钟，前面轰隆一声巨响，一个近距离冰崩。我们全都愣住了，仔细看看前后队，没有砸到我们，大家默不作声地立即加快脚步。我深一脚浅一脚地跟着队伍，两次都踩破薄冰踏进水里，比起两周前的上次穿过，冰雪正在融化，显然也更危险了。半小时后，我忽然感到内急，很不正常。忍了两次，还是控制不住，只好闪出队伍，找到一块石头去下面解手。

糟了，最担心的事还是在这个关键时刻发生了，拉肚子。穿着全套安全装备，在这个随时雪崩和冰崩的冰川地带，拉肚子实在是最倒霉的事了。等我穿戴好了，队友们已经无影无踪了，只有一串头灯在远处的上方忽隐忽现。

与刚才整队的头灯照出一条光带不同，我的头灯孤独地照在前面五米左右的雪坡和冰柱上，周围一片寂静和漆黑。我完全理解，没有教练和队友会等我，最快通过恐怖冰川是所有人都知道的常识和纪律。我只是通过对讲机告诉教练，我腹泻了，但在后面追赶中。

20分钟后，再次内急，不得已还要停下。不过这次排出的全是液体。我再次心急火燎地追赶队伍，连他们上方的光亮也看不到了。15分钟后，第三次腹泻，不过这次折腾了几分钟，什么都没有排泄出来。我几乎没有力量站起来了，头也突然一跳一跳地疼起来。我站在那里考虑了几分钟，是否今天放弃先回大本营，但可能明天更困难甚至没有机会了。而且，一个多小时了，下去的路与上去的路同样危险。不能选择了，只有拼命上去才行。

黑暗、孤独的恐惧激发了我的意志力，周边似乎总有冰柱作裂的声音，也许是幻觉。在集体成队时，拉绳和蹬踏上攀都是跟着前边的人就势而为的事情，在孤独上爬的时候就完全不同了。尽管全身无力，我还是不断寻

快速通过恐怖冰川

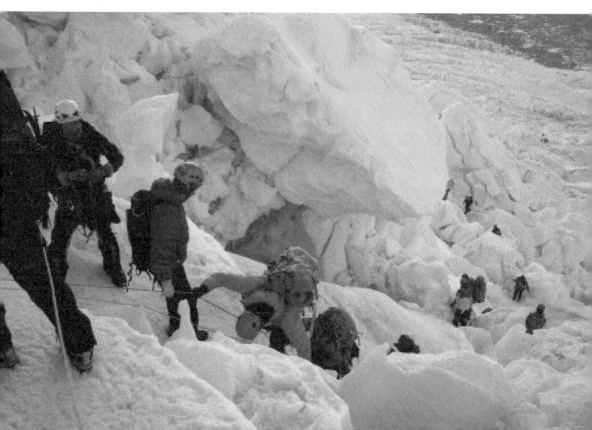

找并拉起锁住安全绳，利用上升器和手爬脚蹬的各种动作努力上攀，心中默念着几位亲友的名字和祝福，想着这是唯一机会。

每爬一段崎岖的冰壁，就要仔细察看周边前面人的痕迹，担心走错了路径。遇到十多个连接起来通过冰裂缝的梯子，只好战战兢兢地爬过去。而平时有队友时，互相拉紧绳子就可以走过去的。同样，遇到陡峭的两段冰壁，也是紧紧拉着安全绳手忙脚乱地用冰镐砸着台阶爬上去。

就这样大汗淋漓地攀登了一个小时左右，4 点多天微亮了，我突然抬头发现在我上方 200 米处有队友的身影晃动，而且，下方几百米处也有了夏尔巴协作们正在爬上来。看到有人在附近，立即有了安全感，身上也有了力气。我尽量选了一个安全的坡处，等待夏尔巴人上来，然后紧紧跟在他们身后爬。

5 点左右，我终于通过了危险区，教练真司就在这里等着我，同时德国队友赫伯特发烧未好，体力弱也在此休息。我感谢真司不断用对讲机与我联络，给我信心。我们一起走了一段后，到了一号营地。我喝了许多水，换下衣服，吃了 6 片小檗碱来止泻，没有休息立即追赶队伍。途中遇到 IMG 公司的两位迈克，他们成功登顶回来了，在海拔 7 900 米四号营地住了两天，不容易。与他们聊天也使我恢复了活力。

剩下的路程是曲曲折折非常单调的长坡，远远地看着营地，却永远走不到。上次训练来此，有夏尔巴协作指导，而且寒冷，走得轻松。这次则太阳高照，阳光通过洛子壁和珠峰雪壁两个巨大的反射屏强烈地照在漫长的雪坡上，干热和蒸汽让人焦渴和无力。我已经脱水，很快带的水全被喝光了。只好三次向登顶下来的陌生山友讨水喝。看着前面遥远的队员，我默默地数着步伐，每 1 000 步休息一次，再启动下一个 1 000 步。慢慢地，在几个小时后，逐渐追上队伍，只是在后面跟随着。

不过，这段路冰裂缝很多，一般都用梯子横着铺过去，同时标上小红旗警示。有人协助时，过梯子不难，独立过就复杂了。需要拉紧两边绳索，锁上安全环，谨慎通过甚至爬行。在一处梯子旁，我没有看到小红旗，加

第一营地过冰缝

上冰裂缝看上去不太宽。我便懒得拉梯绳上安全锁，就在梯子旁边一大步跨过去了。没想到，前脚刚踩实对岸，后脚就塌陷了，幸亏我全身重心已经过去，否则就掉下去了。我惊魂未定地躺在雪地上足有5分钟，回头看了看已经塌陷出来的冰缝，下边就是黑蓝的深渊，看不到底。太危险了！我脱下身上一件夹衣，铺在冰缝边上提醒后面的人别再试了。

我早已没有力气，口渴难熬。距离营地还有一个小时的路，真司问我是否需要一位夏尔巴协作帮我背行李，可我已经走了九个小时，一咬牙就谢绝了。德国的赫伯特两个小时前就派夏尔巴帮他背包了。事后方泉埋怨我逞能，原来也派了夏尔巴协作帮他和阿钢的，结果因我婉拒了，他们也

不给派了。这两位本来已经将背包放在地上只身前行的，不得不返回自己背着。

距离大本营半小时，居然看到墨西哥的哈维斯也在休息，刚换下了冰爪，心里不免得意。这家伙 34 岁，一直是很强悍的，人高马大，而且家在墨西哥城海拔 2 000 米以上，本来就不需要高原适应。他是富家子弟，但人很平和有趣。我常常打趣他带了海洛因来登顶的。他本来想休息，估计看到我这个"老头"也上来了，有点不甘，便强打精神地爬上去了，看到他摇摇晃晃的样子，我倒有了力气，便想象着登顶的时刻，终于熬到了营地。

到了营地，我连喝了八杯茶加糖，同时喝了三碗芒果罐头汤，实在太缺水和糖了。方泉又帮我冲了两大包止泻药。我们在帐篷中躺了三个小时，太累了。方泉讲一路上布鲁斯非常热心地照顾他，看来我们上次谈话还是有效果的。布鲁斯和真司等不断将我和赫伯特的情况报告给大本营的队医，给我们开各种药物，但我们都坚持用自己的药。队医都是临时雇来的，估计不太靠谱。

晚饭吃意大利面条，没有胃口，强吃一点。回到帐篷吃了点牛肉干，躺下了。听着帐篷外的风声，我庆幸终于熬过了第一天，这是我登山以来最痛苦和焦虑的一段时间，希望老天保佑我不再腹泻，而且要尽快补充体能，还有几天艰苦的登顶路呢。

第一天，从海拔 5 300 米到 6 400 米，上升了 1 100 米，直达二号营地，而且穿过恐怖冰川必须快速不停脚地通过，真的不容易。许多体弱或走得慢的人都要在一号营地住一晚。

➢ 5 月 20 日

半夜醒来，再也睡不好了，只睡了三个小时。6 450 米的海拔高度，冷，头疼，鼻子不通气，帐篷地不平。好在不跑肚了。今天休息一天，明天上三号营地。早饭没有吃，只是喝奶茶，也希望肠胃休息一下。布鲁斯不断嘘寒问暖，测试我的血氧含量，殷勤得让我不安，担心他报复我，发现指标差就强迫我下去，唉，小人之心啊。

上午远远地看到登珠峰的人排成几条线，在二号到三号、三号到四号的冰坡上蠕动着，有上有下，颇为壮观。这几天天气不错，每天都有上百人去登顶。明天将有140多人登顶，23日将有68人登顶。不过这个数字不只是山友，还有教练和夏尔巴协作，后者多于前者。预计今年南坡山友登顶将在200人左右，比去年少些。

午饭是西餐，吃不下也要硬着头皮吃，补充热量。下午继续在帐篷躺着，无所事事，只是放松。得知一位我国台湾地区来的山友在洛子峰出了问题，登顶后下不来了，已经与两位夏尔巴协作在四号营地待了超过40个小时，非常危险。我们曾与他在下面见过一面，看上去他很强壮，健谈。他在大本营的帐篷也很拉风，几面旗帜都大幅写着"台湾·马祖洛子峰远征队"，非常招摇，估计也是台湾地区传媒的焦点吧。

教练真司也生病了，状态不太好。这是他第四次登珠峰，也是最虚弱的一次。他担心我身体太弱，就与我聊天。我们一起讨论登山的心态比身体更重要。登山是挑战自己的体能，也是自己的乐趣。不是与别人竞争，更不是设立一个超出乐趣的目标，除非职业登山者。我从当年爬小山到十年前登雪山，有乐趣，也有竞争的心态。登山要登顶，这是我的信念和意志，方泉则归结为老男人的爱面子和逞能。这是见仁见智的立场了。

随着一个半月的适应和训练，登珠峰只有最后五天了。内心的压力突然增大，许多从来不太在乎的技术细节都在反复过脑子，天气、身体、装备等每天都在考虑。这种紧张弥漫在每个队友心里，马汀提前离去，冯士瓦放弃登洛子峰，艾维琳突然下山，赫伯特的发烧和我的突然腹泻等都与这种紧张有关。想想那些成功登顶的前辈们真是不容易啊。

晚饭时，教练乌迪告知那个台湾同胞已经去世了。他是属于七峰公司组织的山友，已经登过珠峰和多个 8 000 米山峰，经验丰富。但这次与两个夏尔巴协作一起登洛子峰，速度慢，登顶后回到营地已经非常晚了，没有氧气和食物。组织方救援不力，直升机无法在那个高度停留，结果三天两夜后去世。这是这个公司今年登山季死的第三个人了。毕竟有过一面之缘，大家还是很难过，可以想象他在高山帐篷中弥留的痛苦。夏尔巴人说，他几次请求直升机救援，他很有钱，但无济于事。

> 5 月 21 日

早上 6：30，我们吃了两片面包便出发去三号营地。因为走过一遍，大体路线熟悉，只是天暖后没有浮雪，就剩下坚冰了。我与方泉一前一后，不慌不忙地爬，中间休息了三次，花了六个多小时到了高三营地。这大概是最轻松的一天，缓解了我们紧张的情绪，特别对我从腹泻中恢复最为重要。王静和阿钢都很轻松地走在前面，我们后面只有赫伯特这个病号了。我们是高营地，许多队伍在我们营地下面 200 米处设营，是低三营地。

中午，我们正在准备做饭，忽然看到 IMG 队的中国山友婷婷下来路过我们的帐篷，看上去她非常疲惫，勉强苦笑着。我们招呼她坐下来休息，进到帐篷喝刚刚烧开的水。她没有登顶，走到距离顶峰约 300 米的南峰处，被协作和大本营喊话强行叫停。她行进速度慢，已经走了 11 个小时，带来的氧气不够用了。正巧有个俄罗斯队员刚刚累极倒下，夏尔巴协助指着带着余温的尸体对她讲，如果继续走就是这个结果。她还在争辩，夏尔巴不由分说地锁住安全带拉她往下走。她是 IMG 队里唯一剩下的中国人，本来是中国同胞"80 后"女生的登顶希望，终于梦碎珠峰。安全第一，以后来日方长，看到她欲哭无泪的样子，我们不断地安慰她。

休息了 20 分钟，喝了水，我们不敢多留她，天色已晚，她至少还有几个小时到二号营地。看着她艰难地起身，请求队员帮她将包背上肩，步履蹒跚地走下去，方泉眼圈立刻红了。我们相视无言，一天前，美国的年轻女山友认真地问我们，是否会让女儿登山，我们当时不好回应。现在想起来都清楚对方的想法，我们真不会让自己的女儿登山的。

方泉用开水来煮日本的速食大米，加上我带的榨菜。我们又煮了西红柿汤，喝得很痛快。饭后，按照要求我们开始吸氧了，躺下休息。戴上氧气面罩，心中却忐忑，看着气管上一个显示氧气通过的红色弹簧气芯。我的似乎还动，方泉的没有动静。他很慌乱，担心坏了，催我喊人来查看。天已经灰暗而且开始下雪了，所有人都在各自的帐篷中休息。我连续不断喊人，终于把乌迪喊来了。乌迪用冰镐敲打半天，又俯身听了一阵，告诉我们没有问题，尽管弹簧不敏感。他建议我们将氧气量放大，从 0.5L/min 到 1L/min，睡个好觉。果然，我们第一次用氧，一夜到天明。

➤ 5 月 22 日

早上我们热了昨天剩下的西红柿汤，吃了点牛肉干。7：50 出发奔四号营地去了。

我跟定真司教练，一步步向上攀登。从三号营地出来，一段大约 400 米的直线向上陡坡攀登，人比较多，所有各队山友只能从这条狭窄的冰路上攀，没有休息的地方，必须一口气爬上去。其间，我换手套时，没有抓住，眼看着手套掉下去了，想了想，只能放弃，无法回头了。一个小时后，看到阿钢在

下边兴奋地摇动这只手套，替我带上来了。这可非常重要，不再担心冻伤手了。

直线上升到一个雪坡下，便是一段几百米长的横切向左，多少可以休息一下了，却又坐不下来，侧风较大，担心滑坠。半小时后继续向上攀登，

奔向第四营地

翻过一个大坎之后，便是一个漫长的石板坡。路很陡，我们必须紧紧抓住绳子，而脚下的冰爪磕在石头上很难抓，声音也刺耳，我甚至可以看到上面人脚下的火花。特别是，今天登顶的人大多都在这个时段和地段与我们相逢，不免有些堵。

上了一个几乎垂直的陡坡后，我们便进入一块非常开阔的山地，没有雪，一条曲曲折折的小径，直通四号营地。看到真司教练在这里休息，我也放下背包喝水。忽然看到一批人匆匆忙忙地抬着担架走下来，这大概是婷婷提到的那个俄罗斯山友吧。担架很精致，死者面容被体面地遮盖着，我没有拍照，默默地致哀。已经千辛万苦到了这个高度，居然倒下了，很悲壮。

天气非常晴朗，远处的冰坡居然有蓝色晶莹的样子。我知道这是太阳镜中的感觉。在这个高度这个时段看到死者，心中还是很震撼的。我静坐了15分钟，努力检讨神志状态。高山病中的脑水肿和肺水肿往往是突发的，必须高度警惕。我自己前后左右活动了步伐，看看是否走不直路，又努力回忆了几个名字和电话号码，背诵了一遍李白的《将进酒》。看来可以，我便一个人向前走。今天速度有点快，许多山友还在后面。

出发五个半小时后，我到了四号营地。相比之下，四号营地简直像垃圾场，各个不同队伍都在这个较为平坦的高地上混居，只能从帐篷品牌上判断自己的队伍。探路者赞助的是罗塞尔队，EUREKA赞助的是IMG队，凯米乐赞助的是七峰队。

普马队长很奇怪我这个病号居然先上来了，他特别拥抱了我。安排一个夏尔巴协作给烧水喝，我很快卸下装备，躺进帐篷，放松身体。半小时后方泉也到了，他进来就绘声绘色地讲述死人的情形，很紧张的神情，让我担心他又想到放弃了。不过，他自己却不断地鼓励自己，老子能到这里就已经打破了纪录，头不痛，腿不酸，珠峰没啥了不起的。明天没有问题，我们一起上去。唉，真不知他这次吃什么药了。

我们煮了一袋韩国方便面分享，然后就静静地躺着，等待晚上出发，有点担心我们的体力能否跟上大家的速度，毕竟，我55岁，方泉50岁，都是队里的老龄队员。普马扎西安慰我们，大家一起走，慢慢来，不必争先，根据他的观察，我们应该用八个小时完成登顶，这让我们很欣慰。

协作告知我们今晚23：00出发，还有四个小时左右。我们都睡不着，就东拉西扯地聊天，还谈了一本杂志的创意。我沉浸其中谈得

冲顶之前

兴起，但发现方泉心不在焉，还在考虑明天的最后冲刺，多少有点兴味索然。不知不觉中，我们居然都睡过去了。

睡前，我特别拿出相机拍下一张像。我告诉方泉这是遗像，如果出事了，至少让亲友看到我们的安详。方泉摇了摇头说："这不吉利！"

> 5 月 23 日

大约22：00，方泉推醒了我，彼此对了表，是该准备装备了。我先穿上高山靴，尽管非常熟练了，也需要十分钟，不敢太快太急了。夏尔巴协助送进两瓶新的氧气瓶，我负责换瓶子。氧气瓶有五公斤，需要一只手把着横着接上螺丝扣，一点点旋转拧紧，有点冻手，有点沉。方泉在穿他的靴子，也很吃力。我们终于在23：00时系上安全带和所有锁扣，庆幸的是，我们两人都把冰镐丢在三号营地了，尽管这是违规的，毕竟减少了几公斤重量。整理头灯装备出发前，方泉突然提出要大便，而且都在整装出发，人多眼杂，他只好在帐篷内用大便袋解决了，我在外面等待。

当几乎所有的队员都出发后，我们也在夜里23：10上路了。十分钟后到了陡坡下，夏尔巴协作那旺帮我系上冰爪，检查了氧气瓶的设置，让我走在他后面有节奏地攀登。风很大，天气却不冷，大手套没有用上。山的坡度很陡，步步高抬腿。走了半小时后，我的安全带松了，总是绊腿。那旺又重新停下来帮我调整好。尽管耽误了时间，看到头上星星点点的头灯，心里有点急，但那旺有条不紊的样子，还是让我镇定了下来。

夜里很黑，看不到星光，只能感到冷风阵阵。后面是方泉和他的夏尔巴协作紧紧跟随，前面则落我们很远了。周边看不清深浅，只能瞄着那旺的脚印，深一脚浅一脚地走着，气喘吁吁。走了大约两个小时，我们跨过了一个陡坡，看到十几个人站在一块平坦雪地正准备出发。教练布鲁斯在这里与大本营用对讲机联系，得知我们是队尾正在赶上队伍。他告诉我们得加快速度，不能让这批日本人插进队伍中。后来返回时，我才知道这是著名的阳台营地，日本三浦雄一郎队伍在这里扎营，他们正在准备出发。

此时，雪花飘下来，越来越大。我上气不接下气地冲到前面，又就势连续超过了两三个其他队伍的人。不过，每次加速度都需要更多的时间来缓和呼吸。在一个陡峭的石头块旁边，我有气无力地歇了一会儿。夏尔巴协作带着方泉在这里超过我们走在前面。他的协作人高马大，步伐也稳健，很有节奏。我们四个就这样默默地走了很久。

不知不觉中，天际线出来了，一道蓝光出现在身旁，笔直地把原来黑暗的天空切割成上下两段。星星淡去，天空逐渐泛白，崇山峻岭的轮廓出来了。我突然意识到，我已经走在云端之上了，没有比我更高的位置了。心中十分兴奋，立即艰难地拿出照相机拍了几张，照相机马上又显示没有电了。那旺不断催我，上面再去照，后面人在赶过来，不能堵车。

翻过一个高峰，后来知道这是南峰，方泉几个人在前边狭窄的山脊上正排队前行，我便赶过去。看到方泉费劲地在一块大石壁上攀爬，两次不成功，教练在下边推着他，心里替他着急，这才到哪里啊，到了希拉里台阶就更困难了。学他的样子，我上这个石壁就容易多了。不过，这个石壁

翻过希拉里台阶

的后面却接着一块大圆石头，我右脚的冰爪被卡在缝中了，自己弄不出来。那旺又返身扶我过来，然后他居然不回头地走上去了。我纳闷地看着他的背影，他不帮我卡安全绳了？他一路在帮我啊。我只好慢腾腾地挪着脚步，沿着这条狭长的50米左右的山脊路向上走去。

翻过山顶，我愣住了。看到大约20人都坐在顶端拍照，有人还跪在雪地上吻着旗帜。到顶了？我看看表，正好5：40，这才六个半小时啊，不是八个小时吗？希拉里台阶哪去了？犹豫中看到王静走过来，她说我都等你们很久了，必须下去了。这才知道真的到了顶峰。我非常遗憾地回忆着居然那块石壁就是著名的希拉里台阶啊，这让我牵肠挂肚多少日子的名胜都没有多看一眼。方泉也过来了，告诉我不让多待，让我快上快下。"我们不要一起照相吗？"我问。他头也不回地被夏尔巴协作拉下去了。

我慢慢腾腾地登了顶，有点麻木地看到阿钢摇摇欲坠地对着照相机举着他写的情书，赶紧去托了他一把。看到德国人赫伯特吻着他一直带在身上的米老鼠，哭了，这是他儿子要求他带上来的。普马队长一把拉住我，拥抱着祝贺我登顶，同时带我到山顶的台上坐下，塞给我中欧国际工商学院的旗帜，这是阿钢带来的。我担任中欧的客座教授，当然有义务展示旗帜。不过，这才提醒了我，我让普马帮我在背包里掏出两面旗帜：中国金融博物馆和中国并购公会。普马站着，我坐着，在凛冽的寒风中展示，那旺用我的手机帮我连续拍了许多相片。我带的单反相机电池被冻没电了，可惜了，这么沉的没用的东西。

在离开之前，我努力环顾四周，晨曦中，所有露出云端的山峰如同海中的岛屿，各自独立，彼此呼应。没有一览众山小的感觉，反倒是看上去都不比珠峰低。特别是随着日光的变化，投射在云朵和山峰上，有五颜六色的感觉。我摘下太阳镜，仍然似童话世界般的感觉。我让普马指了北坡的方向，没有看到任何人影，也许不是一个顶吧。我总是想象着可以从北坡下去。大约在顶峰待了15分钟后，我恋恋不舍地跟着普马一步一回头地下山了。

从石壁上下来时，我重新体验了这个著名的希拉里台阶，无法想象今

2013 年 5 月 23 日珠峰登顶照

天已经很容易跨越的几块石头就是当年险些阻止希拉里和丹增的自然天堑。普马要求我尽快离开这个可能导致堵车的路段，我一步一回头地沿着路绳下行，恋恋不舍。近两个月的准备和无数次憧憬就这样十几分钟便过去了，心中真是遗憾。身体也一下子软下来，不愿意快走了。

忽然注意到下边上来了一队整齐的人马，与之交汇的山友纷纷主动让路，原来这是著名的日本登山家三浦雄一郎一行上来了，大家都在为这位80岁老翁鼓掌加油和拍照。快到面前时，我问候他并祝贺他即将登顶。他认出我后，立即与我拥抱，坐下来与我一起拍照纪念，许多人都非常羡慕。

登顶日与三浦雄一郎会合

我与他们父子再次相约在东京见面。

此后一路下行比较顺利，一个小时就到了四号营地。我们在此休息了一个小时，喝了水，再次换了氧气。起身向三号营地行进。不过，尽管这段路程不长，但毕竟体力支出很大，又困又累，步履蹒跚。在一块陡峭的岩石下，我体力不支，控制不好冰爪的角度，连续三次滑倒，其中一次膝盖还磕碰了冰壁。我强忍疼痛，挣扎着到了三号营地，再也不想动了。此时教练真司也是摔了几跤后，累得不行，与我一起坐下了。

我们不断让路给后来者，自己就是不想起来。负责收尾的普马队长看到我们还在这里磨蹭，坚持要求我们两人立即与他一起下去。我们只好撑起身子跟着普马向下走，每一步都有点摇摇晃晃的感觉。真司已经使用下降器了，面向雪山背着下降。我始终不善于使用这个东西，只好用绳子缠在胳膊上，身体前倾利用重力下冲，速度很快。但是，胳膊就承受了身体的重量，一直疼痛，直到一个月后还是如此。

14：00，我们下降到了离二号营地只有一个小时的平地。所有滑坠、雪崩和冲撞等危险都没有了，我们也彻底崩溃了。真司教练、我和墨西哥的哈维尔、乌迪教练四人一起躺在雪地上，喝水聊天，休息了很久。新西兰的女山友罗塞丽也下来了，我们开始艰难地回大本营。这时，我的膝盖和腿剧痛，每一步都刺骨。只好落在后面，拖着身体回去。这段路，我和哈维尔走了两个半小时。

快到营地时，罗塞尔派出一个夏尔巴协作带着一大桶冰冻的水果汁等着我们，我一口气喝了两大杯。我的水早就没有了，而且还在路上喝了珠峰的山泉水。到了帐篷，大家彼此拥抱祝贺。阿钢状态非常好，拿出卫星电话要我立即通知亲友家人，方泉也已经报了平安。

晚饭是意大利面，我们却没有胃口。拉脱维亚的劳提斯在桌边不断哭泣。他本来是在四号营地休息一天后，明天继续攀登世界第四高峰洛子峰的。今天他状态不错，第一批登顶，只是面部有些冻伤。结果到四号营地后，一只眼睛却睁不开，担心眼睛冻伤感染导致失明，不得已放弃登顶计划下来了。下来后，眼睛却好了。估计是他涂抹防晒霜太重而且方法不当，汗水带着防晒霜进入眼睛里了。这种事情我也有过经验。劳提斯每讲一次就哭一次。大家都兴致不高。

劳提斯的帐篷紧挨着我的，算是邻居。他与其他山友交流不多，比较孤僻。我便不时劝导他，来日方长，下来是对的。全队登顶又安全回来，这是大喜事。期望太高才会沮丧，你也不是专业登山者，有了珠峰经验还要洛子峰干什么。队里体力最好、状态也好的王静最后也放弃了无氧登顶，还是要安全第一。

➢ 5 月 24 日

最后一天路程，返回大本营。

尽管非常疲劳，但是返回大本营还是令人兴奋。早上四点就起来了，换好衣服，系上安全带，匆匆吃了早点。大家在 5：40 就出发。也许是归心似箭吧，几乎所有人都没有结组，大致保持一个前后照应的次序而已。路上已经很少看到继续登顶的人了，主要是夏尔巴人来收拾帐篷处理后事。

过了一号营地，大家不约而同地没有休息，反而加快脚步希望快速通过恐怖冰川。不知道为什么，恐怖冰川今天堵车。登顶窗口快结束了，大批夏尔巴都在忙着撤营。结果在一处垂直连接的三截梯子处，二三十人排队等待，这是最危险的一段路。我混在夏尔巴人中，听到他们在等待中不断诵经，心中更是紧张。身上的手机不断接收着短信，我也不太敢翻阅，只是匆忙拍了几张相片。

过了这一段，有一个多小时都是在犬牙交错的冰石中穿梭，而且在阳光下，似乎随时会砸下来。夏尔巴人走得飞快，我却疲劳至极跑不动，只好稳定情绪稳步通过，自求天命了。这是第四次通过冰川，但感觉上非常长，没完没了。

突然听到周边一声巨响，我和附近两个夏尔巴背夫同时定在路上，然后彼此相视，再尽快扫描四周。发现是后方一块巨石忽然融化掉了两块大石块，幸亏没有伤人。夏尔巴人苦笑着说，我们真幸运，接着飞似的跑掉了。我惊魂未定，只能快走几步，跑是跑不动了。

终于快走出冰川了，我却摔了一跤，水壶被甩到很远的河边，我犹豫着。正好方泉也刚走过来，他倒执意帮我去捡。我才下决心撑着身子到河边捡回来，这也是出生入死的伙伴啊。出了冰川，我们换下冰爪，干脆就拖着脚步，从大本营开始闲逛起来。因为多数营地开始撤营，整个珠峰脚下显得很破败和沧桑。至少有两个营地正在为死人操办后事。一个用了东方人熟悉的黑色圆筒旗在风中招魂，后来得知这是韩国登山者刚去世。另一个则是西方基督教的传统，正在准备悼念酒会。

我们努力找到台湾同胞李小石的帐篷地址。原来每次路过都对他的三面大幅推广标语很不以为然，但斯人一去，我们还是心情难过，默默为他祈福。本想先行到 IMG 营地看看阿福他们是否离开了，但远远看到我们打牌的帐篷已经不知所踪，多少有些惆怅。回到我们营地时，路过我们做法事的台子，我和方泉一起认真地拜了三拜，感谢保佑我们。

罗塞尔在大本营带领营地夏尔巴和已经回来的山友们祝福我们登顶成功并安全归来。我们急切地回到帐篷，卸下装备，先舒服地躺上一会儿。阿钢照例去冲澡，我和方泉与王静的先生及几位同来徒步的伙伴见面寒暄。他们一家在这里会合，明天，加德满都还有一场王静的新书发布仪式。

我、方泉和阿钢一起讨论了如何分配小费的方案，大体上每人出 1 000 美元，分别给陪同自己的夏尔巴协作、厨房和后勤人员。看到每个拿到小费的夏尔巴协作喜出望外的样子，知道我们付得高于他们的期望。他们高兴，我们也高兴。同时，我们还把自己没有用的衣服和装备分别送给了他们。

晚饭后，庆祝晚会在虎厅举行，罗塞尔开了许多瓶香槟酒，能有全体队员登顶而且安全返回这样的成绩，他也非常欣慰。我和罗塞尔、真司等分别聊了很久，相约在北京见面。大约一个小时后，附近营地的山友们也陆续赶来，越来越热闹。我就趁机溜出，回到帐篷中，终于欣慰地入睡了。

➤ 5 月 25 日

早上 4：00 就醒了。默默地在晨曦中起身穿衣，将用了两个月的羽绒被收拾到袋中，放到大驮包里。然后用了一个小时来慢慢地收拾帐篷里的所有衣物、电器、书、药品和登山装备。用两个大塑料袋分别将各种垃圾和放弃的物品包好，放在内帐的外面。又用一个旅行袋将连体羽绒服、大手套、头灯和没有开封的食品等装上，这是送给真司教练的。将帐篷仔细清理干净后，我静静地看了五分钟，便黯然离开了这个陪伴我很久的家。

6：00，要离开的八位中国人已经兴高采烈又有点恋恋不舍地与十几位专门起来送行的各国山友和管理人员互相拥抱祝福了。大概在我们的影响下，原来几位希望徒步几天到卢卡拉的外国队友也改变了主意，要直接乘直升机赶到加德满都了，有五个人，将安排在我们之后。一般需要提前六天确定直升机的位置，而罗塞尔则提前一天才安排。因此，我们需要不断加塞儿。在大本营提供登山服务的一共有三家公司，有竞争也有合作，登山结束季节最为繁忙。

罗塞尔亲自在 6：30 就把我们带到停机坪等候，需要分三段接力运送我们，每次送 3—4 人，还要考虑行李总量。王静夫妇他们先走一步，我们等下一趟。阿钢勤奋要拍摄，坐在前排，我和方泉与一堆行李在后排。等到直升机升起，看到山友们致意，看到熟悉的虎厅和帐篷区渐渐远去，眼角忽然湿润起来，别了！

我们先从大本营飞到中转地，十分钟。然后在那里等了一个小时，再飞到卢卡拉，20 分钟。接着，因为王静的新书发布会下午在加德满都举办，他们一行人加上阿钢就先飞去。告知我和方泉一个小时后来接。

我带方泉在卢卡拉的商业街上逛，希望买些珠峰的大幅照片送人。正当我们要购物时，机场的夏尔巴人（名字叫拉格巴）急忙跑来，拉着我们立刻回去准备登机。但当我们回去时却又不能上机了，原来这架飞机上的客人不愿意与别人分享座位。我们只好继续等待原来的安排。结果两个小时过去了，仍然没有接我们的飞机来。

我去找拉格巴，他找来调度，调度居然告诉我们，不知道我们两人为什么没有上飞机，名单上看我们已经到加德满都了，而且他不知道何时有飞机来，建议我们先去吃饭，或者明天安排。我又饿又渴，一直咳嗽，便一本正经地对他讲："我们与两个小时前的中国人是一批的，晚上在加德满都有重要会议，尼泊尔部长要参加，等待与方泉见面，晚上要上电视新闻。我们需要立即赶上飞机，还要换西装。如果耽误了，你们要负责任。"这个调度有点慌了，又跑去与另外的调度吵架，拉格巴也立即电话给我们买可口可乐，要安排饭。我坚持就在机场死等飞机。

两个调度商量的结果，半小时内从南车调来一个救援飞机安排我们起飞。16：00，终于来了飞机，而且非常巧，正是当时送我们去大本营的驾驶员西达特。我们飞加德满都的 40 分钟内，他介绍了自己在北京培训过三天，对中国感觉非常好。现在尼泊尔的驾驶员中有许多来自新西兰和瑞士，相对于自己培养驾驶员，这些洋人接受当地工资，成本不高。

我们 17：00 才到加德满都，没有了预期的午饭，还算赶上晚饭。两个月前接我们的夏尔巴管理者唐定（Tamding）还是在机场迎接我们。他也没有吃午饭，而且他告知我们之后根本没有飞机去大本营接人，墨西哥山友等五位是等到下午才放弃了，回去时发现大本营的帐篷已经拆了，需要重新搭建。看来，我们还是非常幸运的。

我们还是被安排在凯悦酒店，立即进房洗了个热水澡。从来没有这样浪费过热水，哗哗地放肆了 20 分钟，非常舒服地刮了胡子、洗脸和刷牙，换了新衬衫。立刻请唐定开车带路，我们先去了三家书店，选了几张珠峰的照片和地图，然后去商业街里的一家成都酒店吃饭。我点了韭菜炒鸡蛋、土豆炖排骨、蒜泥拍黄瓜、回锅肉、卤猪耳、麻婆豆腐、酸辣汤、炸酱面等，我喝啤酒，方泉要了一瓶红星二锅头。唐定喝矿泉水，他信佛，当天是释迦牟尼生日，不能喝酒和吃荤。一顿饭聊得热火朝天，吃得痛快。一结账，居然才人民币165元！如果这顿饭吃在珠峰南坳，登顶时间会减少一个小时。

唐定本人曾协助山友登顶珠峰12次，经验丰富，一直跟着罗塞尔参与公司管理。他家在加德满都，有两个儿子和一个女儿，都有各自的工作。他一般都在加德满都负责业务推广和山友接待，特别希望我们能推荐一些中国客人给他，不仅是珠峰攀登，更多是徒步旅游等。晚饭后，他送我们回酒店，也把直升机的账结了。因为是候补位置，我们每个人平均只花费了1 325美元，大大低于我们的预期。

回来后，方泉在我房间上网，我用他带来的理发器花10分钟理了头发，立刻显得利落了，心情舒畅。我们默默地在房间查看邮件和微博，与这个久违的世界建立联系，补充信息。其中最令人吃惊的是，北坡登顶珠峰按国内惯例分为A队和B队。因为A队一位队员登顶后出现重病，结果B队10个队员全部放弃登顶机会。微博上多有道德表扬之意，但对我和方泉这些深受国内登山体制之困的山友而言，认定内有蹊跷。虽不明内情，但有几位熟

我与王静、阿钢和方泉登顶之后

悉的朋友在内，深为惋惜。

午夜即入睡，躺在柔软的大床上，反复品味了弹性，才关灯。

➢ 5 月 26 日

早上 7：00，我和方泉在泳池边挑了个好位置吃丰盛的早餐，鲜花、水果、茶，看到阿钢非常夸张地在游泳池里泡上了，依旧哼哼唧唧地叫着。

9：00，我们一起照了几张相，便彼此告别去了机场。安检再次没收了我一直使用的一套刀叉。在机场，我买了润嗓子的药，干咳几周嗓子都红肿了。

我们乘国航直飞成都，再飞北京。在飞机上，我们透过窗口努力辨认喜马拉雅山脉和珠穆朗玛峰，很难判断，但是无数高耸入云的雪山都可以让我们浮想联翩，看得方泉眼圈都泛红起来。

在成都机场，我们迫切地找到吃火锅的地方，来了一顿大餐。由王静夫妇请客。

飞抵北京后，在首都机场出口处看到几个人拉着一条巨大的红色横幅：庆祝人类登顶珠峰 60 周年，热烈欢迎著名女登山家王静再次登顶珠峰归来！我和方泉立即低头快速推着行李车通过人群，好在有十几位亲友接应，也显得不太落魄。

在机场高速公路上，我看着一连串路灯和车水马龙的景象，终于意识到，结束了。

登顶途中的死神问候

➢ 2022 年 10 月 2 日补记

2013 年出版的《去珠峰》一书，关于登顶当天的记录是回到大本营当晚写在 iPad 上的日记，通过网络发给亲友。怕大家担忧，将危险情节淡化或隐去。许多朋友看到我轻描淡写的登顶过程，以为不过是高海拔的北京三峰连穿，只是克服高山反应就可以了。其实，登顶当天有几次死神问候，十年来也多次在噩梦中浮现。这次再版，我做些补记。追忆往往会夸张渲染场景，但我尽可能保持本书的原则，实事求是地再现当年经历。

孤身通过恐怖冰川，冲顶的第一天凌晨

关键的冲顶之夜，因食物不适而在半个小时内连续三次跑肚，让我体力大减，虚脱并头疼。最要命的是，我失去了团队的环境，孤身一人在黑暗幽深的夜色中步履蹒跚地攀行。前面遥远的队伍的头灯忽隐忽现，最终沉寂了，耳边是凄冷的风声，不时有不远处冰块塌落的巨响。一片漆黑中，我的头灯如萤火虫一样微弱地闪烁在山谷中，眼前只有一个直径两米左右而且模糊的小光圈。而不久前，还是十几个队友头灯集体形成的一条白色光带。失去了，才体验到如此暗淡和孤独无助。

在队友的集体接力过程中，预设好的登顶路绳清晰有力，引导我们跨过沟涧和巨石，曲折但坚定地通向黑暗的前方。现在，这个维系希望和生命的路绳已经软弱无力地耷拉在冰面上，时而被深埋雪中，难以判断指向。我不敢拉紧，担心可能误导我踏入深渊。我也不敢太松弛地跟着走，避免弯道而消耗体力，也可能落到另一个沟涧。我每次都小心翼翼地拎起绳子，抖掉浮雪，仔细观察前后左右，根据松软程度，试探着前行几步，始终警惕路绳的前方。

恐怖冰川中有十几处深涧都是人工铝梯临时搭在上面的，每次过梯子，

都是各有一位队友站定梯子前后拉紧绳子，你可以几步跨过去。现在，没有任何人帮你，我只能死死抓住梯子，匍匐着爬行过去，紧张地平衡自己，避免梯子突然侧翻。每次都是生死考验，过了梯子便大汗淋漓。

恐怖冰川中更多的是陡峭的岩壁，五六处都是用人工铝梯接力捆绑着搭在岩壁上，最高的有三个梯子连接起来，应该有七八米高。平日有队友在上下鼓励，攀爬都是非常紧张费力。现在，高原寒风围绕着梯子上下盘旋，发出凄厉的金属声，梯子也不断晃动。面对如此高耸单薄的铝架子和陡峭的岩壁，我已经没有惊恐感觉了，只是咬着牙拼命地盯住上一级台阶坚定地攀登，心里默念着女儿的小名，一定要看到她长大，不能倒在这里。

夜半攀越恐怖冰川的最可怕处，是孤独无助的感觉。周边只有黑森森的各种奇形怪状的巨大冰柱，而且摇摇欲坠。耳边只有疾风在几百个犬牙交错的冰柱间盘旋撕裂的凄厉声。在海拔 6 000 米以上的高度，在不见星月只有掩盖深渊和巨石的阴雪薄冰上，每一步放下腿都战战兢兢，每一步抬出腿都犹犹豫豫。空旷漆黑的山谷里，你的呼吸就是最亲切可以信赖的生命活力，成为你坚定向前的节奏和信心。在各种恐惧的间隙中，莫名其妙地你会有一种英雄感和悲壮感。也许正是这种悲极生乐的情绪，真正帮助我用了几个小时完成了恐怖冰川的一段"阿尔卑斯式登山"①。

跨越深渊，冲顶的第一天上午

经历了恐怖冰川的惊险后，从一号营地到二号营地的路就相对平坦了，一条被前人踩出的雪道弯弯曲曲地在几座高峰的峡谷中攀升，漫长而乏味。在上午的阳光照射下，冰雪多重反射着各种刺眼的光芒，开始闷热起来，人也越来越疲惫不堪，只是机械式的前行。路上有许多沟壑，上面有积雪

---

① 阿尔卑斯式登山指一种不依赖他人，完全或主要靠登山者自身力量从事攀登各种山峰的登山活动。喜马拉雅式登山指集体协作的登山活动。阿拉斯加式登山指前两者的结合方式。

覆盖，看上去平缓起伏，但暗藏杀机，一旦失足就会跌下几十米深处。上攀路程主要是绕开这些沟壑，直线距离和高度实际上并不远。常常爬了一个小时，回头看看，好像只是几步之遥，这更让人沮丧。

　　途中，我遇到一个很"苗条"的冰缝，大约只有半米的宽度，但弯弯曲曲延伸到几十米以外。我估算一下，如果绕过去，可能需要半个小时。但大步跨过去，只是几秒钟的事情。于是，我提了一下神，略为后退一步，抓起冰镐，猛地向冰缝对面的积雪上扑去。刚一抬脚，就感到不对劲，听到身后一声闷响，似乎起跳的冰面塌了下去。眼前一黑，本能地全身压向更远处。触地的瞬间，身体努力向前翻滚，然后一动不动地等待着。几秒之后，也许更长，我才意识到身体还在雪上。回头看了一眼，一下全身冷汗出来了。冰缝已经至少有两米宽了，而且下面是黑洞洞的深渊。我慢慢向前爬行了一两米后，静静地躺了至少 5 分钟，贪婪地看着远处的雪峰和山友。太幸运了，如果对面的冰面也坍塌了，我是不可能生还的，没有做

过冰裂缝

任何保护。

我站起来，将我身上一件红色的羽绒背心脱下来，用了几个石块压住，放在冰缝旁边的高台上。既是警示后面的山友注意险情，也是给自己一个新生的纪念。

跌下冰壁，登顶当天的下午

登顶后，我们拖着疲惫的身躯从 8 844 米跌跌撞撞地下降到 7 900 米的四号营地，喝了点水后就被向导们逼着继续下降到三号营地。按计划是应该休息一个小时，吃点东西。但风大起来而且天气变暗了，领队坚决要求我们继续下撤。全体队员不得不各自挣扎着向下走，我和方泉一直走在队尾。他在前面探路，我在后面跟进。

路过一个岩壁，他先下去，滑了一跤，然后趁机坐下把背包放下不走了。无论领队如何催他，他都置之不理，不断用英文讲，Only 10 Minutes,

登顶后，下降过程中的合影

Only 10 Minutes!（只十分钟，只十分钟！）领队无可奈何同意了，于是几个老外山友通通坐下来休息。我在上面顿时松懈下来，急于加入大家，一起吃点东西。一旦卸下了紧张状态，身体突然疲软了。我踩不准也蹬不住几个明显的支撑点，结果连续踏空，翻了两三个跟头下来，膝盖重重撞在岩壁上，跪在斜坡上下不来了。幸亏我的安全绳锁没有解开，否则就顺着斜坡滑坠下去了，几十米或者更多。很多人在下来路上往往不再系安全锁了，不断弯腰系锁太费体力。我也是克服了种种诱惑才破天荒地守了一回规矩，结果救了自己。据登山的资料记载，大约 30% 的珠峰遇难者都是在登顶后的归途中，力竭而滑坠而亡。

我在登顶珠峰的一天过程中，有三次接近了死神。如果处理好细节，应该都不是大事。但，人生有太多细节了，我们无法照顾到每个细节，只能尽人事而顺天命了。所有登山的人都清楚地知道，一定会有山难或死亡的发生，但我们都坚信不会发生在自己身上。为什么？这不需要解释，也无法解释。

日本冒险家三浦雄一郎：80 岁第三次登顶

2013 年登山界的一个新闻便是日本 80 岁老翁三浦雄一郎再次成功登顶珠穆朗玛峰，成为世界上最高龄登顶者。他前两次分别是 2003 年和 2008 年在 70 岁和 75 岁时登顶，其中，2003 年和 2013 年与其次子三浦豪太两次一起登顶，成为日本首对父子共同登顶。日本前首相安倍晋三在三浦回到东京后立即接见他，日本政府设立了"三浦奖"，鼓励日本年轻人积极面对各种挑战。我幸运地在这次攀登珠峰时与他们父子三人相遇并多次深谈。

我刚到珠峰大本营不久的一天，正在休息厅读书，领队罗塞尔非常殷勤地带了一队日本人到自己的营地参观。他们向我们鞠躬致意，我也用简单的日语回应。注意到一位老人气宇轩昂地环视大家，须眉灰白，便知为非凡人物。后来罗塞尔告知，他正是年过 80 岁的三浦先生。非常崇拜他的方泉简直是痛心疾首地遗憾未能与他合影留念。

隔日下午，我与方泉决定专门去寻找三浦先生的营地，表达敬意。一个小时后，我们看到一个飘扬着包括日本和联合国旗帜的各种赞助人名条幅的营地，但空无一人。于是，我们便在附近的冰川入口拍照等待。远远看到一位日本人稳健地从雪坡上下来，我便迎上前去打听。不料此人先热情地问道，是中国人吗？我应诺后便问，那位 80 岁的日本人在哪里？他朗声大笑，本人便是！接着便引导惊讶的我们进入他的大帐篷，内有一张堆满书和纸张的书桌和一张床。

他很高兴有中国人专门来看他，简要说明了他这次的登顶行程，并介绍陪他登山的次子三浦豪太与我们见面。方泉兴奋地提及他的名言：80 岁不过是第四个 20 岁的开始。我告诉他，他的经历给了我们巨大的鼓舞，祝福他能再次登顶，给亚洲人争光。他非常高兴地给我们题词留影，相约再次见面深聊。

十天后，我们再次造访老人。这次三浦请我们到会客帐篷与他的两位儿子一起座谈。我介绍了在日本的一些学习经历和社会往来，发现我们有

80 岁老翁三浦雄一郎登顶

几位共同的商业朋友，三浦先生特别提到前中国驻日大使王毅先生是登山滑雪爱好者，也是三浦的老朋友。三浦送我一本刚出版的新书，我建议他考虑在中国出版。我提出，三浦不仅是登山的挑战，更是人类能力的挑战。他不仅是日本人的成就，也是亚洲人的成就。方泉以记者的敏感建议将他的到访作为中日民间友好外交的行动。

三浦先生非常兴奋，立即安排两个儿子考虑新书的增补，争取在中国出版。邀请我们近期到日本与他们公司的同事见面，考虑安排到中国访问。他表示这次登珠峰，不仅是为了创造新纪录，更是在日本大地震后展现不屈服的日本人形象。如果能有机会给中国年轻人一点参考，是非常荣幸的事情。他特别希望能在我们看过他的书后，给他一些建议，并期待再次见面。

　　我回来后与罗塞尔队里的三个日本人交流，他们都非常羡慕。61 岁的智惠子 2005 年完成七大峰，35 岁的摄影家石川在 23 岁时完成七大峰，44 岁的领队真司三次登顶珠峰，他们多年来都把三浦作为偶像来崇拜，却没有机会与之交谈。他们立即排队读我得到的新书，石川也希望有机会能为他拍肖像。

　　我在帐篷里看完了三浦的新书《我为什么 80 岁还要登珠峰》。1964 年，三浦代表日本参加在意大利的速滑比赛，打破了当时的世界纪录。1966 年他首次从富士山速降滑雪下来，震惊日本。1970 年，他从珠穆朗玛峰海拔 8 000 米的南坳速降滑雪下来，引起世界的关注。此后到 1985 年，他完成了世界七大峰的速降滑雪。根据他高山滑雪而拍摄的纪录片在 1975 年获得奥斯卡奖，他成为一代日本人的偶像，也奠定了在全球滑雪界的地位。2013 年在他刚刚做了两次心脏手术后，第三次登顶成功，真是令人崇敬！

　　一周后，我和方泉第三次去三浦营地聊天，他正在接受电视采访。我谈到对他新书的看法，希望增加一些冒险之外的生活片段，特别是他曾竞选札幌市市长失利的过程，还有其他的挫折故事。三浦豪太告诉了我们这几天最闹心的事情。

　　在 2008 年三浦 75 岁登顶后，尼泊尔政府立即宣布一位 76 岁的当地老人谢尔占也于当年成功登顶珠峰，打破了三浦的纪录，也被吉尼斯大全收录。但是谢尔占的纪录有许多疑点，并没有被业界认真对待。一是谢尔占的出生年龄没有档案记载，只是有军队出具的当兵记录。二是谢尔占声称登顶时与协作闹翻而始终没有提供一张登顶照片。三是尼泊尔政府还支持了当地人创造出一系列匪夷所思的纪录，如最快登顶，倒着攀登和残疾人登顶等都缺乏证明。作为尼泊尔拥有的珠峰，制造些爱国主义纪录也是可以理解的。

　　不过，这次在三浦宣布再度攀登珠峰后，谢尔占也立即表示迎战，尼泊尔政府迅速提供了 100 万卢比赞助，登顶日期设定在 5 月 29 日，此时绝大部分登山者都已经回到大本营和加德满都了，估计又没有什么见证人了。

同时，当地一些夏尔巴黑帮开始不断威胁三浦的登山队，破坏路绳和帐篷，又以乱扔垃圾为名勒索日本登山队。三浦不得不求助日本大使馆关注此事。三浦豪太非常气愤地说，我们可以让全世界来目击父亲登顶全过程，而尼泊尔政府却可以任意宣布一项不存在的登顶纪录。三浦特别希望我们能在山顶上相遇，可以证明这一点。

我们核对了登山日期，他们要设立七个营地，因此要提早在 15 日出发，而我们只有四个营地，定在 19 日出发。可能比他们早一天登顶。因此相约在最高营地见面。我正好 6 月中旬有两个会议分别在韩国首尔和美国纽约，于是我决定专门去东京看望他们。

5 月 22 日深夜，我们开始登顶。爬到凌晨 2：00 时，在最后一个被称为阳台的营地遇到一队整齐的队伍，安静地等待集体出发。有人告诉我，这是日本队营地。我们必须加快速度，否则会被阻塞。我纳闷着，这不会是三浦吧，他们应该是明天登顶啊。天已经下雪，风力也加大，我不能想得太多，就机械地在 45 度的陡坡向上攀登着，不敢掉以轻心。

我是在 5：40 登顶的。下来时大约在希拉里台阶下面，忽然看到前面的几个人居然闪到雪坡上让路，让我奇怪。一般都是侧身就可以，毕竟闪到雪坡累人也不安全。一定是大人物来了。抬头一看，果然是三浦的团队。领头的是一位壮年教练，边开路边录像。我也闪到雪坡上，向他致意。他非常高兴地看到我，停下来坐在路上与我拥抱。后边跟上的豪太立即给我们拍照，不断地说，我父亲希望与你们一起登顶，提前出发一天，真的成功了！我们也看见方先生了！周边人一起鼓掌并拍照留念。我们都非常兴奋，彼此不断重复着：东京再会，东京再会！

三周以后的 2013 年 6 月 17 日，我专程到东京拜见老人，因为增加一项例行检查，三浦先生未能离开医院，委托长女和两个儿子一起与我晚宴。我们聊了四个小时，饭前，我参观了三浦的家，他专门有一个海拔 6 000 米的模拟实验室，有大量与登山相关的照片、衣服和设备，是一个小型博物馆。可惜多年前，三浦竞选札幌市市长，对立面的人潜入偷走和砸坏了一

与三浦雄一郎之子三浦豪太展示珠峰合影

些当年登珠峰的装备。

我们也提到尼泊尔的谢尔占终于放弃登顶计划的事情，这对三浦一家也是一个安慰。三浦豪太也提到，这次三浦老人身体很好，登顶顺利。但自己过希拉里台阶时太劳累，是在 9：00 登顶的。后来下山时非常疲惫，不得不在山上过了两夜。担心天气变暖，老人速度太慢可能无法保证安全通过恐怖冰川。经过讨论，决定用直升机将老人从二号营地接回大本营。老人有些遗憾。

三浦一家最遗憾的却是，他本来希望能从中国北坡登顶。三浦豪太曾专门来北京与有关部门讨论。但基于某些规定，中国方面只允许三浦父子两人登山，不允许长期协助他们的团队随行，这个风险太大了，只好放弃。

一声长叹，我只好敬酒安慰他们兄弟两人。不过，也许还有机会。须知，三浦雄一郎的父亲在 99 岁时居然在滑雪时骨折，101 岁去世。这一家的冒险基因的确了不起。

三浦雄一郎希望 2013 年来中国，不过，他更希望在中文版自传面世后来，来金融博物馆书院讲演一次。他在日本已经出版了超过 100 本日文和英文的书，期待中国的读者也能接受他。我和方泉就非常受益于和三浦父子的聊天，每当我们登山痛苦得要放弃时，脑海里就出现老人坚定不移上攀的形象。面对这样一位 80 岁的老人，我们还有什么理由退却呢？

夏尔巴队长普马扎西：8 000 米以上全球登顶第一人

首次见到普马是在他家里开的客栈，他人高马大，面相俊朗。他已经是 21 次登顶珠峰了，南北坡都非常熟悉。他会与我们一起从南坡再次登顶，即将平纪录成为登顶珠峰最多的两位夏尔巴协作之一。由于另一位已经 50 多岁了，他刚刚 42 岁，显然这个世界纪录很快将属于他。同时，他也是 31 次登顶 8 000 米以上山峰的第一人。

到大本营后，他一直忙于组织活动，加上父亲去世，他又赶回家乡料理后事。我们约了几次聊天都没有安排上。终于在登顶出发之前，我和方泉与他有一次长谈。方泉重作记者采访，将他的经历介绍给中国人。下文便是方泉回国后的博客，写得很好，借来一用。

　　5 月 9 日英国登山家大卫·塔特登顶珠峰，成为今年登山季登顶的第一人。这是他第五次登顶珠峰，是专门为英国一家慈善基金会募捐而来。在登顶成功后他接通海事卫星电话，他听到了女王祝贺的声音，女王宣布授予他爵位。英国媒体连篇累牍报道，仅一天时间他效力的那家慈善基金就收到捐款 80 万英镑……

　　上午九点后阳光就有些烤人了。在大本营餐帐东北侧的小平台上，队友们围坐在大卫·塔特旁听他讲昨天的经历。本来他是想再次尝试无氧登顶的，可是 C4 到峰顶积雪没膝行走艰难……本来他是想留到二十几号和队友们再次正式冲顶的，可是国内有更重要的公益活动等待他参加……他疲惫却亢奋地侃侃而谈，我偶然转身，发现十几米外夏尔巴帐篷前普马扎西正指挥着夏尔巴们忙前忙后……

　　普马扎西是夏尔巴协作的队长，正是他带领十几名夏尔巴人修建从 C4 到顶峰的最后一段路，而大卫·塔特正是随修路队伍边修边上，修到顶而登上顶的。但修路到顶的人下山后一如既往地默默地忙碌着其他的活计，专门登顶的大卫却立即誉满英伦，光环闪烁……

干练帅气的普马扎西 42 岁，这次修路后即完成了第 20 次登顶珠峰——23 日又作为协作队长带领我们再次登顶！21 次登顶珠峰，刷新了前辈夏尔巴阿帕（53 岁）创造的纪录。而且包括这 21 次在内他登上 8 000 米山峰的次数达 31 次。

"上了这么多次珠峰，几乎是每个登山季要上两次，你不觉得枯燥吗？"我以记者的角色正式采访扎西。

"啊？噢——"尽管英文流利，面对我突然从熟识的客户转为正经的记者，普马还是有些怯色和结巴——或许这是他第一次面对采访吧，"我 1998 年遇到罗塞尔。14 年了，跟他的队伍 25 次上过 8 000 米，为家里挣了不少钱，改变了家里的生活境遇，我真心感谢罗塞尔，感谢他给了我这么多登顶的机会。"

20 多人的夏尔巴协作中有 5 个普马扎西的族人，在大本营前倒数第三个营地 Khumjung，我们下榻的那家中等规模的客栈即是他家开的。

尽管每个登山季上珠

普马扎西与中国金融博物馆旗帜合影

峰都是熟悉的路线，但每次都是率队踩路结绳，每次都是在板结一年的一米多深的积雪上踩出新路来，不但艰苦而且危险。"我们踩出路来的目的是排除险境，保护客户路途的安全是我们的最高准则"，说这话时普马恢复了夏尔巴队长的庄重神情。

但聊起登珠峰最难忘的一次经历，他顿时神情凝重声调迟缓。

2002 年 9 月，作为定制服务，他带两名夏尔巴助手送法国滑雪名将马克·斯威特从北坡攀登。无论南坡北坡，秋季登珠峰皆风大天寒，尝试者很少。但法国小伙踌躇满志——尽管那一年整个北坡的登山季只有他们 4 个人。他们下午两点登顶，然后下撤，走过岩壁后，普马带两名助手按绳索路线缓缓下撤。没多久，就觉得一阵风似的，马克·斯威特从他们身边飞驰而下。他们特别羡慕，觉得自己走得再快也不过瘾。8 小时后，普马他们下到了海拔 6 300 米的 ABC 营地——期待中的马克迎接他们的场景没有出现，大本营无人，也无人来过的迹象。他们住下，等待，等到第三天也没等到马克·斯威特的出现。马克·斯威特真的一阵风似的永远消失了。

"他才 22 岁呀……"普马叹息着转脸面向身后的冰壁。

或许是因为在冰天雪地的珠峰大本营听到山难的故事太多，抑或是因为这里的生活本身即处在生死临界状态，普马平静地讲述，我平静地听，他不再言语时是一阵平静——多少有些麻木的平静！

"问个未必准确的问题，14 年来从你接触和协助了的数百个登山者中，你能说出不同国家的登山者有什么不同吗？"

"有些不同。欧洲人更擅长和适宜攀爬，个人能力很突出；日本人爬得非常慢，但特顽强；美国人说得多，行动能力不如说的；你们中国人，才刚接触，觉得你们后劲很强……"只在聊这个话题时，普马一直轻松地笑着。

"哪天罗塞尔队不干了，你有什么打算。"

"我就回家种地，做点小生意，用更多的时间陪家人——这些年陪家人的时间太少了，特别是父亲不久前刚去世，陪家人真的很重要……"

我私底下获悉，罗塞尔本人年纪已经大了，每年都在珠峰大本营耗上两个多月有些吃不消，他已萌生退意……但这话题让王巍接过去，他不再做我采访普马的翻译，而是直接跟普马讨论罗塞尔公司，讨论普马本人的商业价值——他们的英文对话我能听懂的 1/3 是王巍劝普马搞民族品牌的登山户外探险服务公司……

看普马的眼神儿，听普马的语气，感觉他并不是特别兴奋。

或许对于一个 31 次登上 8 000 米山峰、21 次登顶珠峰的，已经稳稳站立在世界最高处的夏尔巴来讲，再多几次的上上下下，不过是加上一些阿拉伯数字而已。

几天后，普马便率领我们 9 位队友登顶珠峰。他在前头引路，我在后面看不到他。到了峰顶，他便拥抱每一位队员并亲自为大家逐一拍照。我迟迟不愿意离开峰顶，他便干脆用锁扣系上我的安全带强制地带我下去。一路上，他始终给在队伍中落单的我和真司教练喝水和鼓劲，直到安全回到营地。

离开大本营之前的庆祝酒会上，我、普马与罗塞尔三人一起在角落里聊了很久。他们非常希望能打开中国的珠峰旅游市场，除了极少数人具备登顶的条件外，大多数人可以徒步旅行到珠峰大本营。中国人来得还是太少了，更多是通过旅行社。没有具备高山经验的导游，这是很危险的。

新西兰领队罗塞尔：最权威的珠峰领队

首次听到罗塞尔的名字是在考虑去珠峰的时候，查找南坡资料时，不可能忽略这个人。他两次登顶珠峰，也登过许多世界各地的高山，在网上可以找到大量的资料。不过，他更出名的是作为登山领队，成功地带领队员十几次从北坡登顶珠峰，近年转战南坡后，罗塞尔队和美国 IMG 队几乎垄断了南坡的登山业务。后来，朋友在网上传来一套纪录片《攀越极限》，罗塞尔又是主角。几个月后，探路者公司的王静邀请罗塞尔本人来北京合作，安排了一次晚餐，我和方泉也参加了。

罗塞尔出生于新西兰，瑞士国籍，长年住在法国。他看上去 50 多岁（2013 年是 60 岁了），目光炯炯，自信且健谈。没有太多客套，直奔主题。他得知我们正在考虑 2013 年登珠峰的计划，便简要分析南北坡的不同，说明登山的过程比登顶更要紧。他特别提到 2012 年由于天气变化，他组织的队伍被迫下撤，没有人能够登顶，大部分队友 2013 年将重新归队再来一试。这与我们接触到的其他队推销言语大相径庭。他针对方泉多次不登顶的经历，指出不是体能问题，而是态度问题，这让方泉非常受用。尽管罗塞尔队的费用比其他队伍高出一大截，但他的诚恳和安全感，使得我们最终选择了他。

一到加德满都，我们就感受到了罗塞尔的细心和认真。他立即安排检查所有人的装备并亲自称量行李，为首次到来的山友安排出租车游览市容，举办鸡尾酒会互相介绍山友等。事无巨细，亲自动手，这对于一位在登山圈声誉巨大的前辈来说非常不易。

在大本营，罗塞尔每天在晚饭时向大家通报登山行程、各项准备、天气变化等，然后与大家讲故事，开玩笑。他在登山指导和夏尔巴圈里被称作老板，看上去都是许多年的合作。厨师和医生来自英国，指导有瑞士和法国的，当然来自他老家新西兰的居多。他的管理方式非常细腻，包括简单的设备使用都是亲自示范。当大家进山时，他会在半夜起来，不断与队

我与领队罗塞尔

友逐一用对讲机确认到达地点和时间。有任何问题都是亲自对话讨论解决，他的房间是 24 小时开放的。

相比合作伙伴也是最大的竞争对手美国公司 IMG 而言，罗塞尔更是个人业主企业，亲临大本营现场，直接调动和指挥，与每个队友建立个人联系，嘘寒问暖。教练真司患了牙疼，他安排直升机接送真司到他在加德满都的牙医处诊治，不惜成本。IMG 的老板则坐镇美国，雇了一批职业经理人打理公司业务，一切按规则办，认章不认人。不过，罗塞尔公司的品牌全靠他本人维护，在许多重大决策时，个人判断优先。2012 年度登山季中，因为天气和拥堵等缘故，罗塞尔就做出了集体放弃登顶的决定。同期，IMG 则继续前进，保证了队员的登顶。结果，今年 IMG 显然吸收了大批新客户，而罗塞尔为维护声誉，将去年的老队员以赞助方式重新召集回来，新客户不多，我们四个中国队员成了重心。

罗塞尔考虑退休生活，希望卖掉公司，但是比较困难。这样的公司价值主要体现在罗塞尔个人价值上，我感觉未来前途不如 IMG 公司。这就相当于老牌传统商号将被现代企业淘汰一样，不过，罗塞尔将会是江湖上久久流传的故事。罗塞尔在接受半岛电视台的采访时强调，登山自然需要许多费用，但不能以赚钱为首要目标。考虑到协作、饮食、物流和管理等许多因素，罗塞尔公司最多可以为 24 位顾客服务。他对许多卖登山许可和外包服务的登山公司非常不满，尽管价格便宜，但没有合格夏尔巴协作、没有登山指导和各种技术服务，这种登山常常是自杀。他倾向于明年起，只接收具有 8 000 米以上经验的山友加入。他定位罗塞尔公司是安排登顶服务的，不是简单培训登山的。

我们在大本营适应的时候，来回跑了四五次冰川入口，几乎看遍了所有帐篷区。比较了其他三个大的营地，美国 IMG 的、俄罗斯七峰的、印度军队的，只有罗塞尔营地最漂亮，有规则。活动区、饮食区、住宿区、厕所与洗澡帐篷、后勤区和夏尔巴人营地，都区分得清清楚楚，彼此都有小路连接。罗塞尔将指挥部和医务室放在一起，建立在最高的位置上，可以照顾到各个地方。几乎珠峰大本营各队队友都会来罗塞尔营地参观拍照，许多到大本营的登山界名流也会来与罗塞尔见个面。

罗塞尔搭建的巨大白色圆球形活动厅（虎厅）是珠峰大本营的地标物，可以同时容纳五六十人的酒会和跳舞。平日安静时，也总会有十人左右在这里看书、打牌、上网、看电影、喝啤酒等。罗塞尔将登山这样一个艰苦的活动转变为一个亲密的山友社区，不断通过各种娱乐方式消除适应高原的痛苦。

罗塞尔年轻时追随著名登山家希拉里。他两次登顶珠峰，后来主要是组织登山活动。我在徒步中住在一家夏尔巴人开的客栈，看到 30 年前罗塞尔与这家主人和孩子们的合影。当时的孩子便是现在的主人。在路上和大本营，随时可以看到山友与他合影，夏尔巴人与他打招呼。我曾问及他是否会成为希拉里的传人。他立即表示，希拉里是不可超越的圣人，他只是力所能及地做些小事而已。

　　罗塞尔的直率让我印象深刻，他不回避问题，也不掩盖矛盾。我们在大本营期间至少看到他与我们中国人、与德国人、与瑞士人、与夏尔巴人都有相当尖锐的观点冲突，也不时对一些著名登山家表达负面看法。但是，他的专业能力和坦荡态度让人肃然起敬。冲突之后，很快就彼此忘怀了。

　　如同我们到达时一样，罗塞尔坚持起了大早送我们搭乘离开的直升机。他亲切而坚定的目光一直向上凝望着我们远去，这一刻真是让我们无法忘怀。没有他准确的判断、持续的鼓励和周到的安排，没有他组织的最优秀的夏尔巴团队和整个后勤团队，我们无法完成这样圆满的登顶之旅。

方泉队长：患难与共的山友

　　与方泉相识 20 年了，我当初是他的领导。与方泉一起爬山也有十年了，他现在是我的队长。他是诗人、记者、编辑和担任过证券界大名鼎鼎的《证券市场周刊》的社长。也是一个血性汉子，出版过几本诗集，常在电视上谈股市。更有过青春永驻、绵绵不绝的浪漫故事。不过，北京"三好生队队长"的身份大约是他最得意的，也是最能体现他性格的。

　　十年前，他冬天跟队爬小五台遇险。本来是稀松平常的小事故，居然折腾到当地政府围山救人，直升机待命出动。回到北京后，他的一篇纪实文字更是写得鬼神惊泣，迅速传遍山友圈，让小五台和这几位"山货"都出了大名。我那时刚刚登雪山上瘾，便气味相投地合队一起了，跌跌撞撞

"三好生队队长"方泉

十年下来，也有了上百名队友。他自封队长，女队员居多，皆大欢喜。

北京常去登的是阳台、云蒙、海坨、黄草梁等十几座 1 500 米左右的野山，每年还要组织一次 5 000 米以上的雪山或者墨脱徒步等活动。偶尔也与其他登山队组合一下，彼此补充新鲜面孔。三好生队里神人颇多，哲学家、主持人、铁人三项赛奖得主、马拉松高手、艺术家、股票投资高手等层出不穷。不过，最值得山友骄傲的是，除了几位登山界大腕常来队里与大家锻炼外，居然今年自产自销了两个登顶珠峰的人物，方泉队长和在下。

我登珠峰似乎是可以理解的，执着如一。常年登山，业绩不错。登了十多座雪山，也该有这个念想了。方泉则让人大跌眼镜。他雪山不少登，但一向在登顶之前找出各种理由放弃。登西藏启孜是被人拖累；登两次慕士塔格，一次是想起女儿，一次是见义勇为；登两次阿空加瓜，一次是头疼，一次是集体行动；登玉珠哈巴和四姑娘则是意兴已尽。总之，登山十年，好像登顶应是意外事件。这次登珠峰之前，便四处造舆论，主要是看我太孤单，决意舍命陪君子。

此次登珠峰，从尼泊尔徒步开始直到首次珠峰训练的一个半月里，方泉似乎在捕捉一起可以构成他放弃的机会，不时自言自语地抱怨：西餐不好吃，炒股不方便，总有死人的消息传来。经常看到他非常勤奋地站在不同山坡上搜寻国内手机短信的信号，希望得到来自国内的招呼。唯一让他多少有信心的是，另一位中国山友的表现更差劲，几乎被登山队劝退。

不过，在最后的等待窗口时期，方泉明显信心大涨。首先，适应了一个多月后，他没有任何高原反应，整天多动好学。带来的两本书《中国地图册》和《世界地图册》被他翻得热火朝天，不时喃喃自语，或许进入了另一高原反应的境界。其次，英文长进很多，可以与美女医生和几位外国山友深入交流，乐此不疲。最后，美国 IMG 公司里有中国队员开中国灶，我们经常去打牙祭，大大缓解了思乡情绪。最重要的是，我的状态相比之下并不太好，聊天中不时担心不能如愿登顶。每次我的悲观都让方泉的眼睛闪亮起来。

正式登顶的五天里，我出师不利，第一天就拉肚子，立刻从前队主力变成了遥遥落后的队尾，而且可能被强制遣返。方泉立即承担了队长的责任，每天嘘寒问暖，帮我打饭冲药，整理行装。登山时也不离我左右，大约他考虑我的节奏，从二号到三号、三号到四号营地的两段漫长的攀登中，他非常有耐心地跟在我后面。从他坚定的步伐中，我真切地感到，他这次一定会如愿以偿地登顶的，我也会。

最后的一夜，如同以往一样，我们照例描述共同的愿景来打发紧张的等待。当年在慕士塔格登顶之夜，我们立下宏愿，一起写一本登山的小说。我搭架子和逻辑，他负责故事和情感部分，在彼此兴奋地演绎情节时，到了出发时刻。有一年在阿空加瓜登顶之夜，我们与另一位山友一起讨论重组一个小股东权益保护机构，他主持，我配合，连纲领活动和人员都敲定了。不过下了山后，都一阵风吹了。

这个晚上，我再次提到当年往事，方泉信誓旦旦地表示这回珠峰下来一定痛改前非，好好办个登山杂志，或者我们一起办个与博物馆相关的刊物，至少也要写一本登珠峰的书。他看到我在写日记，也很早就开始记录登山过程了。他是诗人和记者出身，文采飞扬，估计还是小说更靠谱。说着说着，他居然幸福地睡去了。我则翻出相机，为自己拍下一幅戴着氧气面罩的留影，心里嘀咕着，希望这不是遗照啊。

23：00 在出发前，他忽然要解手。这让我非常担心，我们一向都是在下午解手的。在半夜的海拔 7 900 米高度，解手是一个复杂的工程，耗时耗力。是否拉肚子的厄运又轮到他了？我不安地在帐篷外面等待，看着其他队友纷纷离开远去。他十分钟后出来，告诉我没有问题，慢慢走吧。我们一前一后地缓缓起步攀登。

三个小时后，山上下起雪来，风力增强了。我在前面连续超过了两个其他队伍的山友，节奏被打乱，上气不接下气。正在此刻，方泉在他的夏尔巴协作引领下从侧面超过了我，而且步伐轻松稳健。这是我们一起登山多年从来没有过的经验，我既吃惊又感慨。他太了解我了，他在用冲顶的姿态激发我已经极度疲惫的身心状态，他本来可以在几天前就这样的。

我一路跟着他的节奏，在8 000米以上的高山上，回味着在北京登山的情景，耳边响起队友的欢笑声。远远的一缕白色光线衬托着方泉的红色羽绒服，如同一团火球上蹿下跳的。我们就是这样一起登上了珠峰。

回到北京后，方泉大摆宴席，招待山友们庆祝登顶。我当日有事不能参加，众星捧月下，队长也得意忘形起来。将此登顶壮举渲染成一段传奇，许多精彩片段当可激励后生，鞭策他人。想到此处，或许真假不辨也可理解吧。我最关心的是，方泉这本登山的书能否出来，他的杂志是否还在记忆中。

方泉今年50岁了，已是知天命之年。在电视上，他的机敏和才智是一流的；在杂志圈里，他的厚道和开明是皆知的；在投资界，他的早熟和道性相当深厚；在山友队伍里，他的殷勤和热心更是不可或缺。对我而言，方泉这个朋友是一个可远可近、可深可浅、可爱可憎的人物，没有这样一个人在身边，是个遗憾。有了这个人在左右，我们的生活就会多姿多彩，有情有义有趣。

方泉下山后在博客上写了一篇"王巍的轴"，录此。

再睿智的老男人也会有为鸡毛蒜皮一根筋一厢情愿一发不可收拾的时候，尤其是在缺氧的雪山上。这叫"轴"。比如人称"中国并购之父"的王巍——新近出版的《金融可以颠覆历史》一书里他引述了此伟大称谓，疑似自诩了——2008年1月某夜跟我一起蜷缩在阿空加瓜雪山4 300米海拔的帐篷里，整宿辗转反侧，唉声叹气——不是高反，而是在想却怎么也想不起哲学家汤一介的父亲叫啥，叫啥跟他有什么关系呀，他却坚贞不屈地折腾到天亮，突然坐起来大呼："汤用彤！汤用彤！"我被惊醒后吓得不敢接话茬，但见他热情荡漾，酣畅淋漓，特像干柴烈火后的喷射……

这回在珠峰更典型的轴是，总说他那件加厚的排汗内衣是抓绒衣，"你看这里面明明有绒嘛！比我那件软壳薄点儿而已，难道内侧抓绒就不是抓绒衣吗？"轴一定要振振有词；这是一款黑色始祖鸟排汗衣，我恰有同样的一件，阿钢也是，"你们俩都说不是就不是吗？多数人的看法一定对吗？"轴一定还要上升到哲学高度；爬山一般是三件套：冲锋衣（或羽绒服）、抓绒衣和排汗衣，而厚的排汗衣再怎么厚也没有抓绒的保暖性能，而且太厚又不排汗了，"我看未必，你那件薄抓绒摸起来还不如我这件你所谓加厚排汗衣厚实呢，保暖没问题！"轴若再辅以旁征博引现身说法……嘿嘿，我只好妥协。三人一起凿开冰面合作洗衣服时——这时静静往往躲一边看热闹，她怕她一伸手就再也见不到我们的手了—— 我一本正经地告诫阿钢："这三件始祖鸟叫抓绒衣，在珠峰就这么叫了！"

动词的"轴"是较劲儿，名词的"轴"是执拗或偏执，一般是指言行非理性脱离常识。但常识是啥理性为何，总是有人会率先超越理性制造出逐渐约定俗成的新的常识来。因而执拗或偏执褒义的解释，便是坚韧不拔、持之以恒。姑且不论轴的内容是鸡毛蒜皮还是黄钟瓦釜，轴——跟自己、跟他人、跟客观自然，轴首先算是一种积极进取的人生态度吧。

一进山王巍就执拗地走在前队，跟人高马大的多数职业体育的欧美队员走在一起，当然这老海归有与人家谈得拢的话题和好过其他英语非母语者的语言能力。其实他的体力不如我，尤其在低海拔。但在低海拔他挤进前队甩我们半个多小时，到大本营后几次登高拉练，他还是跟紧欧美队友。"主要是一起走习惯了，赶不上他们好像咱中国人个个都怂似的"，他还把显然是有些逞能的执拗提升到民族大义上来。不但如此，几次我俩单独攀升训练他依然故我地冲在前面，尽管到山顶时喘得上气不接下气。我讲我以不出透汗不大喘气为标准的攀爬节奏，他说他虽喘气却货真价实爬厄尔布鲁士时跟俄罗斯教练淘换来的"秘籍"步法。唉——没辙，整个训练阶段，他晃动在我眼前的总是一个背影，掩盖了正常走路"驼背"缺陷因而显得颇矫健的背影，还是让我多少感觉着望尘莫及的背影。

有一次却是惊慌失措的背影。

那是攀冰训练。按惯例还是他在前，笨拙地使用上升器手脚并用地攀爬斜度60度、长十几米的冰壁，还要爬过冰壁间几米长的金属梯。作为生手我俩都大气不敢出，爬上第二顶冰脊时，他突然两腿跨在那里坐定不动了，我攀上去才发现是个两三米长却不足半米宽且还有凸起的冰脊！前面静静催他大喊着动作要领，他还是不动；近距离观察，他背影还真的在颤抖。我催他，他猛回头愤怒地骂我，发现他脸色煞白，惶恐透过镜片……当晚我把好不容易才捕捉到的他的这一怂相描绘了几句发微博，他知道后立即变脸："这种会让家人担忧的信息是不能发的，删掉！"怕是不想让女粉丝知道吧？静静不认为这种信息一定有负面影响，他冷峻地转脸静静。"我删！我删掉，为静静不遭冷眼我也删啊。"我总算看到王某人颤巍巍的背影了，窃喜。

但5月19日午夜正式冲顶开始后半小时不见了王巍的背影，我窃喜不起来，还很忧虑，从一丝忧虑逐渐变成沉重的担忧。

开始冲顶的这一刻，我们是训练结束后在大本营苦等了13天才等到的！夜里顶着月光出发，尽管都提醒自己开始时必须压着点儿步子，但上了冰爪后的亢奋使大家不由得加快了步伐。而进入恐怖冰川后谁都知道必须尽可能快地通过，因为雪崩冰崩随时可能发生。大步流星的王巍突然停下来说："不好得解大号。"——此前，我们用了五天时间想尽办法将习惯的早起大便调改成晚上睡前，而且昨晚我们还是一起去的（不好意思我使用的是女厕）。几小时内他又来一次？他说："可能是刚才西式米粥里兑的牛奶太凉了，没关系你先走吧。"通过恐怖冰川是不能等别人的，夏尔巴协作也不被要求等队员，其实爬高海拔本身即是每个人要按自己的节奏走。

我以为他很快就会追上来，可是……直到五小时后天大亮，我们大队爬出冰瀑爬到海拔 6 100 米的一号营地时，我才在对讲机里听到他的声音："我到恐怖冰川的顶端了，估计半小时能到 C1。"他说的是英文，显然也不是专门告知我，但喘息声尤其急促，是对讲机夸张出来的吗？我总算放下心了，继续前行后却总回头寻找那个在北京郊外爬野山时常见的前屈着多少有些伛偻的身影——不是背影。

到二号营地歇息了许久后，他才告诉我，他连拉三次！

我知道最后一搏的时刻最怕感冒拉肚子，感冒会转成肺水肿，拉肚子会抽干本就积存不多的体力。而且高海拔极寒冰雪中，每次大解都得先卸包，脱手套，解安全带，拉开连体羽绒服的后设拉锁……这是一个浩大工程！

第三次直起身子后他扶着冰壁站立了许久：他第一次真切地犹豫是否下撤？下撤几乎就是放弃了登顶，不撤又实在挪不动脚步。而这时大队已远远地没了踪迹。他感觉已走了恐怖冰川的一半，便给自己的坚持找出了理由——下也快不了哪儿去，既然上下走出冰川时间差不了太多都同样面临雪崩冰碎的危险，索性还是上。但果真孤独地上攀起来，不但特别吃力，而且越发感觉恐怖。"周围似乎总有冰柱爆裂的声音，也许是幻觉。每爬一段崎岖的冰壁，就要仔细察看周边前人的痕迹，担心走错了路径。遇到十多个连起来通过冰裂缝的梯子，只好战战兢兢地爬过去，而平时有队友时，互相拉紧绳子就可以走过去的……"他后来这样记述。他没有公开说的是黑暗、孤独和恐惧中支撑他坚持到最后的动力：眼前不断闪回女儿的脸庞；他一遍遍默默地对那脸庞说："我一定会回去，当然会回去的！"

王巍真的"轴轴"地追上来了。尽管轴的理由是下撤同样危险，但能够坚持不懈地轴到几乎是生死临界的疲惫不堪时还如此顽强，是因为爱，对女儿的爱！女儿十八，我俩最热火朝天的话题是说起同样年龄同样即将赴美求学的独女，同样娇惯到谄媚的地步。我说有一次在埃及，女儿总耷拉着脸气得我张口结舌差点儿动手；他说有一次女儿把他气急了伸手捅了一下她的脑门，她跑出家门，却不忘给妈妈短信怕妈妈担心……同样是 14 岁时！

这次他从 5 300 米到 6 450 米用了 11 个小时，比上次训练多出了整整两个小时。如果训练时慢成这个速度，罗塞尔会勒令你退出的。

自此再上三号营地，再上四号营地直至冲顶 8 844 米巅峰，王巍差不多一直是跟在我后面。而前面不是他的背影总使我产生超过的冲动，并且确实超过了几个。那个熟悉的背影是否将只留在记忆里了？

王巍跟山轴跟自己轴，更多的时候表现为跟旁人轴。50 多天里，该同学一再轴个没完的是敢于同"坏人坏事"做斗争——跟中国人习以为常的毛病死磕：诸如公众场所大声喧哗，隔过三个人坐着还跟同伴谈话；背包随便就放在桌椅上，有人脚还翘在前桌上；吃饭刀叉乱响喝汤声音嘹亮；餐帐里旁若无人地接听手机，开会时总忘记调成震动……开始是小声提醒，继而是高声警示，最后是冷眼逼视；开始是冲静静摄制组的小青年，继而是冲阿钢，最后是对我。有一回阿钢餐前忍不住一个惊天动地的喷嚏没有来得及捂嘴，全场顿时肃静，他很不给阿钢面子地斥责——用中文，其实有操不同语言者在场时只与同胞说母语也是不礼貌的哈——他这样告诉过我的。还有一次，在罗伯切训练营地头一天专门为中国人讲了解大号的规则，次日早晨法国教练冯士瓦就拉住王巍一同看摄制组戴眼镜的中国小伙从水源不远处的岩石走回来，问他是否大号他不答，而夏尔巴过去发现果然有一摊！冯士瓦气得说你们中国人咋这么不自觉，王巍气得想抽那小伙……但有时，他对这类事儿的轻微情节也计较得碎碎叨叨、婆婆妈妈让人唯恐躲闪不及。

跟同胞轴，关涉民族自尊时他对老外更轴。活动房虎厅里的啤酒、可乐每听 5 美元，自取记账享用。某个下午新西兰教练布鲁斯盘点账目，突然对我讲取饮料要记账，虎厅里七八个不同国家的人他为啥偏偏提醒我是因为我说不好英语吗？一个小时后 IMG 队的中国山友阿福来串门我取一听啤酒给他，布鲁斯竟再次提醒我要记账。我英语再不济也能听明白这话里的刺儿啊，便大声答："Of course！"……晚饭敲盆声响时我对王巍讲，偏偏此时我们带阿福一起进餐帐，布鲁斯又提醒王巍带客人来要提前跟厨房打招呼……第二天大清早王巍就叫起我说早饭后约罗塞尔，让罗塞尔叫上布鲁斯一起谈谈，因为直接找布鲁斯理论"太抬举他"（我们在国内都是有一群部下的人），只单独找罗塞尔申诉疑似打小报告，不够磊落。四人坐定，王巍刚陈述几句，布鲁斯立即道歉，坦诚地道歉，罗塞尔也爽快地说对不起，并且说以他的名义请阿福再来就餐……

19 日穿越恐怖冰川上二号营地，我阴差阳错地一直跟布鲁斯走在一起，他帮我紧安全带，跳过冰裂缝时还额外甩过来一条他带的备用绳子…… 他对我的帮助是真诚的。珠峰下来临分别的那个早晨，布鲁斯特意拉上他刚泡成的美女队医跟我一起合影留念。

从珠峰下撤到二号营地休息一晚后再返大本营。下山时，王巍又大步流星地窜到了前面，不经意间他的背影就窜出我的视野。如逃窜般下撤自然要比拼命攀爬更来劲，这回不算逞能不算执拗。直到三个多小时后我才在恐怖冰川底端赶上他。只几天工夫，冰川又融化得面目全非，从冰川到大本营的路早已分辨不清，因为石块下的冰层融化，碎石路不复存在。泥泞湿滑，旁边是几米深的冰河，活动的冰湍急的水。他还提议绕绕路找一找罹难的台湾登山家李小石的营帐。我俩寸步不离地特别缓慢地走着，互相提醒小心再小心，因为我们都清楚距安全地回到大本营只剩几公里了，绝不能阴沟里翻船！

终于到达营帐东侧煨桑仪式的高台，他说得拜拜，感恩我们平安归来——我俩平时都是敬神鬼而远之的，这次却双手合十冲高台佛像深情地凝重地鞠躬，鞠躬之后无意间对视，我们同时伸出双臂，紧紧地拥抱……交往 20 多年，第一次这么零距离哈！

王巍的坚韧不拔、王巍的执拗、王巍的轴凝结在背影上，行文至此，我竟想起小学课本中鲁迅笔下车夫的背影——"觉得他满身灰尘的后影，霎时高大了，而且越走越大，须仰视才见。"

珠峰归来一个多月，王巍最新轴上的歪理邪说是，他认为登珠峰不用锻炼身体。因为他的确不怎么跑步游泳打球之类，并且过去三次挑战新的海拔高度——6 959 米的阿空加瓜他是感冒未愈冲顶的；7 546 米的慕士塔格他是犯痔疮上去的，这次珠峰人家又阴差阳错地拉稀跑肚。似乎登顶珠峰不但不用提前锻炼，而且关键时刻还得摊上啥自虐的病不可。这就像常有励志导师大谈盖茨、乔布斯成功就是因为不念完大学之类……

王巍你谁呀？瞅冷子顶个"并购干爹"的帽子"破帽遮颜过闹市"娱乐放松下也就算了，接下来还真要把自己轴成一尊神像吗？

登珠峰要如何锻炼

登山之前，大家都强调集中训练，除了技术操作，体能是非常关键的。许多队友或者长跑多年，或者负重起降训练，或者游泳，或者常年爬楼梯，各有风格，互相感染。也有人在食谱营养上下功夫，登山前很久就吃上了红景天和人参等据说预防高原反应的东西。

我的经验则不同，主要是平时的爬山。我基本每个月爬两次，周六与方泉担任队长的三好生队，在北京郊区爬上一整天。已经坚持了十年。其他锻炼我基本没有。跑步和游泳太枯燥，一个人没有乐趣。器械锻炼更不是我的风格，总有自虐的味道。高尔夫球太浪费时间，而且商业的成分太多。网球、羽毛球、乒乓球等总需要有稳定的伙伴，也难凑啊。忙碌的工作也许可算得上我的锻炼方式了。

在三好生队里，我不参与强化锻炼已经成了大家取笑的目标了，传说我无病不登顶。

2009 年的阿空加瓜登山，我连续发烧四天，脱水卧床。因为我是联系人，大家都交了钱请了假，我不去就太不够朋友了。挣扎着出发，打算办妥大家的登山手续后，我就返回。结果从北京飞法国再飞巴西，最后从布宜诺斯艾利斯再到门多萨折腾了一路。先是行李迟到，机场投诉再到清晨取行李，这 30 多小时发生的一系列事件，我全然忘了自己的病，结果与大家出发，最后登顶。

2010 年的慕士塔格峰，我从大本营到塔县休整时吃了辛辣的食物，导致痔疮复发。回到大本营后，每天便血，不能躺卧，连咳嗽都疼。不过，在教练鼓励下我仍坚持上山，最后居然成为队里第一个登顶的人。而一直照顾我为我烧水做饭的方泉却在接近三号营地时突然放弃了。

这次登珠峰，果然又在登顶的第一天就拉了肚子，非常狼狈地坚持到二号营地。好在第二天休息，我又用了大剂量的止泻药，勉强可以跟队。此后三天专注于爬好每一步，不敢多想其他，终于登顶成功。

我的个人经验是：

第一，年轻时多锻炼。我从中学开始到大学期间一直坚持长跑和各种体育锻炼。参加过一些运动会，虽然没有拿过什么名次。其间下乡插队的一段岁月还放了半年的羊，每天爬山。到年过半百，很少去医院看病。体质不错应该归结于年轻时的经历。

第二，保持良好的生活习惯。从商20多年，生活比较规律。早上八点起来，晚上十点看书，半夜前入睡，一直如此。不喝酒，不抽烟，不参加夜里的社交活动。除了好奇和创业的激情外，很少有大的情绪波动，保持积极乐观的生活态度，身边有一大批知己。

第三，意志力强。建立一个目标后，坚定不移地逼近它，一步一步走，不气馁不犹豫不冒进，也不打折扣。每爬一座大山，无论登顶与否，都对爬下一座充满信心。这次登山，方泉和小肖每周相约到香山后面的好汉坡反复训练，带上高山靴和冰爪等。我却一直出差，只参加了两次活动。但我内心里却没有多少压力，我只与个人过去的经验比较，不会被别人的折腾干扰。许多人整天在微博上晒跑步成绩的同时表达咬牙坚持的痛苦，让我感到好笑。既然是痛苦，为什么不换一种自己喜欢的方式锻炼呢？对我而言，放弃自己不喜欢的运动就是有意志力的表现。

第四，登山是一个适应过程，不是一个强化训练。高原反应和体能发挥是两个成功要素。高原反应每个人都有，但中国人的心理恐惧大大夸张了生理反应。这也许与我们支援西藏的政策有关。去援藏的人级别和工资都立马升一级，回来还要给予各种补偿。心理上就形成了恐惧感。人一去西藏，周边都在吓唬你，要提前吃红景天之类的中药。到了拉萨酒店，马上就有人推销氧气罐。这些都是渲染。

我十几年前去西宁办事，主人立刻要我卧床休息，周边人都躺下了，我也感到晕晕乎乎。以后爬山从3 000米到7 000米，每次开始都是头疼和无力，但是慢慢就适应了，不需要什么药。如同你在游泳池练习憋气一样，第一次可以憋上30秒，连续五次后，就可以轻易憋上一分钟。如果你登山到 4 000 米头疼下来了，从此不再尝试，你就永远在这个位置上高原反应。同样，体能发挥也不需要特别锻炼。登珠峰不是百米冲刺，也不是跨栏或跳高，没有太多技术含量。登珠峰需要在大本营有一个多月的爬上爬下的适应，这就是锻炼了，你还在家强化什么？

最后，登山就是缘分。登珠峰需要四个要素，有钱有闲有体能有毅力。国内登珠峰收费涨得快，2013 年已经是 30 万元了，罗塞尔队收费 40 万元。这对许多普通山友来说都是一笔很大的成本。登珠峰一般需要两个月的时间，上班族很难请假，老板也不容易离开公司这么久。登山的体力和毅力也是不可缺少的。这四样同时凑到一起真是不容易，所以登珠峰的山友还是非常少。

另外，天气窗口的选择、身体的适应、队伍的管理、队友的命运等，有无数看上去非常小的变化，在如此高的海拔上都可以导致放弃登顶。我们所有山友苦熬两个月，每天都战战兢兢地期待不要出现任何变化毁了自己的机会。

好在，我终于登了顶。下来后，我、方泉和阿钢反复讨论，比起那些更有体能的山友，我们真是太幸运了。所有坏事都回避了，所有好条件都让我们碰上了。这就是缘分，也是人品大爆发！

你还要如何锻炼呢？

南坡与北坡的选择

这是一个问题。一般来说，南坡最后一天路线短相对容易些，但第一天要穿过恐怖冰川更危险。目前，大多数登山队都是从南坡上，这不是难易的选择，而是登山管理制度的不同。中国北坡的登山队必须雇用当地人担任协作，而且报批的手续复杂，不确定因素太多。对于登山者来说，一旦有变化，多年的等待和训练就要泡汤了，更不必谈费用的损失。从尼泊尔的南坡登山则没有这样的变数。

2013 年，我选择了从南坡登珠峰，这是一个意外，也是一个幸运。直到 2013 年春节前，我仍然是决定跟北坡的组织者攀登，为此特别参加了前期在四川四姑娘山的攀冰训练，作为报名登山的必要条件。可是，这个训练让我非常沮丧，我对这个组织者的管理水平抱有很大的疑问。

我们几个报名队员兴致勃勃地参加攀冰训练，被编入两支各超过 20 人的队伍。晚间组织者的攀登讲解很机械，也漫不经心，许多人溜出去聊天。白天派了几个教练，在冰坡上演示也同样是走过场。这么多人的队伍排队跟着教练上攀或下行，一个上午只有上下两趟而已，连安全带和锁扣都弄不清楚就下来了。至于爬梯子和攀岩训练更是形式主义，上下一次一天就过去了。重要的是，你交了费就没有人关注你了。

我们有个队友忽然感冒发烧起来，无人过问，连到镇里去医院看看，也没有人陪同，只能依靠队友互相帮助。结果我们都兴味索然，提前一半时间，放弃训练回京去。组织者只是强调不予退费后，很高兴地放行，而且人人都给予训练完成证书，有资格登珠峰了。

不久，我们就听说有国内地产商赞助了北坡的登山组织者，这就意味着队员可能要被分为不同等级。我向赞助方确认这个情况后，便决定不再参加北坡登顶活动了。中国的登山组织者根据登山者的政治影响、赞助能力和关系远近来区别对待，这是心照不宣的事实。同样是登山，如果是大老板，组织者就提供最好的协作、住宿条件、装备和更多的氧气。一旦出

珠峰大本营展示中国并购公会旗帜

现事故，牺牲的就是普通的登山者。而且，常常以各种古怪的理由甚至欺骗来保证最大金主的利益。我参与多次这种组织活动，受害不浅，以后就尽量自己组织。

南坡的登山组织是市场化的，在激烈竞争中形成了不同特色的登山公司。价格有不同区间，同样，服务内容也不同。我们在网络上研究后，锁定了两家公司，分别联系。曾从南坡登顶的王静女士特别推荐了罗塞尔公司，她还在罗塞尔来北京时安排与我和方泉吃晚饭，深入讨论了登山的细节。罗塞尔的坦率和诚恳给我们很大的信心和安全感，于是，我们立即确定加入罗塞尔公司从南坡登珠峰，尽管费用要高出一大截。

今年同时从北坡登珠峰的两位山友一直在与我们保持联系，互相通报情况，从准备到登顶的整个过程中，我们不时体会到南北坡登顶的差异。

首先，南北坡队都需要提交一系列个人登山的历史、身体检查和保险等资料。但南坡资料细节显然更人性化，包括对菜谱选择、过敏体质描述和装备要求细节等，全部通过电子邮件，可以反复讨论。罗塞尔队还专门建立了博客，将历年登山安排、结果等通报大家，鼓励彼此互动，没有见面之前就开始熟悉队友了，而北坡就只是单方面递交资料。

其次，南坡攀登包括了一个 12 天的徒步，从加德满都步行到海拔5 000 多米的大本营。大家走走停停，边熟悉同伴，边适应高度，边欣赏景色，非常愉快。特别是一路上从各个角度接近并观赏珠峰，一点点看到犹抱琵琶半遮面的珠峰真容，这种感觉可让人长久回忆。北坡就不同了，汽车直接抵达大本营，追求最大效率的现代公路甚至切断了冰川。没有过渡、没有憧憬，一步直抵珠峰脚下。

再次，南坡都是国际队员组成，我们这个队 18 个队员，由十个国家的山友组成。各种语言和各种性格都汇集在一起，有冲突有礼让，组织者对所有队友一视同仁。当然吃饭就不如北坡队员愉快了，吃不到中餐，交流主要是英文。

最后，南坡收费贵，但每个队员都是个性化训练，平等对待。我们队里有南美富豪家族的公子，也有没有收入依靠赞助的普通人。平时的训练和生活中，教练们都是一视同仁，全部自助。我们有个中国山友一再希望能多花钱额外雇用一位夏尔巴协作，或者将自己的背包让夏尔巴协作带上，领队和教练都非常不满，严词拒绝甚至要让他提前下山回家。

我们登顶回来的归途上得知，与我们同期登顶的北坡队伍分为 A 组和B 组。当时 A 组有位队员在登顶后无法自己下山，陷于危险状态。此人在对讲机中呼救并愿意拿出上亿资产来补偿拯救他下山的人，显然大大激励了组织者和救援队伍。B 组的协作纷纷带上本组的氧气和物资冲上去救人，终于把此人安全救下山。但是，B 组全体队员则付出了沉重的代价，被迫在距离顶峰几百米处集体下撤，放弃了这次机会。

这些队员因为组织者的决定而放弃登顶的机会，获得道德嘉奖，但是多年的训练和痛苦的等待却无法挽回。作为局外人，我们无法得知当时这个决定是如何形成的，如何被 B 组队员接受的。但从这些队员下山后公开在媒体上的质疑和批评中，可以看到"集体"和"组织"的力量。这在南坡的商业登山体制下是很难理解的。

我和方泉非常清晰地回忆起 2005 年山友庄东辰遇难后，不仅是我们即将登顶的 B 组，而且正在登顶附近山峰的其他队山友都要无一例外地下撤，以体现组织者事后的高度重视和封锁能力。同样，2007 年珠峰测量时，一旦 A 组队员完成了登顶任务，B 组队员就要无条件下撤了，避免出现事故而影响大局。在这样的管理体制下，我们潜意识地感到，还是从南坡登山更靠谱。

大本营的举止规则

珠峰大本营的生活有两个月左右，各国队员一起生活，习惯不同，必须有一个基本的规则底线，这里是没有人讲特殊国情的。这次登顶队员有18位，来自10个不同的国家，中国山友有4个。我们自己在一起时比较随便些，但加入集体生活时，就可以看到许多细节还是有差距的。特别是我们在徒步阶段，有一个中国的摄影队随行，常常看到风格的冲突。我列举一些真切地发生在我们营地的例子。

- 吃饭的动作过大，咀嚼动静夸张，特别是在喝汤时。外国队友喝汤都是将勺子放入口内，我们多是放在口边拼命去吸汤。
- 也许不愿意多动，自己打饭时往往一次取太多饭菜，吃不完就是浪费。这在高山上特别让人反感，这些食物都是夏尔巴协作千辛万苦地运上山来的。
- 背包和手杖等装备习惯放在帐篷内的椅子或座位上，不是放在室外或地上。这种过度的戒备感让外国山友非常不习惯，而且也很不尊重坐在身边的山友。
- 公共场合盘腿脱袜子，甚至双脚蹬踏在桌子边。自己以为很潇洒，别人看上去粗鄙不堪。
- 在休息帐篷和餐桌上隔空讲话对着喊，完全不顾身边的山友。外国人很少这样喧哗，多是移位到聊天对象旁边。
- 不打招呼就给别人拍照或录像，不顾及别人的隐私。似乎拿了相机就有了特权。
- 不分早晚在帐篷里放音乐，不考虑邻居的休息习惯。
- 在公共场合开着声音玩电子游戏。
- 在营地里或别人的帐篷边高声打电话。
- 不顾规则，大小便靠近营地和水源。

● 打喷嚏不避人、不捂着口，之后不道歉，这种方式是最容易传染他人的。

罗塞尔队这次全体队员都成功登顶，有几个严格遵守的规则值得强调：

第一，所有人进入集体帐篷前必须认真用洗手液洗手。不注意个人卫生，将病菌带入集体圈，易导致传染。队员来自许多国家，对各种病菌的免疫力不一样，一旦有病菌传播，对所有队员都是威胁。大家准备了很久时间，花了很多费用，却因为别人传播的病菌而生病，这是非常不公平的。罗塞尔队专门在大本营和重要的营地建立厕所和洗澡间都是这个目的，许多小的登山队则没有这样严格。

第二，所有人必须将自己的生活垃圾收集起来，统一由队里处理。营地里有许多垃圾桶和垃圾袋，不时有夏尔巴协作来收集垃圾。与国内媒体妖魔化的报道不同，不仅是罗塞尔队营地，整个珠峰大本营都非常整洁。只是在最后一个海拔 7 900 米的突击营地，我们才看到乱七八糟的垃圾。在这个高度上，清理垃圾主要是夏尔巴协作在下撤时的工作，可以理解。我们在撤营时，教练反复叮咛，不得留下一片纸。而且，罗塞尔队整体撤营后，要求将所有人工痕迹都去掉，复原营地的冰川地貌。

第三，所有集体行动必须严格守时。几次出发训练时，都有中国队员因拖拖拉拉而受到谴责。在冰天雪地的高海拔环境下，一个人迟到五分钟就可能会让其他在帐篷外边等候的队员冻伤，这不是小事情。

第四，所有队友必须自助登山，不能让其他人或夏尔巴协作携带自己的必备用品，如水壶、羽绒服、冰镐、头灯和食物等。我们有中国队友不断要求多花钱雇用额外的夏尔巴协作，这是让罗塞尔非常恼怒的事情。登山是一项运动，也是一种人生态度，不是依赖别人的享受。而且，这些随身用品离开自己会发生危险，一旦个人脱离了队伍，将会无依无靠、听天由命。

第五，队友不得带病带情绪登山。我们在大本营时经历了几次队员之间、队员和教练之间的冲突，在未能达成共识的情形下，都是中止了登山。
一次是罗塞尔与法国队员马汀就登顶行程的争执。马汀曾登顶七大峰，这
次去努子峰，需要来回穿越恐怖冰川四次。她坚持在二号营地等待天气而
节省两次穿越，但罗塞尔坚持必须集体行动，不能在二号营地留人，结果
激烈争吵后，马汀放弃登顶，提前下山。另一次是罗塞尔与瑞士队员艾维
琳的争吵，后者坚持自己咳嗽严重需要到加德满都治疗几天，而罗塞尔和

珠峰大本营营地一角

医生都认为她可以跟队行动，结果她还是放弃了登顶。

第六，队员不得未经批准自己训练，而且必须随身携带步话机与大本营保持联系。到大本营后，主要是上上下下的训练，很枯燥，大家都希望自己寻找新路线也看看风景，而这是被严格禁止的。每次教练都带着大家在两条固定的山脊上攀登和下降。我和方泉即便自己出行，也是按照同一路线行进。不久，得到噩耗，其他队伍的俄罗斯队员和西班牙队员自己试图走一条新路，结果被滚石卷下来，俄罗斯队员当场遇难。

我的珠峰行装清单

去珠峰带些什么？许多山友都折腾几个月，翻来覆去地比较和打探。先是求全，担心少了什么，怕关键时出问题。接着就求品牌，仿佛同样的东西，品牌差的在高山上会掉链子。再后来就是几个山友凑在一起核实装备，或者分担公共物品如零食和药品等。特别是对一些高山经验不足的山友，这个行装清单似乎就是登顶的保证。

我对这个清单一向不太重视，主要是爬山十年了，已经准备了许多回，从紧张到平和。你可以从网上搜索任何一个高海拔登山的行装清单，打印出来。按图索骥，在家里准备好已经有的东西后，再到登山专卖店里逐项补齐。然后根据自己的身体和口感，带上常用药和调味零食即可。

每个正规的登山队至少要有两次检查装备的机会。一个是离开城市进山之前，教练要认真为每个队员开包检查，如果有任何缺项都会给机会去购买补充。另一次是在登顶之前，如果仍然发现缺项，队里一定会有公共备用物品来调剂，顶多是花钱租赁而已。所以，没有必要为装备不齐而担心。

此外，品牌固然很重要，但不是决定因素。没有一个品牌的东西是不可替代的，真正的差距是时尚、颜色、轻重等非品质的特征，相对于自己的精神状态而言，这并不是大不了的差距。许多国产品牌的质量都是不错的。我这次登山在大本营之前的徒步中一直用王静送我的探路者登山鞋，非常舒服，远比我原来常用的国外大品牌好得多。

我这次准备的装备全部装入一个大驮包和一个背包，整体不足 20 公斤，全部内容如下。

我的药箱：复合维生素、芬必得胶囊、感冒冲剂、马应龙痔疮膏、维生素泡腾片、阿司匹林泡腾片、六神丸、维生素 B、消疼贴膏、白加黑、散利痛、小檗碱、泻立停、口疮贴、创可贴、弹性绷带、眼药水、防晒唇膏、防晒霜。全都是一盒。

　　我的行装： 盥洗包、指甲刀、排汗内衣四套、纸质内裤 20 个、抓绒衣裤一套、连体羽绒服一套、高山羽绒服一件、防风衣裤一套、风雪镜两副、毛绒头套、防风面罩、7 000 米以上高山靴、高帮高泰克登山鞋、徒步便鞋（也可以在营地休闲用）、高山羽绒手套两套、护膝一套、腰包（放相机等零碎用品）、遮阳帽、手杖、冰镐、安全带、上升器和下降器、保温水壶、饭盒、折叠刀叉。

　　我的电器： 苹果手机、Mini iPad、Yoobao 储电宝、转换插头、索尼微单反相机、帐篷内小吊灯、手电以及各种充电器与电池等配件。

　　我的食物： 口香糖（常代替牙膏）、牛肉干、果丹皮、话梅、巧克力、茶叶、奶糖若干。

　　我的娱乐用品： 三本书，下载 20 部电影和几十本电子书在 iPad 上。

　　路上补充的装备： 在徒步期间买了羽绒背心，方便早晨防寒，路上容易脱下来；买了直筒的饮料瓶作为尿壶使用；买了当地的手机和电话卡，非常便宜。

　　需要提及的是，到大本营前的徒步出发点卢卡拉和中间的南车镇都遍布登山专业店，我们完全可以用比国内低的价格在这里买到全部装备。当然，我还是鼓励大

我登珠峰的行李

家用自己熟悉的旧装备，而不是全部买新的。许多国内山友花了大价钱从国内带了太多的行装设备，在机场被罚得五颜六色的，还是轻装简从为好。

耳闻目睹的珠峰死亡

➢ 2013 年 7 月 15 日

2013 年春季的登顶，南坡有 10 个人死亡，包括三个夏尔巴人。其中，我有过接触的是台湾同胞李小石。到大本营之前的最后一个客栈里，我在倒腾上网收发邮件。听到不远处有几个中国人在聊天，其中一位看到我们后主动打招呼。自报家门李小石，从台湾来此登洛子峰。洛子峰是全球第四高峰，在珠峰的旁边，与珠峰共用一条路线直到 8 000 米左右。许多登过珠峰的人，第二次来此就是登洛子峰。

李小石非常健谈，短短十几分钟，我们就知道他已经登顶了台湾地区几乎所有重要的高山，而且十年前就已经登顶珠峰。他曾写了三本书，在台湾地区非常有影响，此次登山也会写一本书。登山经验丰富的王静与他提及了彼此相识的几个山友，多少让他收敛了一些。两个名人的较劲让我认真观察了这位有些絮絮叨叨的台湾同胞。人到壮年，面容自信也有坚毅，络腮胡子，只是台湾同胞特有的柔声细语在这个粗犷的环境中有点滑稽。他还递来一张名片，上面有他的彩色照片，这可是在 5 000 米的高山上啊。

此后一个月里，我和方泉多次路过他在大本营中心的营地。黄色的大帐三面都非常夸张地用中英文写着"台湾·马祖洛子峰远征队"。尽管我们都很好奇，但还是没有趋前就教，与他近乎起来。这一点后来让我们非常遗憾。

我们启程登顶的第二天，驻扎在海拔 6 000 多米二号营地，休息一天。得知李小石已经成功登顶洛子峰，完成了他的梦想。但是，由于极度疲惫，他下降到 7 900 米左右的突击营地后，无法继续行走，只好躺在帐篷里。而这一躺下就无法再站起来了。两个夏尔巴协作陪在他左右，但无法协助他走下来。氧气和食物都没有了。

组织他登山的七峰公司居然放弃了他，倒是另一个美国公司 IMG 派附近营地的夏尔巴给他送去了给养和氧气，延缓他身体的崩溃。直升机几次试图上去营救，但无法接近他的营地。我们在下边一直遥远地关注他，看着飞机上上下下，没有一点办法。从我们营地夏尔巴协作的交谈中，得知几乎整个营地各个队都在跟踪这个突击营的一举一动，牵肠挂肚地祈祷奇迹发生。

李小石是我国台湾地区的名人，他不断地用呼叫器与大本营和夏尔巴协作求救："我有钱，请将我救下来吧。"这一声声呼救，真是让我们揪心。但是奇迹没有发生，经过一天一夜的守候，两个夏尔巴协作看到他一点点失去生命，最后还是将他的尸体拖到直升机可以到达的地方。许多人在看着飞机用长绳钩住他弯曲的身体下来，我待在帐篷里，希望保留他最初给我的印象。

许多人是突发灾难去世，也许并没有太多痛苦。李小石却不同，他一直非常清醒，最后的一天一夜，他想到了什么，也许写下来了，也许绝望地带走了。他的家人、朋友，以及他非常骄傲的社交圈子，都会留在他最后的记忆中。

我登顶珠峰后，下来的路上非常累，不时地想到李小石的最后情景。回到大本营后，我约方泉一起特意到他的帐篷处吊唁。此时人已不在，帐篷也被清理走了。在空空的乱石堆旁，我脑海里又反复回忆起初见的情形，似乎成了一个爽朗、健谈、乐观的老朋友了。

回到北京后，我在网上搜索了他的生平，复原记忆。他每次都带着一个妈祖石像登各个名山。当年也带到珠峰上。可是岁月不饶人啊，他已经接近 60 岁了，还是顽强地带着石像登洛子峰，也许是累死的吧。我敬佩这位有信仰的登山者。

另一位遇难的是夏尔巴人，是冰川医生（Dr. Icefall）之一。每年登山季节，登山的组织者都要协商并安排夏尔巴协作先期铺设安全路绳，这是非常艰苦的事情。特别是在南坡的恐怖冰川铺路绳，更是非常危险的工作。冰川每天都有冰崩发生，路绳也不断被偏移或毁坏。每天都有几位夏尔巴协作去修理和调整路绳，他们被称为冰川医生。

珠峰勇士遇难纪念碑

我们刚刚抵达大本营就收到噩耗，今年第一位遇难者就是一个年富力强的冰川医生，而且是队长。他也许是太自信了，没有系上安全带就跨过一个冰缝，结果脚下坍塌，他便掉到里边了。他很有名，许多登山者都知道他。这个消息在大本营引起一段恐慌的日子，这样的高手都出事了，今年的路况会非常糟糕吗？大本营自发组织了募捐活动，我们队里每人捐了100美元。

我们在百无聊赖地等待登山的最佳窗口期间，一位俄罗斯的著名登山家滑坠遇难。一般来说，等待登山期间，我们都在附近的两个山头自己训练，保持活力。我和方泉就来回在几个山头练了四次，每次上下两三个小时。也许这位高手希望有点刺激，便约了一位西班牙山友去比较陡峭的山坡攀爬。没有料到，表面坚实的石头坡下，冰块融化了。结果，下山时石头滚动起来，俄罗斯人无法控制自己，被一堆石头卷进去血肉模糊地带下来。我们队里的瑞士山友前一天刚刚与他聊天，命运就是这样突如其来。

我在从三号营地到四号营地的路上，看到几个人拖着包裹尸体的担架下来。大家走走停停，默不作声。我也让路在路边默哀。本想拍照，又感到不恭敬，只好目送他们一路远去。第二天，也就是登顶日，王静和方泉在路边看到一具尸体，据说是韩国山友。我也许太专注于前方了，没有看到。

回国后不久，得知在巴基斯坦的营地有几位山友被绑架并杀害。遇难的两位中国山友中，我见过杨春风，也是在这次登珠峰的大本营中首次结识的。杨春风是登山界的名人，但争议非常大。他带队的山友经常出事。这次他队中的一位云南山友也在马卡鲁滑坠身亡。王静带我和方泉去他的营地探班，十几位山友都在。他一边给我们泡普洱茶，一边慢条斯理地讲述了马卡鲁事故，看上去似乎与他毫无关联。

登山中经常遇到死亡，在山下没有太多感觉，总觉得与自己无关。如同每天都会发生车祸一样，人们还是要出门办事，将命运交给上天。在山上就不一样了，每次山难都在身边发生，让我们直接感受到命运的无常。

让我们思考人生，思考自己的选择。不过，好像更让我能够正面对待死亡，更加积极面对生活，没有害怕和退却。

一次在聊天时，有人问道，明知登山有死亡，你还去逞能，这是负责任的态度吗？我的确难以回答。首先，人生都有意外死亡，我们应该抱有什么态度，这是每个人的选择。恐怕不能以己推人，评价他人的选择。同样，我的回应也不需要影响他人的看法。其次，责任有多重，对自己对他人对社会都有责任问题，我们无法求全也无法推卸，每个决定都是自己面对责任的平衡与妥协，都是当事人自己的判断与选择。最后，登山对我而言在很大程度上是个人的乐趣，除非有使命感和布道精神，并不需要公共宣示和理性讨论，这又归结到每个人的人生态度上了，对外人真是说不清道不明的。

人生苦短，活好每一天最重要。拼死拼活几十年，有机会享受一点个人乐趣，就放纵自己吧。打高尔夫球、钓鱼、搓麻将、登山等都是如此，没有必要整出个伟大理想和英雄形象来。许多登山遇难的山友不一定比活着的人更悲惨，尊重每个人的选择，表达我们的哀悼，抱着视死如归的态度，这就是我的想法。还要去登山吗？当然！还要去登珠峰这样的大山吗？现在不想去了，以后不知道！

珠峰的拥挤和登顶窗口

最新一期（2013 年 6 月）的美国《国家地理》杂志有篇报道描写了 2012 年珠峰登顶人满为患的情景。从一张图上可以看到，在希拉里台阶处，上下两个方向的攀登者几乎没有间隙地排在一起，据说等待时间达到两个小时之久，有人因氧气用尽、体力不支而倒下。另一张图更夸张，从三号营地到四号营地的洛子坡上，上百个攀登的队员几乎连成一线，这一段大约需要两个小时，所有人都必须用一个速度上升，无论体力强弱。

珠峰的拥挤成为一个大问题应该是最近十年（2003—2013 年）的事情。有许多因素推动：首先，路线成熟、装备提升和商业化使得更多的人都有兴趣和能力尝试登顶珠峰。1990 年珠峰登顶的人只有 72 人，登顶成功率是 18%。2000 年登顶为 145 人，成功率为 24%。到了 2012 年，登顶达到 547 人，成功率为 56%。到 2012 年为止，人类尝试攀登珠峰近两万人，真正登顶的有 6 206 人次。需要说明的是，这包括了夏尔巴协作和多次登顶的专业教练。例如，这次与我们一起的夏尔巴队长普马扎西自己就登顶了 21 次之多。

其次，卫星定位和气象预测技术使得所有登山队伍都可以准确判断登顶的窗口时间，大部分人都集中在几天内登顶。一般而言，由于天气、温差、风向和风速等原因，登珠峰最好的时段是每年 5 月的中下旬，大约 10 天。10 月也可以登，但登顶窗口只有几天，多是职业攀登者尝试。每个登山队都是领队根据自己的判断来安排队员出发时间。小队没有自己的气象资料就跟着大队出发。大队为避免拥挤也彼此协调或者保密出发时间。许多队都派出"间谍"或者利用直升机航拍来判断大本营各队出发时间。但是，在保证登顶压力下，撞车的机会非常多。2012 年 5 月 19 日，有 234 人当天登顶，创下历史纪录。

再次，登山管理混乱，许多人根本没有登山经验也都被商业登山队忽悠进来了。在加德满都有许多野鸡公司，专门游说徒步者临时起意来登顶。

我们就遇到两个北京来的年轻人，其中一位在中关村的计算机公司工作，到尼泊尔度假来了。被一家旅游公司劝到珠峰大本营转转，这哥们有高原反应就敢直接加入登洛子峰（世界第四高峰）的队伍里，也不知后来情况如何。这些业务人士不熟悉登山步伐、设备，常常依赖廉价雇来的夏尔巴协作攀登。走得慢，休息也挡在道上和安全绳上，拖累了队伍。

最后，2008 年中国奥运会从珠峰取圣火活动之后，中国登山管理部门严格限制外籍的登山协作入境，导致多数登山队伍选择从尼泊尔方向登顶，使得南坡格外拥挤不堪。过去几十年里，职业登山者开发了十几条珠峰登顶路线，攀登者以创新路线为荣。现在在商业压力下，几乎所有攀登者都以登顶为目的，路线集中在南北坡两条上。2012 年，北坡登顶有 138 人，南坡登顶有 409 人。

美国《国家地理》杂志的照片令人印象深刻，但是，我们在 2013 年南坡的实际感觉并没有这么严重，这也许缘于罗塞尔队选择的登山时间非常英明，5 月 23 日是第二个窗口时段。在这之前的 19 日和 21 日两天，都是超过 150 人去登顶。但由于风大，许多人半途放弃了。一位中国女山友在接近 2/3 的路程后被夏尔巴协作拉下来了。我们 23 日去登顶的人数大体是 80 人，这是罗塞尔队事先派人统计并判断的结果。我们这个队就有 19 人，包括 8 个队员、8 个夏尔巴协作和 3 个教练。从半夜 23∶00 出发到凌晨 5∶30 全队集体登顶，速度非常快。一路上无论上下都没有发生堵塞的情况。

罗塞尔队 2012 年度在训练和等待了一个多月后决定整体放弃登顶，一个原因就是过于拥挤可能导致安全问题。所以，我们一到大本营就特别关注时间的安排。队里一半的队员都是去年被迫放弃今年重来的，担心今年错过登顶窗口会悲剧再现，再浪费两个月的等待。因此，大家都特别期待第一个窗口就冲顶。其实，领队罗塞尔的压力更大，既不能再次放弃，也不能与其他各队争夺登顶窗口。他几乎每天晚上都向全体队员通报天气和路况，向许多发牢骚的老队员解释。最后几天，他居然病倒了，三天都躺在指挥部帐篷中发号施令。我估计选择窗口的压力也是一个因素。

从 15 日开始我们目送其他队的山友兴高采烈地出发，去实现 19 日到 21 日第一个窗口登顶，心中自然焦急，担心会失去好天气。每天打探上面的进展。不过得知第一批出发的 IMG 队员大部分都因风大下撤而失去登顶机会后，心中既有一份同情，也有一份庆幸和安慰。当我们全体队员都顺利登顶回来后，大家首先感谢罗塞尔领队的判断和经验，登顶的喜悦让我们完全忘记了等待的焦虑。

珠峰南坡拥挤的问题一直困扰各个登山队，限制登山人数就是减少尼泊尔政府的收入。尼泊尔政府每年大约从各国登山队里依靠发放登山许可证收入 300 万美元，加上这些队员和协作的服务消费大体是 1 200 万美元，这对尼泊尔经济是一个很大的收入。同样排斥没有经验的山友也是很困难的事情。尼泊尔监管机构为每个登山队指定了一位监管人员（liaison officer），他们几乎就是收钱来了，根本不去认真考察队员能力和领队能力。我们队里来的这位监管员还是不错的，人年轻也很善意，两个晚上到我们吃饭的帐篷与大家打招呼，喝茶，聊天，收钱走人。罗塞尔名气大，一般不找他麻烦。许多小的登山队就被以各种理由罚款或勒索。

醉氧：装酷还是"脑残"

登珠峰用了两个月，大部分时间是在海拔 5 000 米以上，还有三天时间在被称为死亡线的 7 500 米以上。缺氧是常态，各种症状的高原反应主要是缺氧形成的。同样，登顶下来后，也有一个醉氧的过程，即从缺氧状态突然下降到正常状态，刚刚适应缺氧的身体又遇到了富氧，各种不适应接踵而来。

罗塞尔队的教练都建议我们回到大本营后，最好徒步四天从海拔 5 000 多米走到海拔 3 000 米，然后飞回加德满都待上两三天，再返回北京。这样，中间降低高度会减缓醉氧的程度。不过，大家归心似箭，基本都是从大本营搭乘直升机下来，两天后便回到了北京。我、方泉和王静都是 5 月 23 日登顶，25 日到大本营，27 日晚回到北京。

醉氧的症状各有不同。白天嗜睡，夜里失眠，比调整时差更困难，持续一个月左右。精力不集中，神情恍惚，总有头重脚轻的感觉；健忘失忆，丢三落四；讲话明显嘴巴跟不上思维，经常语无伦次、语焉不详。这是我和方泉的共同反应。我自己还有干咳、消化不良、疲惫等问题，这也许是我身心放松后，许多老毛病表现出来了吧。

下山后，我一周内连续参加了几个会议，据说都有反常状况。

回京两天后的 29 日，在全国工商联举办的旨在颂扬推动中小企业发展的 36 条措施座谈会上，我一反前边几位拥护文件的发言者，挖苦 36 条是纸上谈兵、毫无价值。发问一声，如果 36 条是个好文件，为什么用了五年都落实不了，还要再弄出一套新的？这样面面俱到的口号有实际价值吗？满座惊愕。幸亏后面发言的老兄言辞更是嚣张，比我更成为焦点。他直接抨击这些文件是歧视性政策，如果接受 36 条的指导就是承认了中小企业的小妾地位。结果，统战部部长中午请客将我和后面那位老兄待若上宾，特加抚慰。

31 日在国际金融博物馆主持了荷兰之夜活动。在荷兰财政部部长和荷兰大使等几十位嘉宾意兴正浓的时候，我作为主人，居然先期离去，奔赴西直门，参加金融博物馆书院活动。被主持人点名叫到 500 位听众面前，数落我"脑残志坚"。我也是很不争气地上台便跟跄两下，只好自嘲登珠峰下来一定不装酷，老老实实读书做人，至少不会在微博上以导师自居整天给下一代灌输心灵鸡汤。

一次去工商联汇报工作，将装着钱夹的背包落在领导的办公室里。中午请人吃饭，不知钱包去向。只好在车里将所有付停车费的散碎银两都搜刮出来。凭着脸熟，服务员借我差价方才过关。这类事接二连三出了好几次，弄得我很是狼狈。

毕竟登珠峰的不多，许多朋友都约我吃饭喝茶，很好奇我在山上的经历。我大部分都回绝了，主要是自感体重下降了 17 斤，达 10% 以上，"单寒骨相难更，席帽青衫太瘦生"。不如在家休息。此外，我为两个月的登山，基本将出差都调整到 6 月以后，结果，我连续在首尔参加了亚洲并购年会，在东京如约拜访了三浦雄一郎一家，在纽约参加了全球金融博物馆协会，在巴黎又参加了一个国际论坛。这一转就是一个月过去了。

醉氧期间作息非常不正常，我就利用零碎时间整理登山日记，不断回味细节。同时也与山友不时小聚，在此期间学会了使用微信平台，体验社交群的感觉。在微博上不时发出几张珠峰照片和关于登山的文字，获得一批山友和粉丝的呼应，满足了一下虚荣心，同时，也在尖刻的批评意见中控制自己的表现欲和装酷情怀。

上山前交稿的《金融可以颠覆历史》一书已经出版，应我的母校邀请，7 月 14 日到五道口做了一次混搭的题为《金融可以颠覆历史，登山自然丰富人生》的演讲。汤世生主持，方泉和柳红点评。200 多位校友和山友出席，很是热闹。幽默但严谨的老朋友汤世生引用了一段资料，让大家肃然起敬。他援引 Richard salisbury 和 Elizabeth Hawley 发布的数字表明，从 1953 年 5 月 29 日人类第一次登顶到 2013 年 5 月 29 日，60 年共有 19 474 次攀登尝试，3 698 位攀登者完成了 6 206 人次登顶，有记载共 240 人死亡。

想到自己成为一个幸运者，很是自豪。

在王潮歌的一次家宴上，遇到了 2011 年登顶珠峰的老孙，也是我登山的老搭档了。他告诉我，下山后至少有三个月神情恍惚，丢三落四。所以他整天周游各地去寄情山水，犯些错误，美女们都可以理解。我顿时心安下来，还有两个月时间可以闲混，于是，便认真整理了登山日记，争取完成一本闲书。

7 月 26 日，为纪念登顶珠峰两个月，方泉与我一起组织了去海坨山的恢复性攀登。一天阴雨，我们从西大专科攀到崖口处便休息了。16 个山友上下六个小时的训练和一顿丰盛农家饭，让我们恢复了以往的状态。方泉甚至开始筹划下两次野心勃勃的探险。

8 月 3 日，北京国贸大厦有个垂直马拉松比赛，全球的高手都来参加。大约是我们一年前曾自发组织过一次偷登吧，国贸中心的廖晓淇董事长给我安排了一个机会，邀请部分登了珠峰的山友混在业余选手中参加。中国投资公司的高西庆总经理也带来一批大小朋友，我们被编在最后一组。王静在外地不能加入，但赞助我们一批排汗衫，弄得有模有样的。廖晓淇亲自鸣枪，高西庆一马当先，一路保持到顶层 88 层。肖逸君和方泉在我前面，我用了 23 分钟。柳红紧跟其后。到了顶层，阳光灿烂，北京的天气也很给面子，晴空万里。

醉氧更是一种心理状态，如同调整时差。从顶峰下来自然喜悦和兴奋，有一览众山小的自信。许多平凡琐事不免不屑一顾了，自然有欣赏你的朋友代劳一时。大家的好奇心与自己的虚荣心风云际会，如果控制不住必然会有一番意念演绎和豪情抒发。大家对醉氧状态的容忍也会纵容自己变本加厉地撒娇和放肆，从言语到行为都可能会进入一段飘然的状态。随时间淡去，围观者日益减少，柴米油盐酱醋茶的日子回来了，醉氧也就消失了。

从爬海坨和登国贸之后，我就算结束了醉氧，不再装酷了。

第三篇

生命在于折腾

从小白到全程马拉松的 6 个月

➤ 2022 年 10 月 7 日

对于大多数出生于 20 世纪 50 年代的人来说，马拉松是一个可望而不可即的人生目标，那是专业运动员的领域，与我们毫无关联。直到最近十年，老友李小白居然完成了 100 多个马拉松，而且成为全国知名的跑神，引起了我强烈的好奇。

我大约在 1997 年第一次见到李小白，他刚刚从山东挂职回来，主持中国纺织总会下属一个服装公司的改制和上市工作，我担任财务顾问。他白白胖胖很斯文的样子，完全没有运动的痕迹。公司成功上市后，他又转行做起了服装模特的培训和运营，创建了国内最有影响力的新丝路模特公司。偶尔见到他，总是在杯盏交错歌舞升平的环境中，西装革履笑眯眯的样子。五六年前再次见到他，不免吃惊地看到他瘦了几十斤，黝黑精干，炯炯有神。他开始鼓励我跑步，我却不以为然。尽管我登山十几年，也参加过很多越野项目，但从来没有跑起来，完全不是跑步的材料。

2018 年和 2019 年，我两度担任美国纽约的哥伦比亚大学商学院访问学者，住在中央公园旁边，每天早上都去散步。经常看到成群结队的跑步者兴致勃勃地训练。一次周日，正赶上纽约马拉松的比赛。看到熙熙攘攘的跑步人群，享受自得的欢喜场面，不免心动，也开始慢跑了几天，下了跑步软件。

2019 年 4 月，金融博物馆组织了一个有十几位员工和志愿者参加的跑团，每月规定里程，达不到就发红包。馆长一再动员我加入，与年轻人一起跑，主要是期待我发红包。不过，集体主义和团队精神最能调动我们这些 "50 后" 的人，这倒激励我跑起来了。馆长又帮我请了一个专业教练鲁建东，线下见了三次面吧。他陪我跑了一次 5 公里，纠正我的跑步姿态。鲁教练主要是每天的线上指导，告知饮食、作息和伤痛的缓解方式等，规定每天的里程和配速。

刚开始跑步，我一次只能跑3—5公里，配速在7分钟左右，气喘吁吁，步履维艰。两个月里，我从脚踝、膝盖、小腿、大腿和腰背部不断的循环疼痛，每次起跑都是一个磨难的过程。鲁教练告知这是增加肌肉和调整脂肪的正常过程，毫不怜悯地要求克服心理障碍，继续坚持下去。我保持每周跑四次的节奏，周末可以跑到10公里。两个月后，我渐入佳境，形成了习惯。每月跑到100公里，开始讲究跑鞋、装备和途中补给等花样了。跑步时间也从夜里调整到早上，更安全，也更有保障。

2019年5月18日，我们参与创建的天府四川金融博物馆正式开业。我与一起创建博物馆的赵林局长讨论跑步，他研究了我的两个月运动软件轨迹和配速等指标，建议我参加当年的成都马拉松比赛，报名半马。我立即兴奋起来，决定与他一起跑。后来，得知成都马拉松报名非常火爆，必须要找特别渠道。既然如此周折，干脆就报名全程马拉松吧，大不了，半途就下来。于是，我的全马之旅启航了。

鲁教练对我也非常鼓励，专门为我制订了一个两个月后参加成都马拉松比赛的训练计划，叮嘱我，如果严格执行，争取在5个小时内完成全马。我将这张表附上，而且每天严格执行。只有一天，鲁教练问责我，为什么当天没有跑到15公里？我当时在厦门参加论坛，早上沿着海滨大道跑到厦门大学门口，只有12公里。一直听说厦大校园美丽，不能失去这个机会，于是在校园内跑了几公里，但没有记到软件上。这是唯一一次的事故。

2019年10月27日早上，我站在成都马拉松起跑线上。老友李小白放弃了自己打破纪录的计划，坚持陪跑我的首马。几万人的沸腾场面让我血脉偾张，伴随着广场音乐，我非常亢奋地奔向前方。第一次与这么多跑友同行，我的节奏被打乱了，被动地调整为集体节奏，速度大大提升。第一个8公里，似乎是被别人带着跑，跑到半马了，还不到2个小时！这让我非常惊奇也有些自负了。

李小白多次给我递水，让我休息吃点东西，我都坚定拒绝了。直到跑到30公里处，终于感到突然疲惫下来，腿也抬不起来了。后来得知，这是提前遇到"撞墙"现象了。立即补水，补盐，吃橘子，速度也降下来了。37公里处小解一次，排队用了3分钟。之后一段，得到李小白的密切呵护，不断告知时间和里程，终于在4小时27分钟内完成我的第一个全程马拉松。

尽管李小白为我牺牲了自己破纪录的机会，但也收获了更多粉丝。一路上至少有十几拨美女粉丝非常惊奇地看到这个跑神居然在温文尔雅地散步中，停下来与他合影、拥抱、寒暄，而旁边的我则吐血般的持续冲刺中。这种情景真是让人励志发奋，也许是我之后又跑了四次马拉松的潜在动力。

当天下午，我们按既定计划，邀请了当天参加成都马拉松赛事的几十人来位于成华公园的金融博物馆座谈运动与金融。其中，登顶全球十四座8 000米高峰的女英雄罗静和著名的登顶珠峰记者刘建等都参加了座谈。我们发起了"金融马拉松俱乐部"，由我和李小白担任主席。利用马拉松的盛

老友李小白陪跑我的首次马拉松

名，我们鼓励大家跑 3 公里、5 公里和 10 公里，获得博物馆颁发的以古代货币为造型的奖牌，大受欢迎。这个俱乐部后来陆续发展到北京、上海、太原、厦门、深圳和香港等地，大约 2 000 人参加了金融马拉松赛事。郑开马拉松和北京密云马拉松还专门邀请金融马拉松组队参加，我们邀请金融圈跑友在赛事期间举办当地金融生态座谈会，当地主管金融的领导积极参与，反响热烈。

我完成首马后，有三件趣事值得一提。

其一，当天专程参加成都马拉松的北京三好生队有 5 位跑步多年的山友。纷纷在完赛后在群里亮出自己的成绩，每次都得到一片掌声。没有人知道我也跑步，也参加了这次马拉松，当我最后亮出成绩时，而且是最好的成绩，很久没有动静。下午，中信证券债券部原总经理陈剑平西装革履地参加我们的座谈，发言第一句就是，"我代表三好生队员，特别换装，向老王致敬。"

其二，鲁教练当天向我热烈祝贺，告知我是他最好的学生。六个月从小白到全程马拉松，而且比他预期提前了半个小时。此后，我又从他的其他企业家学员那儿得知，我已经是一个经典案例了。

其三，第二天上午返回北京，我的腿已经不听使唤了。正巧成都主管市长也在飞机上，于是，他搀扶着我走出舱门，让迎接领导的一干人大为惊愕。

跑步于我而言，有几个重要的好处。

第一，提升了心脏和呼吸系统的健康，增强了全身的肌肉与神经系统。由于腿部肌肉更发达了，膝关节磨损反而减少了。我以前爬山过久，膝关节总是酸痛不已，长跑以后，登山再也没有这个困扰了。膝关节应该是用则进，不用则废。

第二，作息更加规律，不再失眠，体重也保持平衡。将晨跑在日程上置顶后，一天所有工作与交往的安排就自然有规律了。晚上按时休息，免去了不必要的应酬。辛劳一生，终于按日出而作日落而息的自然规律办事了，心态更加平和，生活和社交更有节奏。

首次跑马拉松的成绩单

第三，对眼睛非常好，这是我个人的独特经验。我跑步基本都是在马路上，不上跑步机。早上城市仍在休息，路上无车，路边无人，一个人按自己愉快的步伐跑起来，听着音乐，心旷神怡。眼光总是专注在 50 米开外的绿色树荫或城市远景上，终于有一个小时远离手机和电脑，调节眼部肌肉。我自己感到视力比之前更好，更清晰。

自 2019 年 4 月起步，三年半下来，我已经跑了超过 5 000 公里，完成了两次全程马拉松和几十次半程马拉松。对于之前极少参加学校运动会的我，在从小学到大学和研究生同学群里，我成了励志的样本，许多老同学也开始了各种运动，让我非常欣慰。

如果放弃，你有一千个理由放弃跑步，如果跑下去，只有一个理由：我可以跑下去。

为什么要推动金融马拉松

➤ 2021 年 1 月 13 日

响应清华大学五道口金融学院校刊的征文，也是有机会梳理一下我的运动经历。

我从小就不是一个所谓德智体全面发展的三好生。小学以来就没有机会代表班级参加任何田径赛项目，体育课都是勉强合格。不过，各种球类、棋牌以及打架斗殴之类业余活动参与较多，人缘不错。当年下乡插队的知青时期，养牛放羊，爬山越岭，腿脚还利落。平时喜欢旅游，登高望远，也算好动的体质吧。这几年，经常被周边人介绍是"运动达人"，很意外，但也颇得意。回味一下，主要是有这几个节点。

第一，登顶珠峰。当年在亚布力的企业家论坛上，我担任主持人。对万科董事长王石大谈爬山不以为然，嘲笑他有点装神弄鬼。他 2003 年一举登顶珠峰，令我惭愧。他邀请我参加一个哈巴雪山活动，给我一个赎罪的机会。结果，没有经验，带的高山靴与冰爪配不上，在 5 000 米处被向导劝下。不过，王石一直忽悠我，认定我有能力上珠峰。在负疚感和挑战欲的双重激励下，我跟着他连续登顶了四川的四姑娘二峰和欧洲最高峰俄罗斯厄尔布鲁士，之后陆续登顶了南美、非洲和国内的十几座大山。2013 年 5 月 23 日凌晨，我终于登顶了珠峰。后来又去了印尼和北美，每年都会在国内越野爬山。虚荣心很重要，跟对大佬更重要。

第二，穿越墨脱。新冠病毒感染疫情之前，我已经走过三次北京的善行者 100 公里，香港的毅行者 100 公里，十几次各地的 20—50 公里的越野赛，拿了一堆奖牌。不过，最让我怀念的还是 2007 年的西藏墨脱穿越之旅。听说墨脱即将直通公路，我们立即召集了 8 个山友，飞到西藏派乡，开启了 5 天的急行军越野。那时还没有各种指南手册，很少人去过墨脱。我们听到的都是门巴人下药、瘴气和蚂蟥肆虐、九死一生的故事，相当恐怖。穿越过程中的确惊险多多，而且还与当地几个门巴人斗智斗勇一场虚惊。回来后，《中国国家地理》杂志社社长专门邀请我们去做客访谈，许多人在门口用拥抱来接待我们，可见不易。"闲神野鬼"才令人向往，不是顾影自怜地爬坡。

第三，成都马拉松。跑步这些年火起来了，周边许多人在参与。人都有自己的舒适区，破圈并不容易。新丝路的李小白当年是中服集团的负责人，我曾协助他的公司上市。多年不见，突然看到他居然成为马拉松圈里的大神了，不免动心。在金融博物馆年轻人的鼓动下，我2019年4月开始下载软件，第一次跑了两公里，气喘如牛。尽管从膝盖、脚踝、大腿、小腿和脚掌都疼过两三轮，我还是坚持跑下去。六个月后，李小白作为"私兔"，陪我在成都跑了第一个全程马拉松。首马4小时27分钟的成绩让周围很多朋友吃惊，在大家的忽悠下，我和李小白当场宣布发起"成都金融马拉松俱乐部"，接着又设计了线上跑，1 000多人参与。2020年11月，我再次跑了成都马拉松，刷新自己的PB（个人最好成绩）。此时，金融马拉松俱乐部已经发展到成都、北京、厦门和香港四家了。

我为什么要推动金融马拉松？第一，好玩，独乐不如众乐。我体验了跑步的好处，保持体重和身材、生活规律不失眠、始终阳光积极有活力。第二，投机取巧。金融马拉松借

2020年11月29日，参加成都马拉松

用了马拉松的品牌，其实只是跑 3 公里、5 公里、10 公里，不论速度，快走也可以。鼓励慢跑、长跑，从不跑到跑，拉帮结伙。任何软件打卡都可以，线上跑步，我们发给证书和奖牌。第三，推广金融博物馆品牌和影响力。金融马拉松，普惠金融行。有一大批金融圈人去跑步，有更多人通过跑步了解金融，算作金融普惠，不太牵强吧。

我们两年前在井冈山创建了革命金融博物馆，影响很大。2021 年是百年不遇的日子，当然要有所参与。我们在推动"百年革命，金融里程"的全国巡展，创立井冈山革命金融小镇的同时，设计了"金融马拉松，长征接力跑"的项目，号召金融圈的跑友们带动亲友和同事参与。从元旦开始，一年内累计跑 500 公里，相当于从井冈山跑到北京。届时，我们会在井冈山和北京两地举办会师典礼，颁发以红军工字银圆为原型的第二枚博物馆货币奖章。需要特别说明的是，我们在 2020 年设计的首枚以宋代交子为原型的第一枚奖章大受追捧，成为收藏品。

2020 年金融马拉松的交子奖牌

爬山、越野和马拉松都是人生值得去体验一下的过程，不同年龄不同情景下，会有不同的感悟和心得。不参与是遗憾，参与就是挑战自己的生活维度。不过，不必太较真，其实与打麻将和吃火锅的心态一样，只是增加了很多的阳光和清新空气，而这就是我需要的。

攀岩体验：运动才是最好的康复

➢ 2022 年 5 月 23 日上午写作，9 月 29 日修订

2022 年 4 月 3 日下午，我在新疆阿勒泰可可托海滑雪摔伤了，一瘸一拐地回到北京。尽管很痛，但以为只是肌肉扭伤了，不太在意，五天后又去爬北京阳台山，只爬了一个小时就疼痛不已，提前下山。当天夜半，居然左腿膝盖处肿起来，只好第二天艰难地腾挪着去看一位老朋友，也是著名的骨科专家。

他仔细地检查了我的左膝盖，告知深层韧带已经断了，表层更不用说了。这种情况本应该立即手术缝合，还要打石膏静养一段时间。不过，既然已经太晚了，而且你这么能忍受痛苦，干脆就运动康复吧。他教了我几个侧蹲的方式，建议我慢慢锻炼一个月。

这位专家原来在国家足球队担任按摩师，后来在空军总医院长期担任骨科专家，我们有几十年的交往。我女儿两三岁时手指骨折，在医院急诊也打上了石膏。他匆匆赶来，立即打碎石膏，只是轻轻捋了几下就复原了。多年前，我跑步摔倒，左脚踝韧带撕裂，脚都不敢碰地。可是十天后要参加香港 100 公里的越野，机会难得，又是四人结队，实在不想放弃。他给我按摩两次，讲当年足球队员腿踢断了，他临时处理几下，都可以打完全场。只要不怕疼，我应该可以坚持走的。我信心大增，结果一瘸一拐走了十几公里后，就忘了疼痛，圆满完成赛程。

当年，王石带领我登山，从 5 000 多米的云南哈巴一直爬到 8 844 米的珠峰，改变了我的生活态度和方式。我也是他颇为得意的学生。后来他连续拉我去练飞伞和赛艇，还送了我一套划船器械，我都是浅尝辄止，知难而退。2022 年 2 月期间，我们一起去新疆亚布力论坛开会，他再次强烈推荐我加入攀岩运动。我多少有些内疚，便信口答应了，并没有认真考虑。这次膝盖受伤了，跑步是不能了，也许攀岩可以试试。

在王石的感召下，我们组建了一个非常有活力而友爱的攀岩俱乐部，

选择了一个非常舒适而温馨的岩馆，得到国家攀岩队几位主力教练的悉心指教，每周两次训练，一次自己练习。从 4 月中旬开始，到现在 5 个多月了，渐入佳境。我从 5.7 起步，爬到了 5.11 的难度，信心大增，动力也愈加强劲。

对我而言，攀岩有几个好处。

第一，终于满足了少年时爬墙上树的未尽兴致，有充分正当理由可以"不忘初心"，玩得尽兴。抛开复杂的使命与信念感，好奇、观察、尝试，学习而努力完成目标，关注下一个挑战……这就是人生的乐趣吧。

第二，全身的所有肌肉、呼吸和神经都处于紧张和运动状态中，重心移动、身体平衡和观察判断的技巧与能力大大超过其他运动项目。练上几个月，身体核心能力提升，挺胸抬头，步履矫健，这是周边朋友可以看到的明显变化。

第三，学无止境，术有专攻。攀岩的高度、速度和难度都是因人而异，没有统一标准。同样路线，高手可

攀岩过程中的"抱石"技巧

能过不去，新手可能脱颖而出。岩点变化多端，大家各有招数，互相攀比也是切磋学习，乐趣横生。

第四，哦，岩友们不时在群里发各种在山上、在高楼上和在危险场景中，依靠攀岩走壁的功夫而出现的救人视频，或者好莱坞大片的惊险画面。如此看起来，大家还是有一个关键时刻舍己救人的英雄情结，谁说我们只是玩物丧志，这就是"牢记使命"！

当然，因韧带摔断，左腿不能用力，也不敢先触地，我在前两个月的训练中被格外呵护，算是学渣队员。5月23日早上，为纪念九年前的珠峰登顶时刻，我终于跑了九公里，控制在一个小时内，与攀岩互动下，居然渐次恢复了。而且，教练和队友们也开始严格要求我的动作到位了。

运动不仅是健身康体，还是一种生活态度。

每次尝试新的运动，或出现运动损伤时，从家人和朋友处得到最多的劝告就是：适可而止，不要逞能。

攀岩过程中的"上攀"技巧

其实，不仅运动，创业也是。我当年回国、办公司、办协会和办博物馆，等等，最习惯听的就是"不要逞能"这类善意劝告。现在，我每次做一件新事而没有听到这句话，都会怀疑人生方向了。其实，每个人生都是不同的，没有一个标准人类的正态分布规则约束你的行为和想法，快乐是人生的激情与动力，只有逞能才能发掘你的潜能。不尝试如何得知自己的潜力呢？下水自然会呛水，可是不下水，如何才能会游泳？

攀岩比爬山更体现技巧和耐力。教练经常提到要学会对抗，不断调整重心，我很有感悟。善于对抗，才能借力，形成杠杆能力。调整重心，才能左右逢源，保持身体定力。有了出色的能力和定力，才能发挥人的更大潜力，克服障碍，完成一个个小目标。人生大抵如此，顺风顺水不是常态，要有善于对抗的心理态度和立场，对抗天灾人祸，对抗传统习俗，对抗懒惰放任。还要学会调整重心，掌握平衡，善于因势利导，不断妥协求得和谐。攀岩教会我们这一切。

早上跑步归来时，看到几位社区老人互相整理各自的红袖标，协助做核酸亭整理和其他维护秩序之类的工作，那种极度认真和彼此珍惜的样子一时让我感动，这也是在对抗，他们在对抗衰老，对抗被人轻视、被人遗忘。

亚布力论坛与滑雪

我先引用一段 2006 年在新浪博客上写的几段话：

这是第六年了。亚布力论坛已经成为国内企业家具有影响力的品牌了，回想一下，当年的筹划还历历在目。中国国际期货经纪有限公司的董事长田源是一个浪漫的企业家，在亚布力建了国内第一个滑雪场——后来成为滑雪界的圣地，但先行者必然要承担开路的代价，经济上却是步履维艰。他曾请我参与策划重组，为此我还约李青原与他在那儿做了场三个人的资本运营演讲，得到省政府和当地企业界的高度赞赏。立即，政府就邀请我们在春节后再办一次。我不以为然，但田源是个非常有韧性的人，他连续十几次跑到黑龙江去策划，甚至专门跑到瑞士的达沃斯考察，准备复制世界经济论坛的模式。

被他的激情感染，我也连续推荐了两个论坛策划的高手——何才庆与连玉明参与组织。最后，李俊成为具体会议的操办人。田源投入了最大的精力，将论坛作为振兴亚布力滑雪场的最大机会。我也到处拉人到冰天雪地的黑龙江去开会（当时条件还很差）。第一次论坛到场的企业家有 110 人，我的客户就有 13 个。特别是，我的一个建议从此成为亚布力的会议规则：晚上开会，白天滑雪。

五年下来，我们都没有想到，也许田源想到了，亚布力已经成为会议品牌了。每年在正月十五到寒冷的黑龙江的企业家竟然有四五百人之多。大家各取所需，田源成为企业家的舆论领袖，滑雪场也扭亏为盈。黑龙江有个中国的"达沃斯"。李俊也成为办会的大腕儿，已经"单飞"了。张维迎靠每年的一个主题发言被传媒认为是中国企业家的代言人。一大批企业家在此彼此结识并开始合作。论坛本身也形成赢利。我的收获也很大，学会滑雪了，去年开始用单板，上了瘾。当然，连续担任收场的主持人，也让我成为企业圈客串的打补丁的"论坛嘉宾"了。

亚布力论坛已经成为中国最具影响力的企业家论坛了，到2022年已经有21年历史了。我有幸曾担任过连续18届的大会论坛主持人，主要是人头熟悉，也愿意当"店小二"为嘉宾们垫话和引题，从不喧宾夺主，因此作为旁观者，更有机会吸收企业家们的思想精华，收获非常大。不过，除了企业家交流外，学会滑雪是我最大的收获，也是每年参加亚布力活动的最大激励。

2001年开始，我被论坛安排了一位教练，从双板滑雪起步。渐入佳境后，被高西庆和王石两位比我年长的老友激励，加入单板队伍，感觉更自由自在，而且更刺激一些。不过，只是每年论坛期间滑几次而已，没有多少技术提高。转折点是在新型冠状病毒感染疫情期间，我被几位山友邀请到张家口的万龙雪场几次，每次连续滑2—3天，每次都争取将二十多个雪道刷上一遍。其中的霜龙道令我印象深刻。

霜龙道是比较陡的一个高级道，几个地方坡度接近30度。一个风雪天，同伴要为我拍摄视频。过于端着姿态，结果一阵疾风中，我用力过猛，刹不住而直接摔倒在陡峭的滑道上，迅速直降了几十米。看到我一动不动地躺在远处，头盔下血红一片，滑板早已飞到雪道外，同伴们大惊失色，飞速滑过来。我平静地摘下已经覆盖积雪的雪镜，撤掉红色围巾，爬了起来，若无其事地继续滑向前方，大家虚惊一场。此后几天，我连续地死磕这条霜龙道，终于报仇雪耻了。滑雪就是这样，一旦形成了心理障碍，可能就会恐惧，失去未来完成的动力。

2022年初春，我两次参加亚布力论坛相关的活动，跟随企业家滑雪高手丁健和吴鹰两位，奔赴新疆的可可托海雪场滑雪。这次，我也请了一个专业教练，调整了过去自己胡乱形成的姿势，感觉有了很大的提升。于是，在一个风和日丽的下午，自己单飞了。连续两天的训练，十几趟长距离滑行，身体已经疲惫了。但是高海拔的开阔雪场，特别是厚厚的粉雪，让我精神倍增，似乎可以痛快地摔上几次，无拘无束。结果，在一个巨大的U形雪槽上，反复悠荡着加速滑行，一个急转弯没有控制住身体，侧飞了出

新疆可可托海雪场滑雪留影

去，重重地摔倒在槽地。左膝盖似乎清脆地响了一声，也没有感到剧痛。有些一瘸一拐的样子，内心不甘，滑到底后，坚持上了缆车，又滑了一趟直降，12分钟，痛快淋漓。当天夜里左腿完全不能动了，阵阵隐痛，第二天只能休息了。

回到北京后，似乎又可以一瘸一拐地走路，以为就是肌肉拉伤，在家休息了几天，便很不着调地跟着一批山友去爬阳台山了。只爬了一个小时，便走不动了，艰难下山。第二天，去看医生，才知道左膝盖韧带已经摔断了，而且失去了最好的治疗时间，只好自我运动恢复了。(参见"攀岩体验：运动才是最好的康复"一节)

滑雪的好处，大家都清楚。对我个人而言，则有特别的感悟。小孩子滑雪学得特别快，最重要的是喜爱摔倒，倒在雪里的感觉非常温馨。尽管教练不断矫正，孩子们总是喜欢按自己的方式扑向积雪，享受贴近大地的感觉。他们全然没有大人的担心，不怕摔伤，更不怕姿势难看而丢人现眼。其实，体面和形象正是成年人学习滑雪的最大障碍。主动摔倒是不会有很大伤害的，被动摔倒才会，而且，一旦失去平衡，成人会本能地避免摔倒，怕影响自己形象而做出各种抵御动作，恰恰导致硬着陆而受伤。

当年我在俄罗斯学习登山技术时，教练反复教我们如何主动摔倒，摔向有准备的方向，摔成有准备的姿势。后来学习攀岩时，就非常受益。攀岩的抱石项目是没有保护绳的，只是下面有很厚的垫子。如果触地脚点不对，还是可能受伤。每次遇到抱石的难点，无法控制身体时，我都会主动摔下来，用脚尖点地后迅速臀部落地，一切都在掌控中。不会为了体面而勉强下攀。

放弃面子，就得到了主动权。每次滑雪都会有摔跤，非常正常，也应该享受这个过程。记得，我初级道学会后，第一次上中级道，非常惊恐地感受到坡度的陡峭，战战兢兢地下滑，摔了几次。于是，我立即直接上了高级道，反正都是摔嘛，高级道人少雪厚，反而摔得更愉快些。两次高级道摔下来后，再回头上中级道，立刻感到一马平川的坦荡和开阔，从容而滑，自由快哉！其实，这也是登顶的乐趣。

日本的著名登山家三浦雄一郎曾在他五十多岁时，从珠峰上滑雪下来。这一壮举还被拍成了纪录片，获得了美国好莱坞的最佳纪录片。不过在下面的一段他摔倒了，靠身上的降落伞安全着陆。大约 20 年前，法国登山家用单板从珠峰滑下来，也是了不起的成就。不过，他第二年再次去珠峰，便神秘失踪了。2019 年在瑞士参加达沃斯论坛期间，我滑了半天的雪，立下了一个小心愿，学习欧洲高山滑雪的模式，争取在国内的雪山上滑行下来，比如新疆的慕士塔格，或者西藏的卓奥友等名山。不幸的是，连续三年的疫情，这个念头无法实现，希望在我体力还可以的时候，有机会实现，天佑我。

三个百公里越野：从北京到香港

1971年，我刚上初中不久，赶上"拉练"，就是长途行军训练：背着行李包和水壶，穿上军装扛着自制的木枪，从城市奔向乡村，两天要走100里地。大人们讨论的是准备打仗，警惕苏联的侵略，我们这些十几岁的孩子们想的是逃离课堂和父母，终于去虫草的天堂了。第一天，走了60里，双脚都是血泡，痛苦却快乐着。这是我的首次越野。

几十年过去了，我年近花甲之时又加入了新的挑战——中国扶贫基金会主办的北京善行者100公里赛。我和三位山友组队参加，还提前夜行了50公里，体验环境。比赛从北京居庸关起步，翻过七八座小山和十几条沟涧，还有大约30公里的距离是在高速公路上夜行。一路上，我们欢声笑语，浪费了太多能量。到了深夜疲态百出，晕晕乎乎地穿行在田野间，脚上也陆续有了水泡，艰难起来。

行到山脚下，居然看到一间农家饭店仍在营业。于是，大家立即坐定，叫了啤酒和炒菜，忘乎所以地大吃起来，一个小时浪费了。酒足饭饱，睡意上头，越走越漂移起来，毕竟已经有20个小时没有合眼了，而且，已经走了80多公里，何妨小睡20分钟？一位山友的先生非常体贴地开车尾随我们，大家就干脆在车上睡了。令人沮丧的是，我们几个的定时闹钟都没有叫醒我们，开车的那位先生也深受感染沉沉睡死了。结果，这一觉就是两个小时！

天已经大亮了，我们看到许多团队都已经超过我们了，不免奋起直追。最后十几公里是爬上一座大山，然后直下。我们大大低估了难度，结果痛苦不堪，极其吃力地完成。赶到终点，时间25个小时左右。尽管第一名的14个小时我们望尘莫及，但毕竟还处在中游位置，后面还有几十个队伍。大家还是非常欣慰地拥抱在一起。

第二年，我们组队再战，力争进入20小时的大关。路途改变不大，有了经验，前50公里控制在了9个小时，很有希望。大家彼此鼓励，在平

北京善行者 100 公里出发前，小组队员合影

缓的山坡上居然小跑起来。不过，天气突然变化，下起了小雨，山路开始泥泞起来。我们接连摔跤，有些狼狈。走到 66 公里时，所有领队都得到通知，大雨即将到来，赛事立即停止。我们刚刚到了 13 个小时，太遗憾了。

第三年，我们再次鼓起勇气，组队参加。太多人报名了，许多三好生队友没有机会，自愿陪我们走一程。我大约走到 70 公里时，开始犯困了。陪同我的一位女山友居然已经陪走了 30 公里之久，于心不忍，就干脆放弃而让她代替我走完全程，自然全队没有成绩，只是拿到了纪念奖牌。

2018 年，得到一位香港朋友的邀请，金融博物馆组队以机构赞助的方式参加了香港的毅行百公里赛事。这条香港麦理浩径是著名的徒步路线，全长 100 公里，横跨香港 8 个郊野公园，沿途要翻越二十多座山头，其中有几段都是连绵不断崎岖难行的山路，几百米直上直下，曾被《国家地理》

杂志誉为全球 20 个最佳徒步径之一。

办好通行证的手续后，我们分头自我训练，争取不拖队友的后腿。在临近比赛只有十天的时候，我在珠海参加一个论坛，早上跑步摔伤了。回到北京后检查，发现左脚踝韧带撕裂了。见我执意要参加这个赛事，一位经验丰富的运动康复专家告诉我，保持锻炼，调整姿态，应该可以参赛。于是，我便一瘸一拐地去香港了。出发前，不断抱歉可能影响大家的成绩了。几位队友也安慰我，重要的是体验，我们可以一路聊天。

出发后，我努力快速行进，争取在体能好的状态下抢出些时间。在走出比较平坦的前 15 公里左右后，似乎已经忘记了脚上的疼痛。此后就是一路不断地登山和下山，与大家的速度都差不多。到了第三个打卡点时，有一位山友始终没有上来。我们就放慢速度，在每个打卡点都要等他。夜里山间风很大，我们也不能等得太久而失温，也许他已经放弃了，只好三位队友一起前行。直到第二天下午，已经过了 24 小时了，山间终于有了信号。我们得知，他仍然没有放弃。于是，我们休息了，坚持等他上来。

几个小时后，看到他一瘸一拐非常艰难地上来，两只脚已经红肿了。我们帮他脱下鞋后，发现一只脚的指甲已经外翻，血已经凝成紫色了。他告知雨中滑倒在山路上，非常狼狈地爬上坡，丢了背包也没有任何可以换的衣服了。大家各自翻出干净的衣裤和袜子，帮他重新装备好。一起互相鼓励着继续走下去。

进入了第二个深夜，金融博物馆馆长渔童和三好生队队长方泉两位特别驾车赶在第八个打卡点等待我们。凌晨三点，我们会合了，两位给我们带来了方便面和各种补给，煮热水给我们泡脚休息，而且又坚持陪同我们走上十几公里。

终于，我们在 44 个小时后到达终点，完成香港百公里赛事。大家都非常高兴，我却痛苦异常，放弃了晚饭。其实，我的脚伤之所以感受不到了，是因为痔疮在十几公里处就犯了，一路上愈演愈烈。为不影响队友情绪，不放弃，我只能坚持用一种姿态走下去，到了打卡地也轻易不坐下休息。

每次站起或坐下都是一次磨难。这个情景当年曾在登顶慕士塔格时发生过，没有任何药物和方式可以有立竿见影的效果，只有自己的坚忍和耐力。

此后，我们又组建了 2019 年度的毅行队，但因香港各种变化和疫情，一直没有成行。不过，我又在 2018—2019 年，陆续参加了大理、杭州和北京等地的 50 公里越野，大体在 10—12 个小时完成。

偷爬出来的垂直马拉松

➤ 2022 年 10 月 1 日

2022 年国庆长假，我整理电脑，翻出十年前的一张老照片，引出一段有趣的故事。

当年不时看到国外的报道，徒手攀登著名大厦的"蜘蛛人"完成后被警察拘捕，同时也引起人们对大厦的关注，我总是感觉这有点像大厦老板的阴谋。十年前，看到上海金茂大厦也有不少攀登高手的尝试，不免有些心动。当然，我没有这个能力，不过，如果有机会爬楼梯上去也是很刺激的。

当时的北京国贸大厦三期是北京最高楼，330 米，82 层高。我与时任国贸大厦的董事长非常熟悉，在一次聊天中得知，可能在 2013 年举办国际性的垂直马拉松比赛，邀请一批国际高手来登顶，不免心动。估计我连报名的资格都没有，为什么不捷足先登呢？于是，我首先邀请了几位山友商议，争取首攀大厦。大家都很兴奋，但又担心没有许可，一旦被抓住了，会有麻烦。毕竟，这是北京最豪华的地标大厦，安保非常严格。有了念想，总要尝试一下吧。

金融博物馆曾与国贸大厦做过论坛安排。我先与大厦值班经理聊天，告知有几个朋友希望租些办公空间，担心安全问题，希望晚上走几层楼梯，看看消防通道。这样就大体了解了安保的作息时间和警戒情况。因为大厦刚刚竣工不久，从来没有人从楼梯上攀过，也没有特别的防范措施。

于是，2012 年 2 月 20 日傍晚，我们几位山友便陆续抵达酒店，两人一组地每隔 5 分钟进入消防梯，各自带着一瓶矿泉水开始了登顶的旅程。为防止被发现，我们悄无声息地，匀速攀登。遇到监视镜头，便放慢脚步，假模假样地聊天混过去。大约不到一个小时便爬到被栏杆遮住的 80 层，几个保安人员将我们拦下。幸亏提前打了招呼，而且也是熟人当班，简单劝告了一下就放行了。我们非常得意的一次偷登大厦就这样圆满完成了。北京地标建筑居然被偷登了，立即引起大厦的重视，新的安保措施立刻上来了，每隔几层就有栏杆。被我们激励之后，又去了两拨山友，都被拦截并罚款。

2012年2月20日晚，攀登前几位山友的合影，风险投资家王维嘉博士、三好生队长方泉、珠峰登顶者王静等

国贸大厦的董事长得知后，埋怨我不应偷登，万一有人出现意外情况，就惹麻烦了。他大度地建议我以金融博物馆的名义正式组织一个业余队，作为专业队员的陪衬，也算增加了群众娱乐性。原定的垂直马拉松计划都是国外运动员和国内体育界遴选的队员参加，规模控制在100人内。由于偷登得手，金融博物馆有资格参加首次比赛，而且给了我们20个人的名额，这真是喜出望外。

2013年8月5日，金融博物馆队正式参加了国际竞速联盟（ISF）的首届垂直马拉松世界巡回赛中国站比赛。来自世界各地的 600 名选手前来参赛，其中包括 11 位专业组明星选手前来竞争 2013 年垂直马拉松世界巡回（VWC）桂冠。国际竞速联盟（ISF），联合世界各国多个标志性摩天大楼作为比赛场地，其中包括纽约帝国大厦和台北 101 大厦。

我和中国证券监督管理委员会原副主席高西庆担任金融博物馆队领队，资深山友方泉、柳红、王秋杨等 20 多人参加。大家精神抖擞、互相照顾、快速强劲地集体登顶，用时大多都在 30 分钟内。这次比赛的冠军是 28 岁的德国专业选手，不到 10 分钟。高西庆、方泉和我都在 20 分钟左右，而我们都已经年过半百。

第二年，金融博物馆再次组队，这次我们来了 80 多人，是最大的业余

垂直马拉松登顶队员大合影

队，其中有四位珠峰登顶选手。后来，北京国贸大厦的垂直马拉松越来越火了，报名更加困难，我们也不能继续组团了。但这个经历还是给我们非常温馨和惊险的回忆。

上海中心是上海的地标，我曾多年担任其股东上海城投的独立董事，自然要利用这个条件，争取首攀，也组团安排了行程。可惜，大楼装修多次推迟，上海的安全意识非常严谨，需要复杂的申请手续。直到我离任董事了，还是没有完成，留下了遗憾。后来，我又申请过天津、台北和长沙的三座大厦攀登，即便得到业主有力的协调，但手续复杂，审批困难，都是不了了之了。

许多有趣的事，还是要另辟蹊径才行，规规矩矩按部就班就没有机会了。偷未必都是坏事，忙里偷闲、偷得浮生、凿壁偷光都是人间有滋味处，偷尝禁果更是妙不可言。没有偷登的得手和首登的荣耀，哪里有参加首届垂直马拉松大赛的机会？

中体产业：三个沈阳人的阴谋

【这是 2010 年前后在新浪博客上写的一个故事。当时的传媒报道太夸张，我就实事求是地澄清了一下。我将当年文字原汁原味地放在这本书里，主要是表达我对体育产业的参与。除了中体产业的上市外，我曾参与了辽宁、寰岛和力帆三个当年中国甲级足球俱乐部的收购和重组，参与创建中体倍力健身俱乐部和网球、台球等项目的商业运作活动，这也是非常有趣的经历。】

多年前，一份颇有影响的财经报纸对中体产业进行分析，其中一段话强调，这个上市公司是由三个沈阳人策划出来的。结果，许多朋友便半真半假地称，"一个阴谋导致了上市公司。"

那是在 1996 年，我刚刚离开国有证券公司，凭借着些许江湖名声，揽到了一些不大不小的咨询业务。其中让我最为投入的是与体育产业有关的项目。大约在 1994 年，我曾参与过辽宁足球队的市场化承包策划，始终希望有将足球公司上市的机会。

与时任国家体委副主任的袁伟民讨论了两次后，他对体育项目进入资本市场将信将疑，但表示愿意大力支持。当时的国家体委里，市场经济的经验非常少，对搞投资银行的人更是疑神疑鬼的。记得袁伟民组织十几个国家体委的司局长们一起讨论上市问题，我口干舌燥地宣讲了一个下午。其中一位财务司长不断提出负面问题审问我，最后，突然发问，你在以前干什么工作？我答，证券公司的副总裁。又问，这个证券公司是好公司吗？我答，当然。再问，这么好，你为什么出来了？在当时的语境下，言外之意是，你一定有问题，政治上、经济上，至少也是生活上的，总之，不是好东西。所有人心照不宣地看着我，气氛十分凝重。袁伟民赶紧拉我到一旁，道歉并安慰我。

从政治层面考虑，袁伟民建议我先从其他体育项目上启动，并特地将体委副主任张发强和沈阳老乡吴振绵介绍给我。吴刚从沈阳调来，担任体育基金会秘书长，负责当时非常有名的明星足球队，就是赵本山、宋丹丹、陈道明、那英等一些影视明星组建的足球队。我戏称吴是国内最大的"穴头"。

我与吴振绵在万通大厦谈了两个晚上，用大碗面招待他，两个沈阳老乡真有相见恨晚的样子。吴学习能力极强，迅速将企业重组和上市的规则弄清楚了，立即建议从简单的项目入手。他提出将各个城市长期亏损的游泳池接过来，盖上外罩，装上锅炉，就是一个四季如春的康乐中心。如果搞上 50 个城市，这个连锁店就可以上市了。

尽管雄心壮志，但囊中羞涩，国家体委并没有筹备上市的资本，甚至筹备费用。我们一起向袁伟民和张发强两位领导汇报，希望能成立一个国家体委的上市工作小组，由我们出面到各地做工作，借来资产，上市后再加倍还钱。张发强曾担任过北海市的市长，有商业运作的经验，他对我们有一定的信心。当时，每年国家给体委的经费不过一亿元左右，当我谈到一旦上市可以募集三亿元现金时，袁伟民宽容地笑道，果真如此，我负责给你建个纪念碑。很快，国家体委的大印盖下来了，张发强任组长，吴振绵任副组长，我是顾问。

我们先与北京北辰集团的亚运村康乐中心联系，被拒绝。然后，我们不约而同地想到当时沈阳刚刚开业正火爆的水上娱乐中心——夏宫。几经曲折，终于与肇广才总经理联系上，与他的新加坡老板卢铿和王春桓反复讨论后，形成君子协议。我们用拟建立的未来上市公司股权与华新国际所属的夏宫现实股权进行互换，并承诺一旦上市后，将支付他们当年收益的两倍现金作为额外补偿。在此之前，我们并不介入实际管理。

新加坡的算盘也很精明。反正不拿钱，就不会出让管理权。从此，新加坡的一个地产公司可以挂上国家体委的大名头，王春桓和卢铿分文不动地得到了国家体委大公司的副董事长和董事身份。万一，上市成功了，新加坡股东可以增值套现，何乐不为呢。双方皆大欢喜，兄弟相称。

这样，当我们回到北京向袁伟民汇报时，中体产业（筹）已经在账面上拥有了一亿多元的净资产和一千多万元净利润。到此时，国家体委还没有支出一分钱。第二个收购更有戏剧性。我在看电视时，看到上海申花队输球了，上海球迷闹事，将座椅点燃，秩序大乱。我当时的反应是，中国的足球流氓群体也会产生的，能不能找到防止燃烧的安全座椅厂商呢。吴振绵立即在体委系统搜寻，结果，成都的一个滑翔机厂正好可以生产。有了沈阳夏宫垫底，吴振绵飞了一趟成都就谈定了。之后，我们如法炮制，在四个月内连续完成五项股权收购，迅速形成一个虚拟的资产拼盘：五亿元资产和四千万元利润，达到证监会当时规定的上市标准。

按当年证监会的规矩，国家体委要争取上市额度，拟上市公司需要四千万元以上报表利润。长期在体育界策划大赛的吴振绵长袖善舞，利用体育界明星众多的优势和奥运会争光的感召力，很短的时间内就拿到了额度。同时晓之以理动之以情地将七个彼此不相关的独立公司紧密地团结在中体产业的名下。1998 年，国内第一只体育股票中体产业成功实现上市。新加坡的股权通过一个国有资产公司的委托实现了首发上市，这在当时是很少见的。国家体委第一次利用借资产上市的方式凭空控制了五亿元资产，接近三亿元现金。这种建立控股公司用拼盘资产上市的方式得到当时各界的仿效，结果民政部、妇联、计划生育委员会等都如法炮制，导致监管部门不满。不久，据说中央高层领导也发话了，这种控股公司上市的方式被严格禁止了。

我在给商学院学生讲课时经常用中体产业的案例说明：第一，额度发行时代的上市故事；第二，会讲故事也是竞争力，中体产业就是讲故事讲出来的上市公司；第三，上市公司不是搜寻出来的，是制造出来的。本土的投资银行真是很土的，但是，也是很精彩的。

吴振绵至今仍然担任上市公司总裁，是公司的灵魂人物，始终充满创业的激情。肇广才则担任了多年董事后，2008 年离任并担任另一家上市公司的董事长，我们经常一起登山。我则多年担任这个公司的财务顾问，2009 年又返回中体产业担任独立董事，2010 年是发展战略委员会和薪酬委员会两个委员会的主席。

三个沈阳人的阴谋，现在成了上市公司的阳谋了。只是，袁伟民升为国家体育总局局长后，渐行渐远，纪念碑的事就无从谈起了。

我的 20 岁：回顾历史，答疑未来

【2021 年 7 月 15 日，我在北京受邀参加"2021 新生代盖亚星球大会"，面向近 300 位 Z 世代精英发表 20 分钟演讲，题为《我的 20 岁》。】

非常高兴看到各位这么年轻，充满着朝气，我非常羡慕你们。感谢你们给我这样一个机会，让我想起非常遥远的我的 20 岁。在此，我非常希望和你们交换一下，也能回到你们当中来，充分享受 20 岁青春的洋溢。但同时我又很拒绝，因为我觉得这几十年过得非常充实，我赶上了一个令人振奋的时代，做出了我的贡献。我遇到了一大批非常好的朋友，非常好的环境，给了我们机会，能发挥各自的潜能，我们做成了一点事情。从这个方面来说，我很自豪，我不愿意和你们交换。

今天，我与大家分享四点：

第一，视野与信念。

要了解我们的 20 岁，得先了解我们经历过什么。我 20 岁的时候是在 1977 年，刚刚经历了"文革"，全称是"无产阶级文化大革命"。我们首先是无产阶级，没有钱，同时我们还要革文化的命。既没有钱，还不要文化，这就是我年轻时所处的那个时代环境。我 20 岁时，在农村插队下乡了三年，后来通过竞争激烈的考试顺利上了大学。

下面这张图片就是我们那届 77 级大学生。"文革"10 年没有考试，这批人就是累积了 10 年的考生一起参加考试，在 27 人中选录 1 人。我非常有幸进入了这批人中，这是当时的照片，我是他们的其中之一。

这批人当时在想什么？我不知道别人，但我始终记得这样一幅画面，

几十年来它经常在梦里出现。我 17 岁插队时，每天看到队里的小女孩，也许二十岁、十几岁，她们每天割柴火，3—4 个小时割下玉米秆，回去烧在灶里做晚饭。每天 3—4 个小时的青春就这样烧在灶台里，一顿饭就没了，年复一年、日复一日这个景象始终在我心里头。我们太穷，青春时光就这样被浪费掉了，它变成沉重的压力。我上大学的时候就在想，几千个农民培养一个大学生，一定要为他们做些什么，改变他们的命运。出国后也在想，几十万人培养一个留学生，一定要为他们做些什么事情，否则会有内疚感，这是很淳朴的感情。直到今天，我们这代人始终有这样的责任心。

大家看到的这幅画，是当年我们上大学时的宣传口号，叫"实现四个现代化"。很多人不知道什么叫四个现代化，说的就是：工业现代化、农业现代化、科技现代化和国防现代化。那时候没有生活现代化、消费现代化，这四个现代化就是激励我们一代人，要为之奋斗，所以状态非常单纯，那就是我们那时的大学生。从十年的累计考生中考上了，所以我很自信。但同时我又非常幸运。例如，我当时在考试时，完全不知道一道政治题如何

答，抓耳挠腮的时候，一抬头看见考试的棚顶上糊的 1977 年报纸，正好有那道题的答案，立马抄下来，就得了 6 分。

大学专业学什么呢？我也不知道。我报了几个没成功，结果给我胡乱分配了一个。乡里电话通知我，是大连的一所学校录取我了，叫"击剑系"。当时中国击剑选手栾菊杰刚刚获得亚运会击剑冠军，成为全国的"网红"。我当时郁闷了几天，难道是被体育学院录取了吗？后来当我看到录取通知书，才知道是辽宁财经学院录取了我，念的是基本建设系，简称基建系，是学会计的。当时在那个时代，有很多这样的笑话。在那个伟大的时代，我一直觉得是混进大学了，因此始终有压力。**贫穷导致了我们的责任感，为四个现代化奋斗给我们坚定的信念。**大学的四年里，我们的视野是未来的现代化和当下的贫穷，而我们的信念就是要改变中国，**我们要参与其中。**

第二，时代弄潮儿。

大会邀请人要我谈谈自己的经历，我选了这张照片。我觉得我的一生过得很有意思，算得上是时代的弄潮儿。过去有个描述：弄潮儿总向涛头立，手把红旗旗不湿。我上大学二年级时，不喜欢教材。当时教我们的老师叫工农兵学员，那时候大家年纪和水平都差不多。我对他的教材不满意，于是在大学三年级时就开始组织了几个同学编写我们自己的专业词典，并且多年后还出版了。

大学实习期间，1980 年我们到街上卖桶，尝试小商小贩生活，而且到处寻访社会名人。那时不常去上课，我不是个好学生。我知道你们都是全国选出来的高手，我很诚惶诚恐。当年我们上大学，1978 年时，也是几千人的大广场上听领导人讲话。我是一个非常不入流的学生，考试也不好，也不常上课，不买教材，做了很多属于调皮捣蛋的事情。读研究生期间，我去倒腾书、卖书，还组织民间函授大学，我 1985 年编著现代金融丛书，在中山公园里一天卖了 3 万套。

出国留学时又去折腾，到美国议会去游说中国的最惠国待遇，又参写了中国资本市场的白皮书。回国有了机会进入政府，参与了一系列创新的事情，组建第一批证券公司、第一批信托公司、第一批基金公司、第一批信用社。我后来还创办了全国的并购协会和一些开设在各地的金融博物馆。回想起来，做弄潮儿让我很愉快，总是尝试各种新鲜事情，好奇且愿意折腾，折腾了一辈子。

现在回头想想，我有太多的朋友非常成功，他们在政治方面很成熟，做到了市长、省长、部长，主政一方，实现了自己的人生理想。我也有特别多的朋友成为伟大的企业家，进入财富500强，创造了一系列的科技、产品和消费品，为社会建设持续增加福利。我还有一批朋友成为知名学者，创造出一些理论，撰写出版了一大批的书籍，等等。当然，我还有一批比我能干、比我聪明、比我有资源的朋友，后来进了监狱，也有很多英年早逝。这样一批人也是弄潮儿，真是命运多舛。

我记得30年前一张央行的任命书，当时一批任命了三位司局级年轻干部。现在，一位做到了正部长，一位进了两次监狱，现在不知所踪，再有一位就是我，普通老百姓，在跟大家一起分享我的20岁。这就是这一代人的写照。

我们必须清楚，真正的时代大潮是中国人民，他们是工人、军人、农民工等普通的老百姓。今天很多在岗待业的人，消费者、投资者，他们是这个时代的动力，他们推动了改革开放的年代，他们构成了中国强劲的崛起浪潮。而少数人被甩在浪头上，成为弄潮儿，把握不好，以为自己创造了浪潮，可以驾驭浪潮，不会因势利导，结果下场就悲催了。

我们这一代人幸运地赶上这个时代，有机会做了很多事情，体验过很多东西，也经历了很多摧残，但这就是人生，是我们这一代人的人生。

我今天看到你们眼睛里表现出来的那种渴望、自信、幸福，真是羡慕你们，也特别期待你们能成为弄潮儿。能够观察大势，把握大势，控制好格局，这是每个人人生经历的一部分。

第三，奋斗的格局。

历史上，中国最凄惨的时代不是鸦片战争，而是甲午战争。1895年甲午战争失败，我们号称大国被一个小国打败了，被打得这么惨，赔款巨多。

甲午战争到今天已经过去120年了，终于天翻地覆。按照中国人的算法，30年为一代，我们大体有了奋斗的四代人。第一代人，是辛亥革命党人，他们推翻帝制。第二代人，是完成抗日战争、国家独立，争取民主革命的一代人。第三代人，是创建共和国的共产党人这一代。第四代人，就是我们这一代人，推动了改革开放。中国在第四代人手上走向了全球的潮头，变成了全球的第二大经济体，我们当然感到很荣幸。但这一代人也有这一代人自身存在的严重问题，这就是我希望跟大家分享的，当然我更是深受其害。

其一，我们太穷了。穷的时候没有安全感，因此一路奋斗，野蛮增长，非常贪婪，我们只认钱，这是这一代人的心理残疾。我们不懂得什么叫环保、文化教养，重要的是谁获得最大财富，这是贫穷导致的心理残障。

其二，我们长期接受耻辱和仇恨的教育。100多年我们被欺压、被剥削，因此耻辱、仇恨形成我们内心的心理资源。我们永远在寻找敌人，没有敌人我也要制造出来，这一代人戾气十足。大家经常讲，老人变坏了，还是坏人变老了？这是一代人的毛病，因为他受的教育是这样的。

其三，我们也有上百年的斗争经验，我们与天斗、与地斗、与人斗，一系列政治运动，导致我们的斗争精神极强，形成了斗争哲学。喜欢阴谋论，习惯整人，做企业也是如此，盲目自信，刚愎自用。

这是这一代人的心理状态，我们感受到奋斗的成功，但是成功背后有着不安全感。这种野蛮、这种戾气，是一个非常沉重的东西，很难由这代人自己来解决。

中国崛起当然是靠我们几代人奋斗出来的，更重要的是要了解中国今天的伟大是继承了全人类的文化，特别是西方两三百年科学进步的成果，我们吸取了、创造了，才有了今天的一切。无论电气、高铁、科技、计算机、互联网，所有今天的成就都是全人类的共同奉献与付出。这不仅是我们自己奋斗出来的，也是我们通过学习、继承和创新之后，才产生了今天的伟大。

我希望你们这一代人有更加文明的素养，更从容不迫，更文质彬彬，有更多的风花雪月，有更多的快乐与幽默，拥有真正的自信，以弥补我们这代人身上所缺乏的东西。我们这一代人解决了贫穷问题，你们这一代人会弘扬我们的文化和教养，让世界欢迎中国，让中国为世界整体文明做出贡献。

第四，选择与机遇。

你们今天的时代是有选择的时代，跟我们不一样。我是没法选择，你们是有选择的，你们面临的世界是绚丽多彩的。

互联网让人类跨越了时空，成为新的命运共同体。大数据重新构建了人类社会组织形态，有无限创新组合的可能。人工智能又使得我们从所谓的碳基人类提升到硅基人类，你们将来对话的人类是不一样的，这是伟大的梦想、伟大的想象空间，我们不清楚，但我们期待。现在一个新词叫元宇宙，艺术、观念、精神可以成为一个跟我们现实宇宙平行的宇宙。你们每个人都有一个宇宙，可以拥有许多不同的宇宙。我特别羡慕这样一个时代。

2021年有两个词很流行，叫"内卷"和"躺平"。什么是内卷？毫无效率的竞争就是内卷。什么是躺平？没有任何希望的奋斗叫躺平。如果再加上 2020 年的流行词——双循环，内卷和躺平的双循环，人生就废了。但是你们面对这个元宇宙，面对大数据，面对人工智能，面对着互联网这样一个伟大的空间，你们没有任何理由去躺平、去内卷，期待你们能成为这个新时代的弄潮儿。你们可以再造环境、再造文明、再造人格。记住，**我们结束了贫穷时代，你们要开启快乐时代，任重道远**。

应该说，我们努力奋斗体验了一个伟大的时代——体制改革和开放，这是几千年来老祖宗不断谈的开关与变法。我们恰恰赶上了这个时代，我们参与其中，使得中国变成全球第二。当然我们很骄傲，我很自豪，我们完成了我们的使命，做出了我们的贡献，所以我不愿意拿出我的青春跟你们换。但是，我们知道你们是更伟大的一代，有更多的机会，会创造更伟大的奇迹。幸好现在基因使我们的寿命延长了，我们这代人继续陪着你们这一代人，所以我们愿意为你们鸣锣开道、摇旗呐喊，避免那些曾经阻碍我们，让我们不得其志的势力，我们希望做些工作为你们铺路。

主持人让我最后谈自己，我实在不知道谈什么，我仅仅是浪上的一叶扁舟，只是幸运的没有被卷到浪底而已，我愿意跟你们一起走，所以我最后选了几张自己喜欢的照片和大家分享。

"做我所爱，尽我所能"，我要做我所爱的东西，我不爱的东西我不会去做。在我们那个时代这是错的，那个时代教的是"我是革命一块砖，任党东西南北搬"。可我是不断折腾，很难受约束，所以金融圈有人说我是"金融浪子"。今天大家能接受了，做我所爱，尽我所能，享受工作和生活。

我心态年轻，还在学习。我 50 岁开始改滑单板，55 岁登顶珠峰，61 岁完成了首个马拉松。我从小很少参加运动会，我不知道我能跑、我能爬山、我能滑雪。50 岁以后没事干了，身已至此，心犹未死。感谢你们给我机会，让我回忆历史，回忆 20 岁；感谢你们给我动能，让我跟你们交流；也期待看到你们茁壮成长，实现你们的梦想，我为你们鼓掌加油，谢谢大家！

演讲过后，我与现场观众问答互动。

Q：您刚才说到 20 岁，其实我们的前 20 年和世界的潮流越来越接近。可能您那一辈人在改革开放初期会普遍觉得西方就是最好的，我们要去模仿西方。但我们这个年代的人，其实是有所反思的。现在最新的一些研究也会说，比如在 2008 年全球金融危机之前，中国央行比其他国家更前瞻地提出要注重金融稳定性。相较于你们那代人，我们会更认同，或者是对于我们的制度更有自信。请问在中国和外国交融的这个时代，我们应该如何把握好国内和国外的关系？

我：谢谢你给我们（这代人）这样一个不太准确的评价，我们这代人并不是认为西方一定好，从我自己来说，不然我不会回国。我始终认为西方有很多比我们好的东西，但是中国的民族文化是强大的，是有巨大优势的，我们和西方价值观应该最终会走向人类命运共同体。因此我们是到国外学习，我到美国五年拿到博士学位后立刻就返回国内了。人类在未来一定是一个命运共同体，中国是有大国担当的，我们曾经做得非常好。几千年文明，虽然中间有些波折，制度等都有些不同，但是求同存异，我们中国人会做出很大的贡献。你们对中国有这样大的信心我非常高兴，我期待你们这代人在强大自信的同时，努力学习西方所有有利于我们发展的东西，不仅是为中国，而且为整个人类的进步做贡献。所以减少一点民族狭隘性，为全人类做贡献，相信中国人一定会有更多的贡献。谢谢。

Q：在现在这个新媒体时代，博物馆也需要不断地创新，请问作为一个金融博物馆，你们打算如何去创新、宣传，以及让更多人了解到博物馆？

我：谢谢给我一个机会宣传博物馆。首先，传统的博物馆叫 1.0 博物馆，是以藏品为中心看历史，锅碗瓢盆、玉器、马王堆等很重要。而我们做的金融博物馆是不一样的，因为金融在中国历史非常长，但是没有存留多少藏品。为什么？因为在中国古代文化中，士农工商，商的地位最低，其中做金融最恶，巧取豪夺为富不仁见利忘义等。所以我干了一辈子金融感觉很屈辱，怎么这个行业不受待见呢？我想要做一个博物馆，用观念、用故事、用声光电影讲故事，把金融作为文明来宣传。金融就像阳光、空气、水一样，须臾不可离开。所以我们正在做的金融博物馆是 2.0 博物馆，重要的不是藏品，重要的是博物馆传递什么观念。我们期待做的是 3.0 博物馆。由于疫情，线上博物馆发挥了很大作用，现在我们在中国有 10 家博物馆。

Q：我对您在时代浪潮下做弄潮儿的经历非常敬仰，我认为一代人有一代人的精神压力，尤其面对老一辈留下的精神压力，我们如何保持创新，坚持做自己时代下的弄潮儿呢？

我：有压力不是你这一代人，我们压力更大，我们那代人没有选择，只能按一条线往前走。我们从事体制改革，这个压力很大。你们今天一般来说不太容易出现这样的问题。但是你们会焦虑，因为住房就业很难，我也理解，住房已经被这些老家伙全占了，所有好位置全没了，大家内卷躺平了。

其实不是，你们这批人跟我们日落西山的这批人抢什么饭碗呢？你们的饭碗是新的盖亚星球，你们有元宇宙、互联网、大数据、人工智能，你们的空间太多了，你们有无限的选择，远比我们那个时候要绚丽多彩。你们需要往上走，不要跟老家伙们抢饭碗，让他们去享受他们的历史，你们会创造新的未来。

自从有人类开始就会产生焦虑，焦虑感是正常的，有头脑的人永远有焦虑感，如何来化解焦虑？这是重要的。今天的盖亚大会我觉得很好，大家一起分享这种焦虑就是动力，你们就有可能创造新的世界。所以我会陪你们一起焦虑，一起憧憬未来，更加积极乐观。谢谢。